KB019601

목조주택이 만들어지기까지

일러스트로 알려주는 목조주택의 모든 것

목조주택이 만들어지기까지

일러스트로 알려주는 목조주택의 모든 것

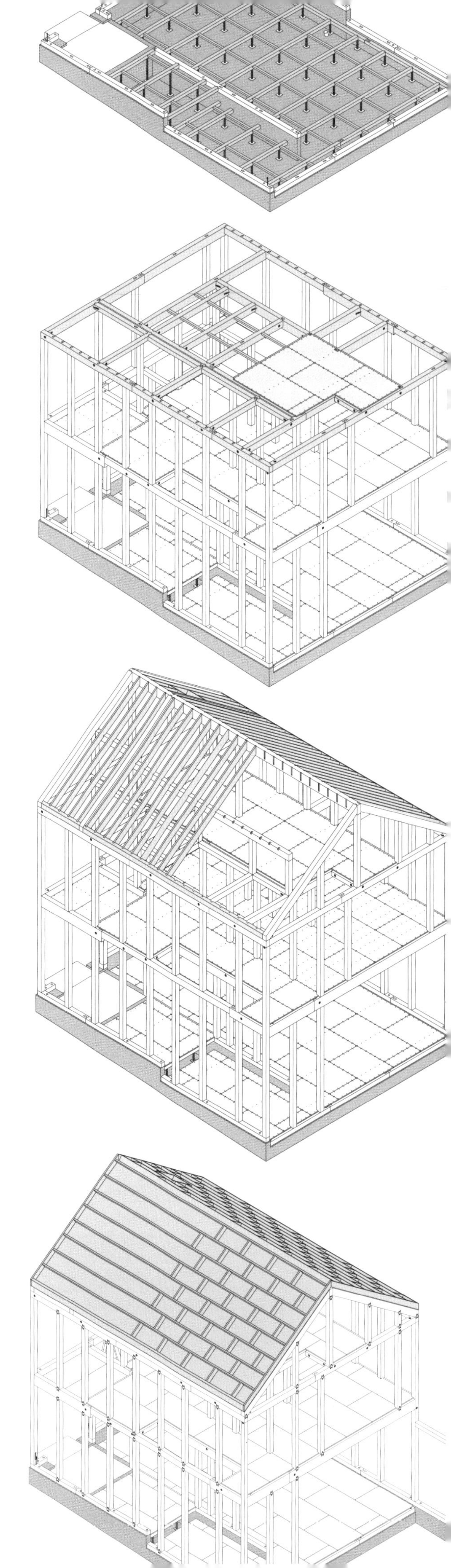

세키모토 료타 감수 및 지음
박재영 옮김

시그마북스
Sigma Books

목조주택이 만들어지기까지

발행일 2022년 7월 1일 초판 1쇄 발행
지은이 세키모토 료타, 야마다 노리아키
감수자 세키모토 료타
옮긴이 박재영
발행인 강학경
발행처 시그마북스
마케팅 정제용
에디터 김소원, 최연정, 최윤정
디자인 우주연, 김문배, 강경희

등록번호 제10-965호
주소 서울특별시 영등포구 양평로 22길 21 선유도코오롱디지털타워 A402호
전자우편 sigmabooks@spress.co.kr
홈페이지 http://www.sigmabooks.co.kr
전화 (02) 2062-5288~9
팩시밀리 (02) 323-4197
ISBN 979-11-6862-029-2(13540)

パースイラスト　ヨシザトデザイン一級建築士事務所
人物イラスト・p138イラスト　髙柳浩太郎
イラスト・図面トレース　加藤陽平・小松一平・長岡伸行・濱本大樹・若原ひさこ
協力　山崎工務店、河合建築

ブックデザイン　南 彩乃(細山田デザイン事務所)
DTP　TKクリエイト
印刷・製本　シナノ書籍印刷

* 시그마북스는 (주) 시그마프레스의 단행본 브랜드입니다.

시작하며

목조주택을 설계하다 보면 '여기는 도대체 어떻게 만들지?' 하는 의문이 머릿속에서
떠나지 않을 때가 있습니다.
그 의문은 때때로 나무틀은 어떻게 고정해야 할까, 계단은 어떻게 조립하면 좋을까 등의
디자인과는 직접적인 관계가 없는 부분에까지 이릅니다.

그러나 현장에 들어가서 보면 명확해집니다. 그렇게나 배치에 고민했는데 눈앞에서 간단히
조립되어 있는 모습을 보면 충분히 이해가 갑니다.
현장의 수많은 의문들을 눈으로 보고 나면 이해할 수 있듯이, 확실히 알고 나면
매우 당연하게 여겨집니다.
하지만 이를 전혀 모른 채(알려고 하지도 않고) 도면을 그리면 어떻게 될까요?
장인은 딱하게도 평소의 당연한 일에 곱절 이상의 시간을 할애해야 할지도 모릅니다.
우리의 목적은 아름답고 기능적인 주택을 합리적으로 만드는 것이므로 현장에 쓸데없거나
훗날 문제가 생기는 작업은 강요하지 않습니다.

이 책은 목조주택 현장의 시공 과정에 관하여 필자가 설계한 '골목집' 현장을 모델로 삼아
일러스트를 섞어가며 알기 쉽게 시간 순서로 설명한 책입니다.
그 내용에는 설계자가 현장 감리에 참고하는 정보뿐만 아니라 어쩌면 시공하는 장인만 알면 되는
정보까지 포함되었을 수도 있습니다.
그 정도까지 망라한 이유는 때때로 설계자가 시공자와 똑같은 관점에서 끌과 대패를 대신해
연필을 잡고 설계하는 과정이 목조주택 설계에서는 특별히 필요하기 때문입니다.
설계자는 현장 감독의 감독이며 현장을 움직이는 시나리오 작가이기도 합니다.

탄성이 흘러넘치는 아름다운 공간도 그 이면에는 적절한 순서로 만들어진 시공 계획이 있습니다.
디자인과 성능, 시공성이 균형 있게 이루어진 주택을 만들기 위해서 목조주택이 어떤 식으로
지어지는지 그 과정을 함께 체험할 수 있기를 바랍니다.
디자인을 고집한 주택을 좀 더 기초가 튼튼한 주택으로 설계할 때 이 책을 꼭 참고하면 좋겠습니다.

세키모토 료타

차례

시작하며 005
공정표 008
기본 도면 010

1 대지 조사 013
2 기초(줄치기~터파기) 017
3 기초(토대공~밑창 콘크리트) 021
4 기초(배근~타설) 025
5 조립 작업(토대 깔기) 029
6 조립 작업(1층) 033
7 조립 작업(2층) 037
COLUMN 1 구조 노출은 프리컷 가공 전 협의가 중요하다 040
8 조립 작업(다락층) 041
COLUMN 2 지붕 밑 수납의 취급에 주의한다 044
9 조립 작업(박공지붕) 045
COLUMN 3 구조 노출 응용 048
10 지붕 단열 049
COLUMN 4 단열 성능과 비용 052
11 지붕 마감 053
COLUMN 5 세워 거멀접기의 끝부분 처리 056
12 샛기둥, 창대, 상인방 057
13 내력벽 061
14 새시 설치 065
15 벽 통기 공사, 차양 069
COLUMN 6 외벽 끝부분의 마무리 작업과 디자인 072
16 벽 단열 073

17 설비 077
18 외벽 바탕 081
19 외벽 마감 085
20 바닥 마감 089
21 계단 093
22 내부 나무틀, 걸레받이 097
23 천장 바탕 101
24 내부 벽 공사 105
25 내부 장식 공사 109
26 천장 마감 113
27 내부 벽 마감 117
28 욕실 마감 121
29 내부 창호, 가구 125
COLUMN 7 창호와 가구는 특정 업자를 이용한다 128
30 기구 설치 129
완성 외장, 식재 133

현장에서 선호하는 도면을 그린다 138
건축주를 현장에 데리고 간다 140
제안 능력이 건축주의 만족도를 높인다 142

일러두기

* 이 특집은 리오타 디자인의 세키모토 료타 씨가 집필, 감수했습니다. 일부 크레디트 표기가 있는 것은 야마다 노리아키 구조설계사무소의 야마다 노리아키 씨가 집필, 감수했습니다(단 이 '골목집' 프로젝트 사례의 구조 설계에는 관여하지 않았습니다). 시공 순서에 관한 기술은 야마자키 공무점 및 가와이 건축의 협력을 얻어 건축지식편집부가 작성했습니다.
* 이 특집에서 소개하는 사례와 도면은 시공상의 사정에 따라 실제로 지어진 건축물과 다른 경우가 있으니 양해 바랍니다.
* 공사 진행 방식이나 내용은 시공 방법과 설계 내용에 따라 달라질 수 있습니다.
* 작업 기간, 작업 시간은 표준입니다. 시공 방법과 설계 내용에 따라 달라질 수 있습니다.
* 사진 크레디트 표기가 없는 사진은 전부 리오타 디자인 또는 야마자키 공무점이 촬영한 것입니다.

리오타 디자인의 세키모토 료타가 알려주는

	1st month				2nd month				3rd month			
Week no.	**1**	**2**	**3**	**4**	**5**	**6**	**7**	**8**	**9**	**10**	**11**	**12**
제사 외	지진제						상량식					
여러 검사				P.025 하자 담보 검사, 특정 행정청 배근 검사						P.053 하자 담보 검사, 특정 행정청 골조 검사		
가설 공사	가설, 가설 울타리					선행 발판 설치	지붕 발판 설치					
기초 공사		P.017 줄치기, 수평 규준틀 설치, 터파기	P.021 쇄석 토대공, 밑창 콘크리트 타설	P.025 배근, 기초 타설 → 양생, 거푸집 철거, 방수 처리	되메우기, 현관 타설							
목공사						P.029-048 토대 깔기 ~상량	P.049-056 지붕 단열재 충전, 지붕 통기 덧장, 지붕 바탕재 설치	P.057 샛기둥, 창대, 상인방	P.061 내력벽 설치		P.069 외벽 통기 공사, 내부 바탕 공사	P.073 P.089-096 벽 단열재 충전, 플로어링(바닥재) 깔기, 계단 설치
지붕 판금 공사										P.053 지붕 마감		
금속 공사									각 부재 가공 승인		P.093 계단 철골 반입, 설치	
방수 공사												
금속 창호 공사								새시 반입	가공 승인	P.055·065 새시 설치, 천창 설치		
목제 창호, 가구 공사								치수 재기(외부만)		P.065 외부 창호 틀 설치		
유리 공사												
미장 공사												
도장 공사												
내장, 타일 공사												
잡공사	P.013 SWS 시험					방부제 및 방의제 도포					방부제 및 방의제 도포	
주택설비 기기 공사												
급배수 위생설비 공사	가설				P.025·077 외부 배관, 내부 매립 배관			P.077 내부 배관				P.077 내부 배관
전기설비 공사	가설									P.077 내부 배선		P.077 내부 배선
공조설비 공사												
가스 공사												
외장 공사												

목조주택이 만들어지기까지의 전체 공정표

4th month: 13 · 14 · 15 · 16
5th month: 17 · 18 · 19 · 20
6th month: 21 · 22 · 23 · 24
7th month: 25 · 26

- 건축주 완료 검사 / 인계
- 정례 / 정례 / 정례 / 정례 / 정례 / 정례 / 정례 / 정례 / 정례 / 정례 / 정례 / 특정 행정청, 지정 확인 검사 기관 검사 / P.133 준공, 설계사무소 완료 검사
- 가설 화장실 이동, 가설 울타리 철거 / P.085 발판 해체 / 내부 양생 철거
- 준공 1개월   
- P.097 틀부재 가공, 설치 / P.101 달대, 반자틀 설치 / P.097 칸막이 제작, 걸레받이 설치 / P.105 보드 깔기 / P.133 우드덱 설치 / P.133 나무 담장 공사
- P.080 목수 작업
- P.069 차양 설치 / 철물, 나무 담장, 대문 반입
- 내부 철물 / P.085 홈통 달기
- 외부 실링
- 방충문(현관 포함) 설치
- P.125 창호 치수 재기 / P.125 내부 철물 반입 / P.142 가구 제작 / 내부 창호 걸기, 내부 창호 마감, 가구 조정 (P.125) / P.133 문, 미닫이 설치
- 거울 치수 재기, 설치
- P.081 라스 깔기, 밑칠+양생 기간 / P.081 덧칠+양생 기간 / 내부 토방 마감
- P.085 외부 도장 / 내부 도장, 가구 도장 / 외부 도장 / 바닥, 나무 담장, 대문 도장
- 바탕 조사 / P.113-120 퍼티 처리→도장, 타일, 벽지 부착 / P.121 욕실용 패널 설치, 욕실 타일 깔기 끝부분
- 외부 청소 / 실링, 내부 청소 / P.133 수정 공사
- P.121 하프 유닛 배스 설치 / P.129 인덕션 히터, 식기세척기 반입 / 주택 설비 기기 반입
- P.077 내부 배관 / P.129 내부 배관 / 외부 배관 / 기구 설치, 시운전, 가설 기둥 철거
- P.077 내부 배선 / P.129 내부 배선 / 외부 기구 설치 / P.129 분전반 설치 / 내외부 기구 설치
- P.129 내부 배관, 배선(주방 후드 등) / P.129 외부 기구 설치 / 시운전
- 도로 굴착 / P.129 외부 배관 / 시운전, 연결
- 토방, 경계 세트백 공사 / P.133 외장, 식재 공사

기본 도면 1

구체적인 시공 과정으로 들어가기 전에 기본 도면을 소개한다. 이 주택은 일본 건축물 에너지절약 설계기준 6지역으로 외피 열관류율값은 0.57W/m^{2}K다. 먼저 도면으로 전체 사양을 파악하자.

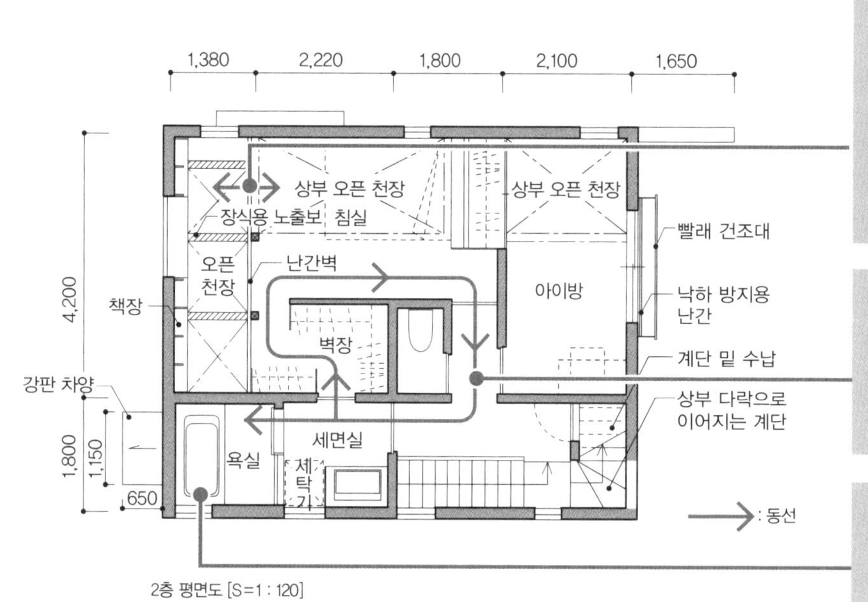

1,380
2,220
1,800
2,100
1,650
4,200
1,800
1,150
650
상부 오픈 천장
장식용 노출보
침실
상부 오픈 천장
빨래 건조대
오픈 천장
난간벽
책장
아이방
낙하 방지용 난간
벽장
계단 밑 수납
강판 차양
상부 다락으로 이어지는 계단
세면실
욕실
세탁기
: 동선

2층 평면도 [S=1 : 120]

1층은 밖으로 개방된 거실과 식당, 2층은 독립된 개인 방으로 만들었다. 단, 부부 침실은 오픈 천장(보이드)으로 1층이나 3층 다락과 완만하게 이어져서 소리와 배기를 공유할 수 있게 했다. 오픈 천장에 면한 난간벽을 90도로 바닥에 쓰러뜨리면 침실에서 벽면에 설치한 책장에 접근할 수 있다. [내부 나무틀, 걸레받이 97쪽, 내부 장식 공사 109쪽]

욕실, 세면실에 인접해서 벽장을 설치했다. 세면실과 벽장 사이에는 미닫이문을 설치해서 침실과 복도, 세면실이 순환 동선으로 연결된다. 빨래 바구니 → 세탁 → 건조(욕실) → 수납(인접 벽장) 동선이 간결하게 정리되므로 편리하다.

욕실은 방수성을 보장할 수 있고 허리 위쪽의 벽 마감이나 창호 등을 자유롭게 결정할 수 있는 하프 유닛 배스를 사용했다. [설비 77쪽, 욕실 마감 121쪽]

현관에서 들어가는 방법은 두 가지다. 택배기사 등은 토방을 통해서 주방 쪽으로 들어오게 한다. 음료수 등 무거운 짐을 현관에서 주방까지 신발을 벗지 않고 옮길 수 있어서 편리하다. 건축주가 장을 보고 돌아왔을 때에도 현관에서 팬트리로 곧장 이동할 수 있다. 보통은 현관에서 거실로 향한다.

식당에서 존재감이 돋보이는 주방은 가구 장인이 제작했다. 세부까지 공들여 붙박이로 만들어서 인테리어와 조화를 이룬다. 집에서 가장 강조하고 싶은 부분은 비용이 조금 들더라도 디자인을 중시해야 한다. [내부 장식 공사 109쪽, 가구 125쪽]

남쪽에 우드덱을 설치했다. 소제창(창문이 바닥면까지 닿아서 사람이 드나들 수 있는 창문이며 베란다, 발코니, 정원 등에 인접해서 설치한다-옮긴이)을 통해서 거실과 외부가 연결된다. 우드덱은 툇마루와 마찬가지로 거실의 연장으로 사용할 수 있다. [외장, 식재 133쪽]

1층 평면도 [S=1 : 120]

계단은 단순한 이동 공간이 아니라 거실의 연장 공간으로 사용한다. 그래서 처음 다섯 개 단은 상자 계단으로 만들지 않고 철골 스트립 계단으로 만들었다. 앉아서 책을 읽는 공간으로도 사용할 수 있다. 디딤판은 졸참나무 집성재로 하고 화이트 오크 바닥재와 색감을 조합했다. [바닥 마감 89쪽, 계단 93쪽]

남북으로 2항 도로에 접한다. 도로 니비가 좁아서 세트백(2m)으로 도로와 거리를 둔 남쪽은 바깥으로 크게 열어서 개방적으로 보여줬다. [대지 조사 13쪽]

건물 기본 데이터

■ 가족 구성	부부 + 아이 1명
■ 대지 면적	90.93m^2
■ 건축 면적	45.46m^2
■ 연면적	84.78m^2
■ 구조	목조(재래축조공법)
■ 층수	지상 2층 + 다락

에너지절약 성능

■ 건축물 에너지절약 설계기준	6지역
	외피 열관류율값 : 0.57W/m^2K

외벽은 비용과 내구성을 고려해 오픈 천장으로 마무리했다. [외벽 바탕 81쪽, 외벽 마감 85쪽]

노출 천장으로 만들기 위해서 지붕 단열을 사용했다. 이중 서까래로 만들어서 단열과 통기를 확보하면서도 실내에 아름다운 서까래를 보여줄 수 있었다. [박공지붕~지붕 단열 45~52쪽]

다락의 실내창에서는 내부 공간이 보인다. [조립 작업(다락층) 41쪽, 내부 창호 125쪽]

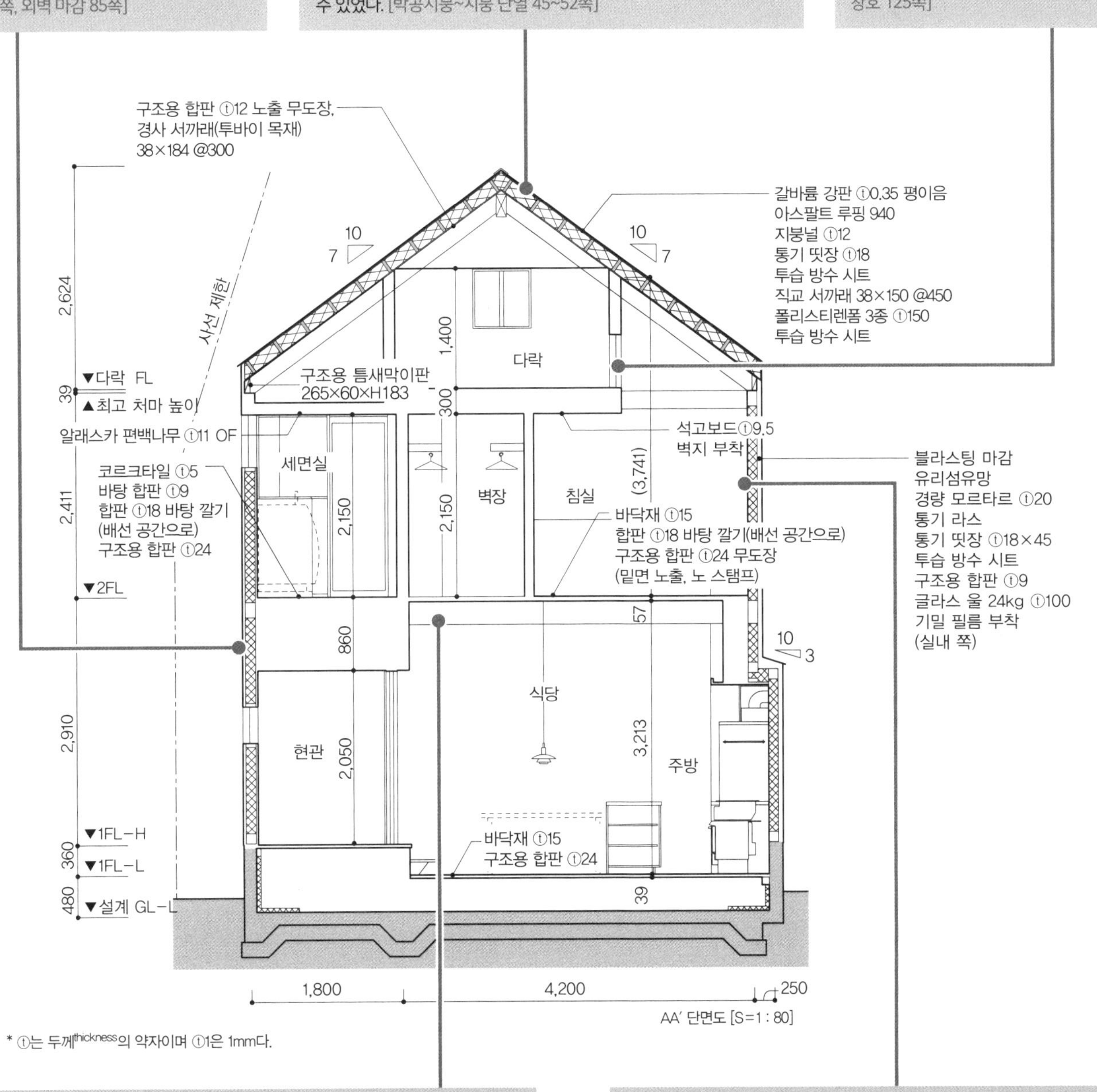

구조용 합판 ⓣ12 노출 무도장,
경사 서까래(투바이 목재)
38×184 @300
갈바륨 강판 ⓣ0.35 평이음
아스팔트 루핑 940
지붕널 ⓣ12
통기 띳장 ⓣ18
투습 방수 시트
직교 서까래 38×150 @450
폴리스티렌폼 3종 ⓣ150
투습 방수 시트
10
7
10
7
2,624
사선 제한
1,400
다락
▼다락 FL
39
▲최고 처마 높이
구조용 틈새막이판
265×60×H183
300
알래스카 편백나무 ⓣ11 OF
석고보드ⓣ9.5
벽지 부착
세면실
코르크타일 ⓣ5
바탕 합판 ⓣ9
합판 ⓣ18 바탕 깔기
(배선 공간으로)
구조용 합판 ⓣ24
2,411
2,150
2,150
벽장
침실
(3,741)
바닥재 ⓣ15
합판 ⓣ18 바탕 깔기(배선 공간으로)
구조용 합판 ⓣ24 무도장
(밑면 노출, 노 스탬프)
블라스팅 마감
유리섬유망
경량 모르타르 ⓣ20
통기 라스
통기 띳장 ⓣ18×45
투습 방수 시트
구조용 합판 ⓣ9
글라스 울 24kg ⓣ100
기밀 필름 부착
(실내 쪽)
▼2FL
860
57
10
3
식당
2,910
현관
2,050
3,213
주방
▼1FL-H
360
▼1FL-L
바닥재 ⓣ15
구조용 합판 ⓣ24
480
▼설계 GL-L
39
1,800
4,200
250

AA' 단면도 [S=1 : 80]

* ⓣ는 두께thickness의 약자이며 ⓣ1은 1mm다.

북쪽이 남쪽보다 400mm 높은 대지다. 이 높낮이 차를 이용해 현관에서 1단을 내려가 거실로 접근하도록 설계해 현관과 거실을 완만하게 구분했다. 천장 높이를 2,050mm로 제한한 현관과 달리 구조 노출 천장인 거실은 천장 높이가 3,213mm다. 그 대비로 거실이 실제보다 넓게 느껴지게 했다. 현관의 천장 공간(위층 바닥과 아래층 천장 사이의 공간)은 2층 욕실 및 화장실 등의 배관 공간이 된다. [줄치기~터파기 17쪽, 천장 바탕 101쪽, 설비 77쪽]

침실의 벽과 천장은 흰색 벽지로 마감했다. 예산이 허락되면 페인트를 칠했을 부분이지만 이번에는 그만큼의 예산을 책장에 배분했다. 얇은 페인트 느낌의 벽지라면 돋보인다. [천장 마감 113쪽, 내부 벽 마감 117쪽]

Introduction

기본 도면 2

일반적으로는 지붕 단열재를 글라스 울로 하는 경우가 많은데 여기서는 사선을 교차하기 때문에 지붕을 얇게 하고 싶었다. 그래서 가격이 조금 비싸지만 얇고 성능이 뛰어난 폴리스티렌폼으로 만들었다. 한편 벽은 두께가 있어도 상관없어서 비교적 가격이 저렴한 글라스 울을 사용했다. [지붕 단열 49쪽, 내력벽 61쪽, 벽 단열 73쪽]

새시가 잘 드러나지 않게 하면서도 성능을 확보하기 위해 알루미늄 수지 복합 새시 SAMOS-L(LIXIL 제품)을 사용했다. [새시 설치 65쪽]

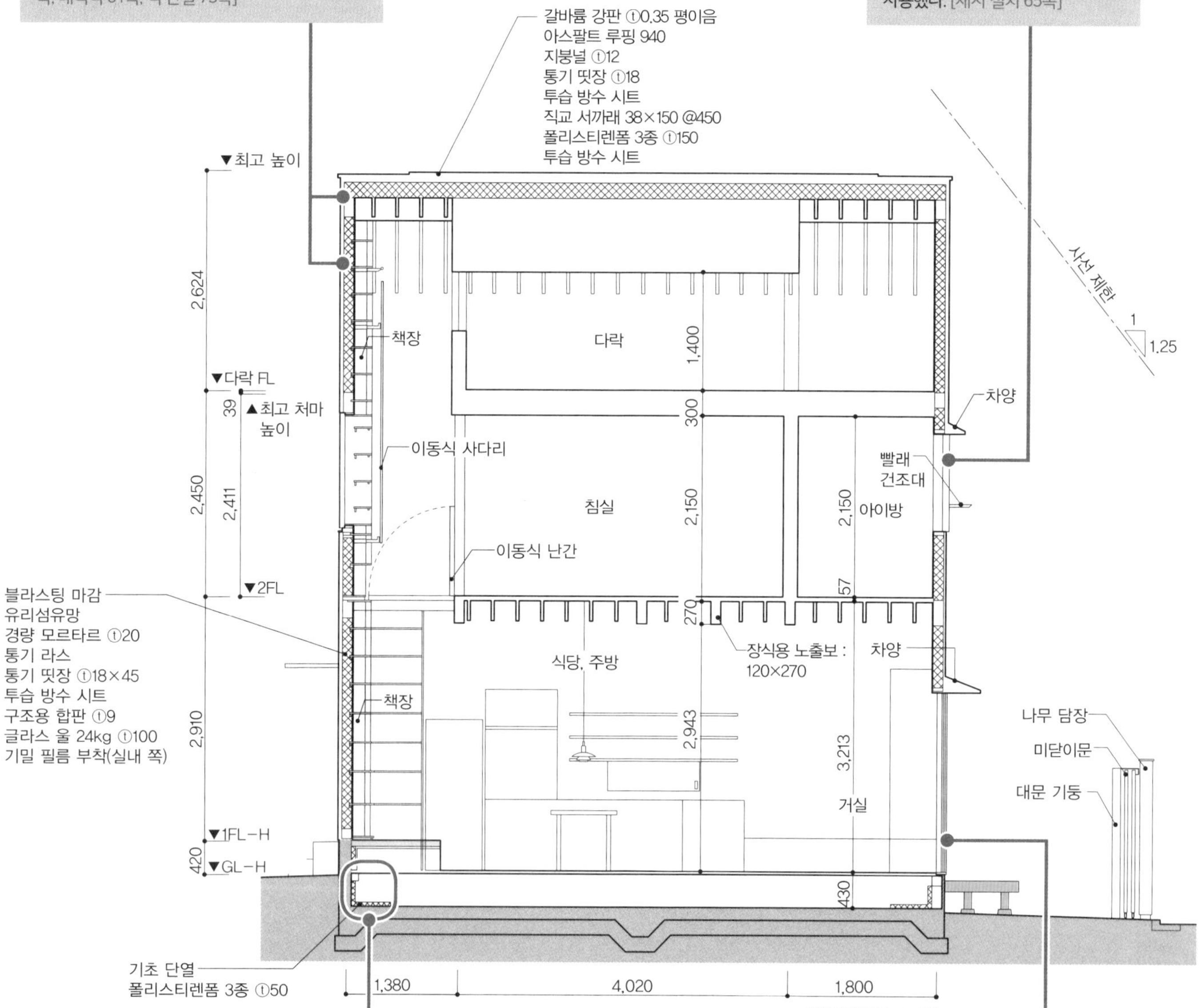

갈바륨 강판 ⓣ0.35 평이음
아스팔트 루핑 940
지붕널 ⓣ12
통기 띳장 ⓣ18
투습 방수 시트
직교 서까래 38×150 @450
폴리스티렌폼 3종 ⓣ150
투습 방수 시트
▼최고 높이
2,624
책장
다락
1,400
▼다락 FL
39
▲최고 처마 높이
300
이동식 사다리
2,450
2,411
침실
2,150
아이방
2,150
빨래 건조대
차양
사선 제한
1
1.25
이동식 난간
▼2FL
57
270
블라스팅 마감
유리섬유망
경량 모르타르 ⓣ20
통기 라스
통기 띳장 ⓣ18×45
투습 방수 시트
구조용 합판 ⓣ9
글라스 울 24kg ⓣ100
기밀 필름 부착(실내 쪽)
장식용 노출보 : 120×270
차양
식당, 주방
책장
2,910
2,943
3,213
거실
나무 담장
미닫이문
대문 기둥
▼1FL-H
420
▼GL-H
430
기초 단열
폴리스티렌폼 3종 ⓣ50
1,380
4,020
1,800

BB′ 단면도 [S=1 : 80]

기밀성이 좋은 기초 단열을 사용했다. [토대 깔기 29쪽, 조립 작업(1층) 33쪽]

거실에서 잘 보이는 소제창만 따로 제작한 목제 새시. 상부에는 새시를 보호하기 위해 판금 차양을 설치했다. [벽 통기 공사, 차양 69쪽, 내부 나무틀, 걸레받이 97쪽]

1

1st month

대지 조사

대지를 조사하는 목적은 대지 모양이나 인접 대지 경계, 주위에 들어선 집들의 상황 등을 파악하는 것이다. 또한 반입 경로와 지반 상황을 파악해야 공사 효율과 안전성을 향상시킬 수 있다.

조건에 따라 다른 모습을 보여주는 집 만들기

이 사례의 대지는 남북으로 사설 도로와 인접한다는 조금 특수한 조건이었다. 남쪽 건축선은 사설 도로(폭 4m 미만)의 도로 중심선에서 2m 후퇴시켜서 건물을 배치했다(16쪽 A 참조). 그렇게 생긴 공터에 면해서 큰 개구부를 설치하고 주택 내부 공간과 시각적으로 연결하여 확장된 느낌을 연출했다. 한편 사람의 왕래가 잦은 북쪽 개구부는 최소한으로 줄이고 사설 도로(폭 4m 미만)에 면해서 주차 공간을 만들어 닫힌 분위기로 만들었다. 남북으로 다른 접도 조건을 살려서 두 가지 모습을 보여주는 건물이 완성됐다.

다행히 중장비는 전부 북쪽 도로에서 반입할 수 있었다. 남쪽의 사설도로에서도 창호나 외장 공사 자재의 반입이 가능했다. 이러한 반입 경로 등의 주위 상황을 대지 조사에서 파악해 놓아야 시공이 순조로워진다(16쪽 D 참조). [세키모토]

현장에 참여하는 사람들

현장 감독

지반 조사 회사

1st month

대지 조사

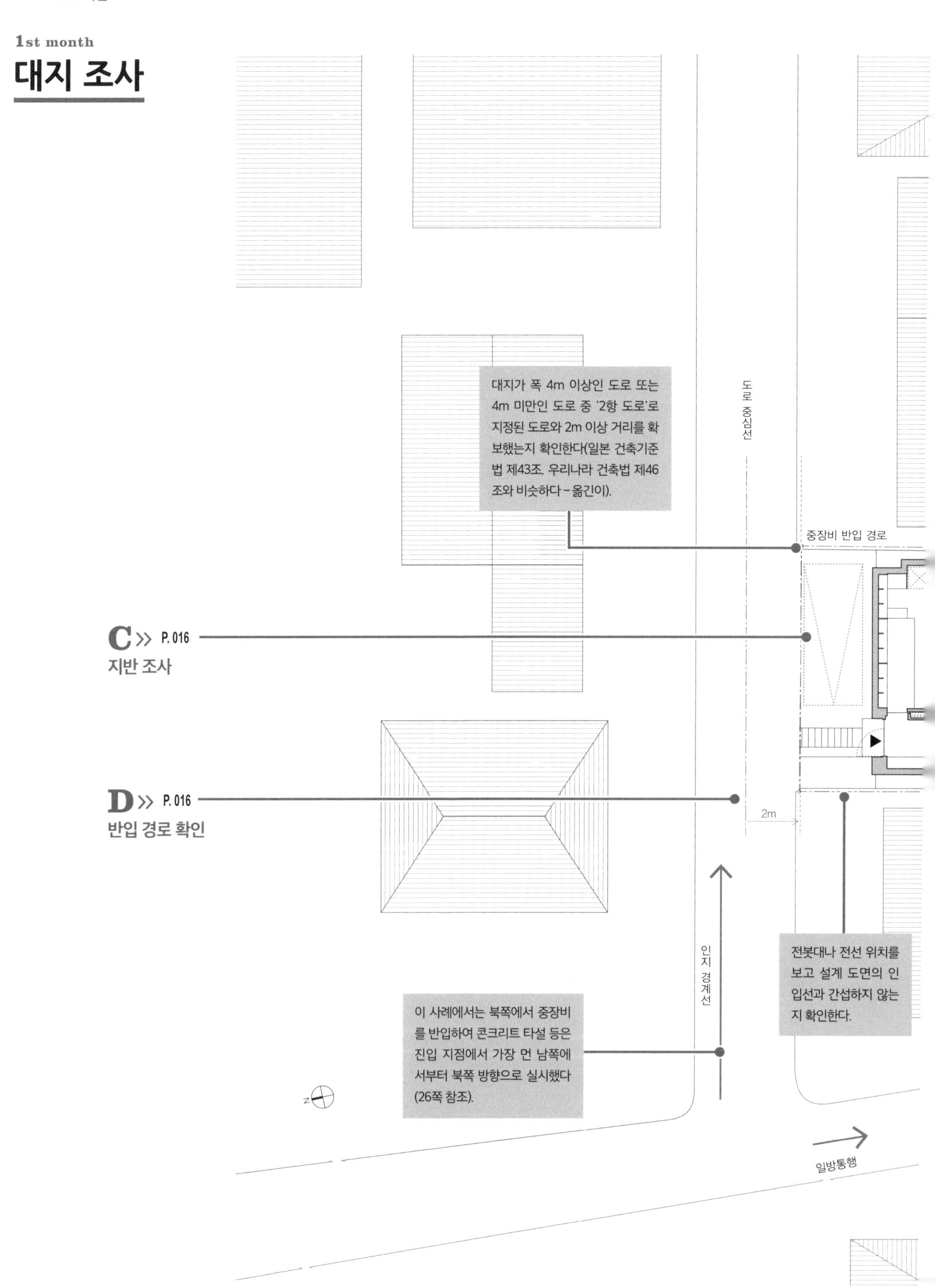
대지가 폭 4m 이상인 도로 또는 4m 미만인 도로 중 '2항 도로'로 지정된 도로와 2m 이상 거리를 확보했는지 확인한다(일본 건축기준법 제43조. 우리나라 건축법 제46조와 비슷하다 – 옮긴이).
도로 중심선
중장비 반입 경로
C » P. 016
지반 조사
D » P. 016
반입 경로 확인
2m
인지 경계선
전봇대나 전선 위치를 보고 설계 도면의 인입선과 간섭하지 않는지 확인한다.
이 사례에서는 북쪽에서 중장비를 반입하여 콘크리트 타설 등은 진입 지점에서 가장 먼 남쪽에서부터 북쪽 방향으로 실시했다(26쪽 참조).
일방통행

14	15	16	17	18	19	20	21	22	23	24	25	26
			5th month				6th month				7th month	

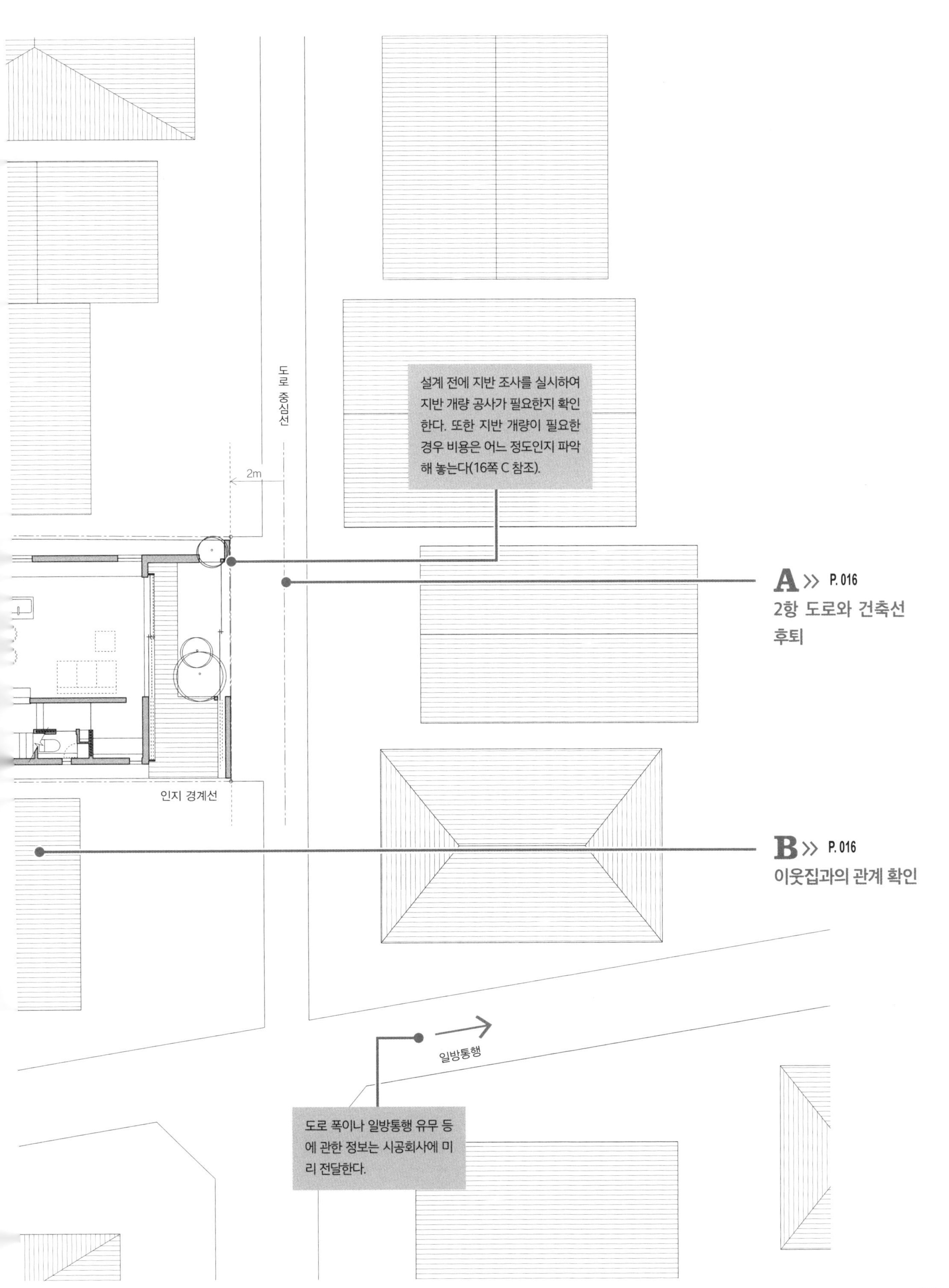

도로 중심선
2m
인지 경계선
설계 전에 지반 조사를 실시하여 지반 개량 공사가 필요한지 확인한다. 또한 지반 개량이 필요한 경우 비용은 어느 정도인지 파악해 놓는다(16쪽 C 참조).
A >> P. 016
2항 도로와 건축선 후퇴
B >> P. 016
이웃집과의 관계 확인
일방통행
도로 폭이나 일방통행 유무 등에 관한 정보는 시공회사에 미리 전달한다.

대지 조사 체크리스트

2항 도로와 건축선 후퇴

건축법상 '도로'는 원칙적으로 폭 4m 이상인 도로를 가리키는데, 4m 미만인 도로라도 '2항 도로'(일본 건축기준법 제43조 제2항에 속하는 도로-옮긴이)에 포함되는 경우가 있다. 이런 도로의 양쪽에 건물을 지을 때는 장기적으로 4m 이상인 도로를 만들기 위해 도로 중심선에서 2m씩 후퇴한 경계를 대지 경계선으로 한다. 한쪽이 선로나 절벽 등으로 되어 있어 도로를 한쪽으로만 확장할 수 있는 경우에는 맞은편 도로 경계선에서 4m를 후퇴한 경계가 대지 경계선이 된다.

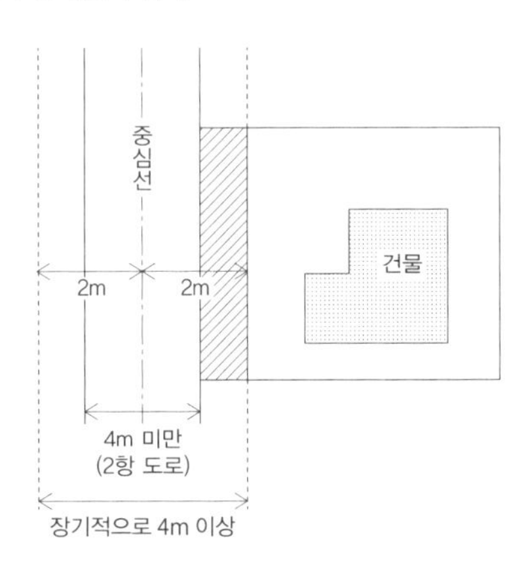
중심선
2m
2m
건물
4m 미만
(2항 도로)
장기적으로 4m 이상

이웃집과의 관계 확인

공사 중이나 준공 후에 이웃과의 트러블이 생기지 않도록 이웃집과의 위치 관계를 확실히 파악해야 한다. 확인할 점은 인지 경계에서 외벽까지 충분히 떨어져 있는지(※), 이웃집 개구부의 위치는 어디인지, 배수관이나 담으로 침범할 가능성이 있는지 등이다. 이웃집에 침범하는 부분이 있을 때는 공사에 따른 파손 가능성 등을 소유자와 사전에 협의해야 한다.

지반 조사

지반 조사에서는 먼저 '자료 조사'를 실시한다. 자료 조사에서는 토지 조건도, 근린 주상도와 스웨덴식 사운딩 시험(이하 SWS 시험) 데이터, 액상화 지도 등 지난 정보를 조사한다. 이 정보들은 인터넷이나 지반 조사 회사, 지역 행정기관에서 확인할 수 있다. 이를 토대로 현지에서의 시험 조사 항목을 결정한다. 지표면으로부터 1~2m 정도에서 지지층이 나타난다고 예상되는 경우, 지지층의 깊이를 조사하는 핸드 오거 보링과 SWS 시험을 조합하여 실시하면 좋다. 지지층이 2m를 넘거나 액상화할 가능성이 있는 경우 기계식 보링이나 토질 시험을 실시한다. [야마다]

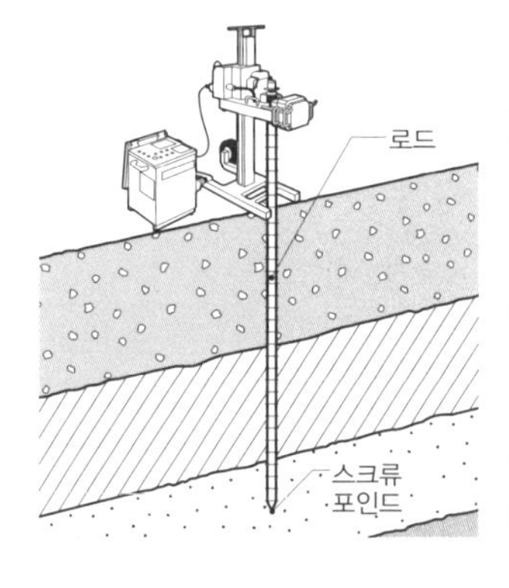
로드
스크류
포인드

SWS 시험

지반 여러 군데를 검사해서 대지 전체의 평면적인 지층 분포를 조사한다. 로드rod라고 하는 금속막대를 지반에 수직으로 찔러서 로드의 침하 정도와 회전 저항으로 지반의 강도를 추정한다.

반입 경로 확인

현장에서는 레미콘과 같은 커다란 차량 두 대를 옆으로 댈 때도 있다. 큰 차량이 대기할 수 있는 장소의 유무는 공사 비용이나 진척 상황에 영향을 주기 때문에 반드시 확인해야 한다. 또한 통학로나 정체가 자주 일어나는 도로의 유무 등 주변 상황을 파악하여 이웃과의 트러블을 피하도록 주의해야 한다.

※ 일본 민법 제235조에 해당하는 내용으로, 경계선에서 1m 미만 떨어진 거리에 이웃의 택지를 내다볼 수 있는 개구부를 설치한 경우 가리개를 달아야 한다고 규정한다.

1st month

기초
(줄치기~터파기)

줄치기로 건축물 배치를 나타낸 후 규준틀로 수평 방향의 위치와 기초의 높이 등을 표시한다. 이러한 작업 과정이 토대공, 토공사, 기초 공사의 기준이 된다.

적절한 지반 높이 설정하기

설계할 때 설계의 기준이 되는 지반 높이(이하 GL)를 설정한다. 완전히 평평한 대지는 존재하지 않으므로 건물의 과반 부분이 지반에 접하는 수준을 가정해서 GL을 둔다. 필자는 지반을 조사할 때 지반면을 계측해서 건물과 접하는 지반면 기준을 가정해 GL을 둘 때가 많다. 목조주택의 경우 시공회사에서는 건물 주위의 단차(※1)를 정밀하게 없애지 않을 때도 있기 때문에 설계자는 여러 가지 GL을 설정하는 등 자연 지형 그대로 시공할 수 있게 배려해 놓으면 좋다. 이 사례에서는 대지에 남북으로 약 400mm의 높낮이 차가 있어서 그 차이를 없애는 방법을 검토하기 위해서 남북에 각각 GL을 설정했다(20쪽 A 참조). [세키모토]

현장에 참여하는 사람들

현장 감독

기초 공사 기사

※1. 대지의 단차를 없애기 위해서 지반면의 높이를 완만하게 변화시키는 것.

1st month

기초 (줄치기~터파기)

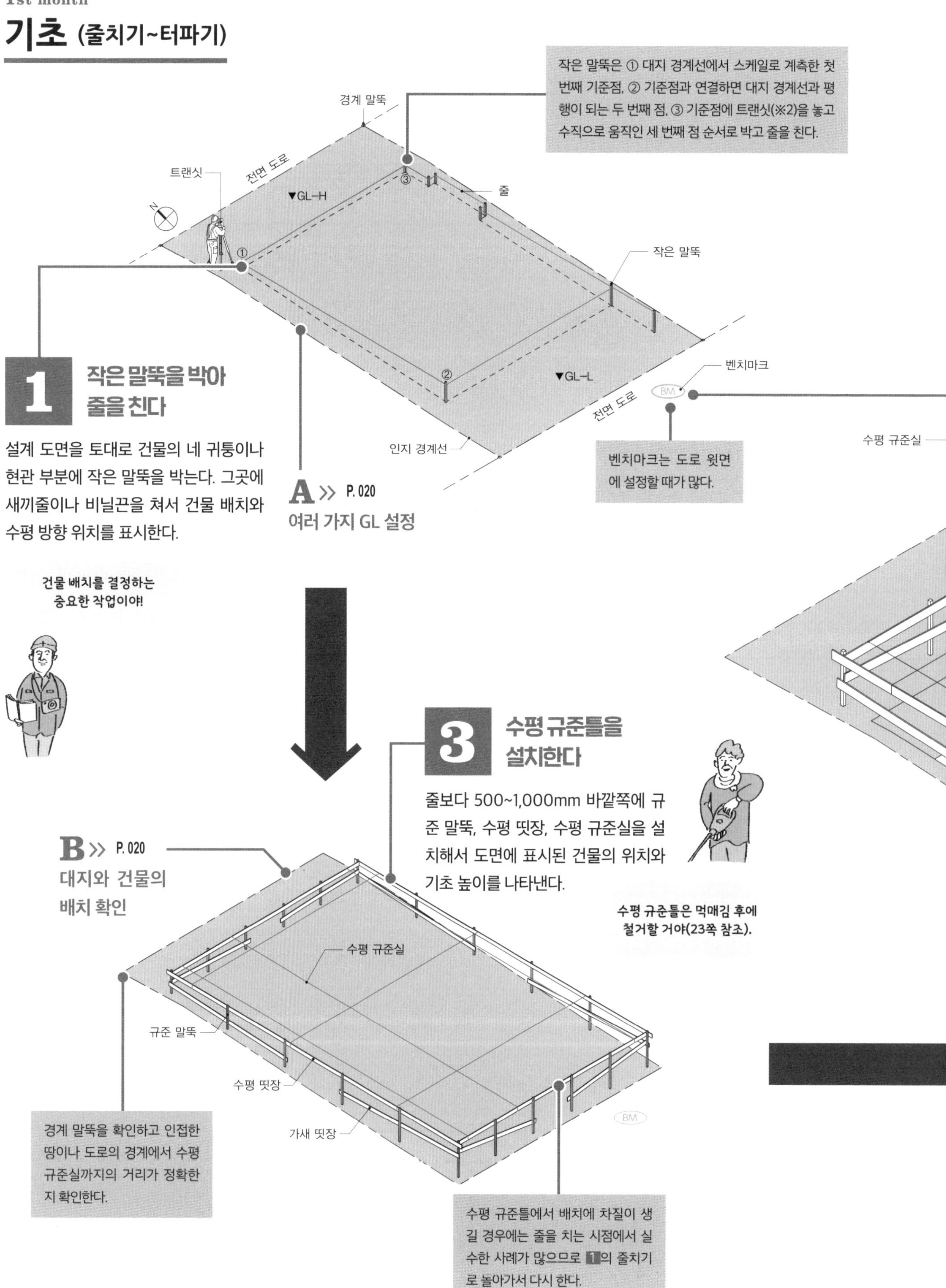
작은 말뚝은 ① 대지 경계선에서 스케일로 계측한 첫 번째 기준점, ② 기준점과 연결하면 대지 경계선과 평행이 되는 두 번째 점, ③ 기준점에 트랜싯(※2)을 놓고 수직으로 움직인 세 번째 점 순서로 박고 줄을 친다.
경계 말뚝
트랜싯
전면 도로
▼GL-H
줄
작은 말뚝
▼GL-L
벤치마크
BM
인지 경계선
전면 도로
벤치마크는 도로 윗면에 설정할 때가 많다.
수평 규준실
건물 배치를 결정하는 중요한 작업이야!
수평 규준틀은 먹매김 후에 철거할 거야(23쪽 참조).
수평 규준실
규준 말뚝
수평 띳장
가새 띳장
BM
경계 말뚝을 확인하고 인접한 땅이나 도로의 경계에서 수평 규준실까지의 거리가 정확한지 확인한다.
수평 규준틀에서 배치에 차질이 생길 경우에는 줄을 치는 시점에서 실수한 사례가 많으므로 1의 줄치기로 돌아가서 다시 한다.

1 작은 말뚝을 박아 줄을 친다

설계 도면을 토대로 건물의 네 귀퉁이나 현관 부분에 작은 말뚝을 박는다. 그곳에 새끼줄이나 비닐끈을 쳐서 건물 배치와 수평 방향 위치를 표시한다.

A >> P. 020
여러 가지 GL 설정

B >> P. 020
대지와 건물의 배치 확인

3 수평 규준틀을 설치한다

줄보다 500~1,000mm 바깥쪽에 규준 말뚝, 수평 띳장, 수평 규준실을 설치해서 도면에 표시된 건물의 위치와 기초 높이를 나타낸다.

※2. 육지측량기. 망원경과 각도 눈금이 있어서 수평, 수직과 더불어 임의의 각도를 정밀하게 계측할 수 있다.

2 벤치마크를 정한다

GL은 설계상 편의로 정하는 값이다. 기초 공사를 적절하게 실시하려면 임의의 부동점에 벤치마크(이하 BM)를 정하고 그 점에서부터의 높이로 정확한 GL을 확정한다.

4 터파기 작업을 실시한다

기초를 만들기 위해서 지반면을 일정 깊이까지 굴착한다. 수평 규준실을 기준으로 터파기 깊이를 확인한다.

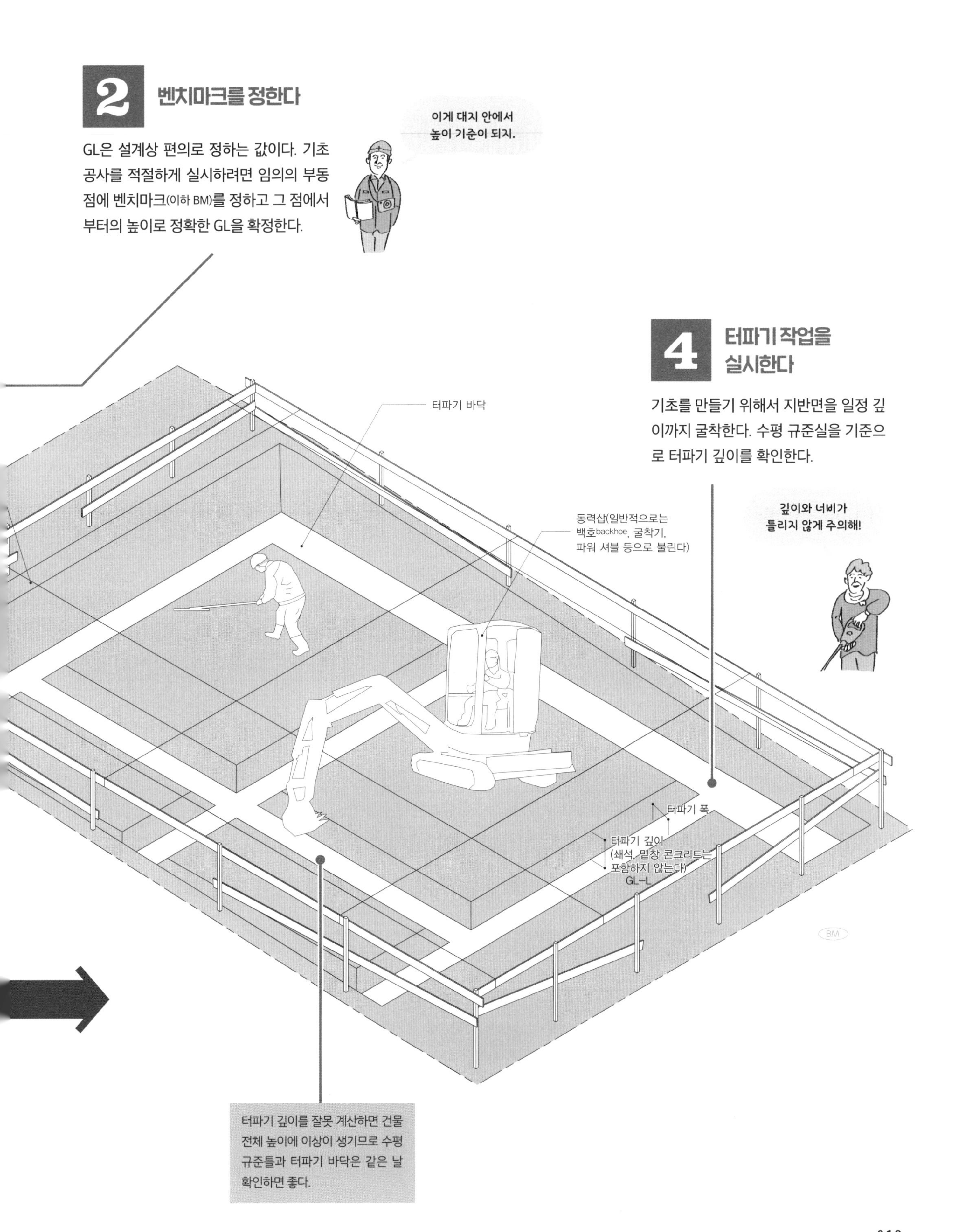
이게 대지 안에서
높이 기준이 되지.
터파기 바닥
동력삽(일반적으로는
백호backhoe, 굴착기,
파워 셔블 등으로 불린다)
깊이와 너비가
틀리지 않게 주의해!
터파기 폭
터파기 깊이
(쇄석, 밑창 콘크리트는
포함하지 않는다)
GL-L
BM

터파기 깊이를 잘못 계산하면 건물 전체 높이에 이상이 생기므로 수평 규준틀과 터파기 바닥은 같은 날 확인하면 좋다.

여러 가지 GL 설정

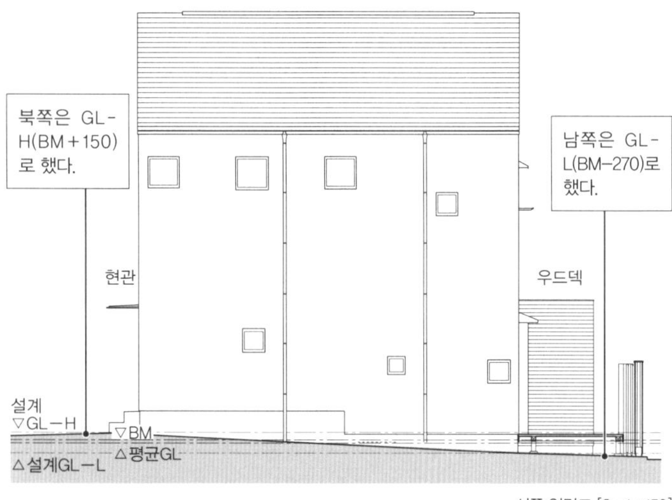
북쪽은 GL-H(BM+150)로 했다.
남쪽은 GL-L(BM-270)로 했다.
현관
우드덱
설계
▽GL-H
▽BM
△평균GL
△설계GL-L

서쪽 입면도 [S=1 : 150]

남쪽 테라스의 우드덱. 이 사례에서는 북쪽 현관과 남쪽 우드덱 양쪽에서 출입할 수 있게 양면의 단차를 완만하게 없애야 했기에 남북의 GL을 각각 설정했다. [사진 : 신자와 잇페이]

대지와 건물의 배치 확인

설계자는 경계 말뚝 위치를 확인하고 수평 규준실을 기준으로 도로 경계선 및 대지 경계선에서 건물 네 귀퉁이 중심선까지의 수평 거리를 줄자 등으로 측정하여 배치를 확인한다.

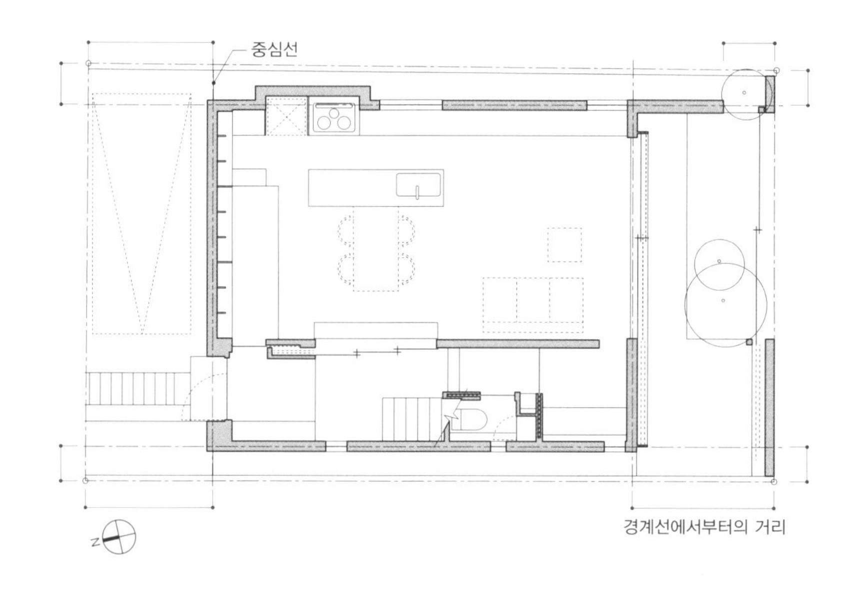
중심선
경계선에서부터의 거리

貫天端 設計GL-L +500

GL에서부터의 치수를 기록해 놓는다

수평 띳장에는 GL 또는 BM에서 얼마나 떨어져 있는지 기록해 놓는다. 현장에서 눈으로 보고 확인한 후에 사진으로 기록해 놓으면 좋다.

3

1st month

기초 (토대공~밑창 콘크리트)

터파기 후 지반면을 쇄석 등으로 고정하고 밑창 콘크리트를 치는 토대공을 실시한다(※1). 토대공에는 건물의 하중을 지반에 균일하게 전달하여 부동침하(※2)를 방지하는 목적이 있다.

쇄석의 두께와 밑창 콘크리트의 타설 범위

쇄석의 두께를 도면상 몇 mm로 설정하는 것이 적절한지 의문스러워하는 설계자가 많을 것이다. 필자는 50~150mm가 적절하다고 생각한다. 먼저 쇄석 토대공의 목적은 ① 터파기로 엉망이 된 지반을 고르게 하고, ② 지지층이 독립기초의 바닥면(※3)보다 깊은 경우 지지층에 건물 하중을 전달하며, ③ 줄기초의 기초 하중을 분산시키는 것이다.

①뿐일 경우 쇄석의 입자 크기나 다짐 횟수를 고려하면 쇄석 두께는 50~150mm가 일반적이다(※4). ②에서처럼 기초 슬래브 아랫면부터 지지층까지 수십 cm로 지반 개량이 필요 없는 경우에는 쇄석 두께를 늘려서 대응한다. ③과 같이 독립기초의 지반 지지력이 부족할 경우에는 쇄석 두께를 늘린다. ②나 ③에서 쇄석 두께가 과대해질 경우 두께 100~150mm 정도씩 다져서 충분히 메운다. ①~③의 목적에 맞춰서 두께를 조절하되 ②처럼 '지지층이 터파기 바닥보다 깊은 경우에는 감리자에게 확인한 후 쇄석 두께를 늘린다'고 도면에 기록해 놓으면 좋다. [야마다]

이 사례에서는 밑창 콘크리트를 기초 슬래브 영역 전체에 타설했다. 그렇게 하면 방습 필름을 보호할 수 있어서 배근 작업을 하기 쉬워진다. 그러나 밑창 콘크리트를 타설하는 애초의 목적은 먹매김을 위함이기 때문에 먹매김에 필요한 기초 바닥부만 타설하더라도 문제없다(24쪽 A 참조). 그 경우 밑창 콘크리트의 타설 범위가 더욱 좁아져서 비용을 줄일 수 있지만 방습 필름 결손에 주의한다. [세키모토]

현장에 참여하는 사람들

기초 공사 기사

펌프 기사

현장 감독

※1. 지반 상태가 나쁘면 토대공 전에 지반 개량 공사와 말뚝 공사를 한다. ※2. 지반이 한쪽 방향으로 기울거나 일부가 침하하는 것.
※3. 터파기 후 수평기를 사용해서 정확하게 수평으로 마감한 면. ※4. 쇄석 두께가 150mm를 넘으면 다짐 횟수를 늘려야 콘크리트를 충분히 메울 수 있다.

1st month

기초 (토대공~밑창 콘크리트)

1 쇄석을 깔고 다진다

터파기 바닥에 쇄석을 깔고 래머를 사용해 지반을 다진다. 충분히 다져야 지내력을 확보할 수 있으므로 다짐 횟수에 주의한다.

쇄석 토대공에서 밑창 콘크리트 타설까지 2~3일이 기준이야.

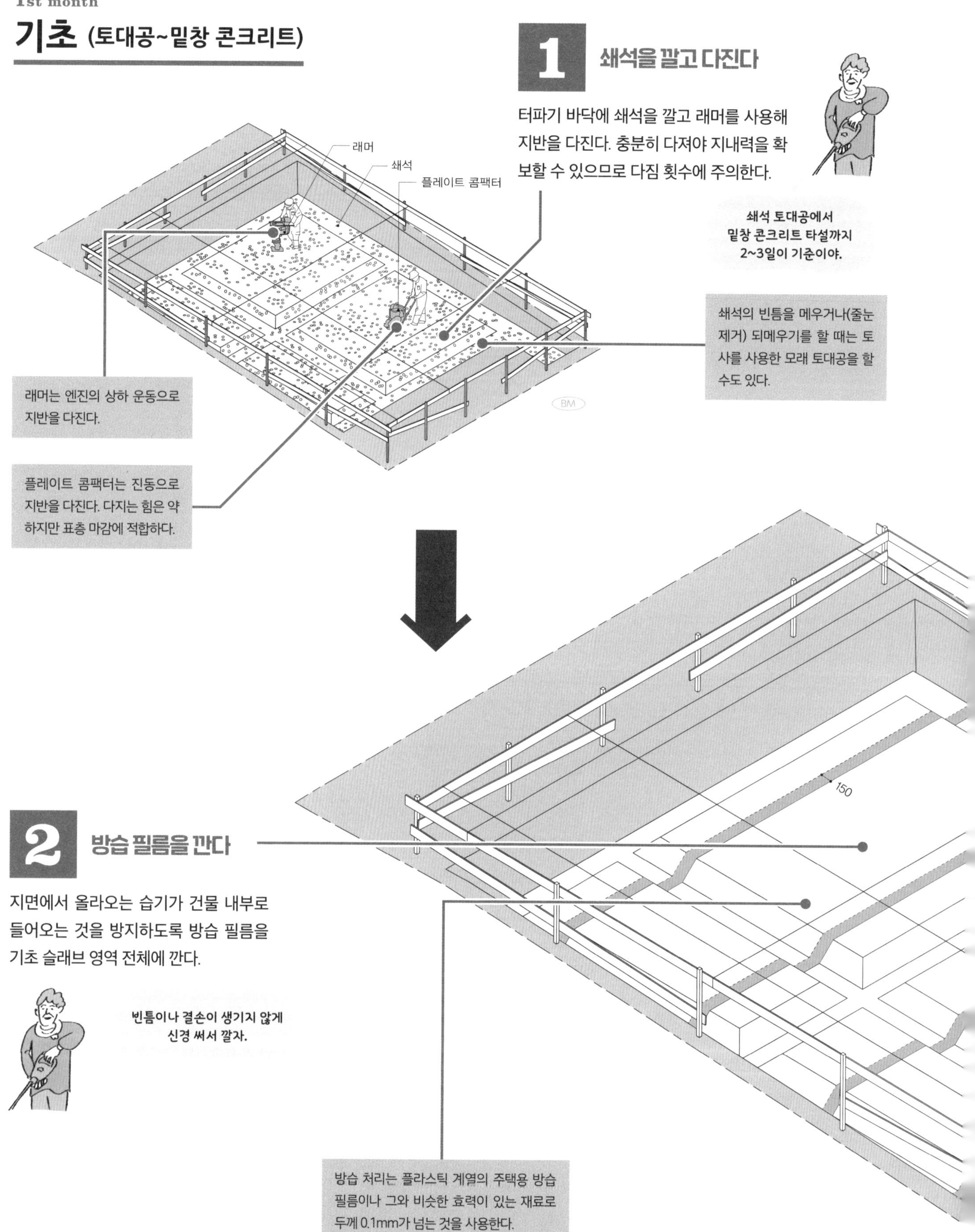
래머
쇄석
플레이트 콤팩터
BM
150

쇄석의 빈틈을 메우거나(줄눈 제거) 되메우기를 할 때는 토사를 사용한 모래 토대공을 할 수도 있다.

래머는 엔진의 상하 운동으로 지반을 다진다.

플레이트 콤팩터는 진동으로 지반을 다진다. 다지는 힘은 약하지만 표층 마감에 적합하다.

2 방습 필름을 깐다

지면에서 올라오는 습기가 건물 내부로 들어오는 것을 방지하도록 방습 필름을 기초 슬래브 영역 전체에 깐다.

빈틈이나 결손이 생기지 않게 신경 써서 깔자.

방습 처리는 플라스틱 계열의 주택용 방습 필름이나 그와 비슷한 효력이 있는 재료로 두께 0.1mm가 넘는 것을 사용한다.

3 밑창 콘크리트를 타설한다

슬럼프값 15~18 정도의 콘크리트를 두께 30~50mm 정도로 타설한다. 밑창 콘크리트로 먹매김이 쉬워지고 또 기초 바닥면이 수평이 되어 배근 작업이 수월해진다.

밑창 콘크리트가 너무 두꺼우면 기초 전체의 높이가 어긋나니까 주의해.

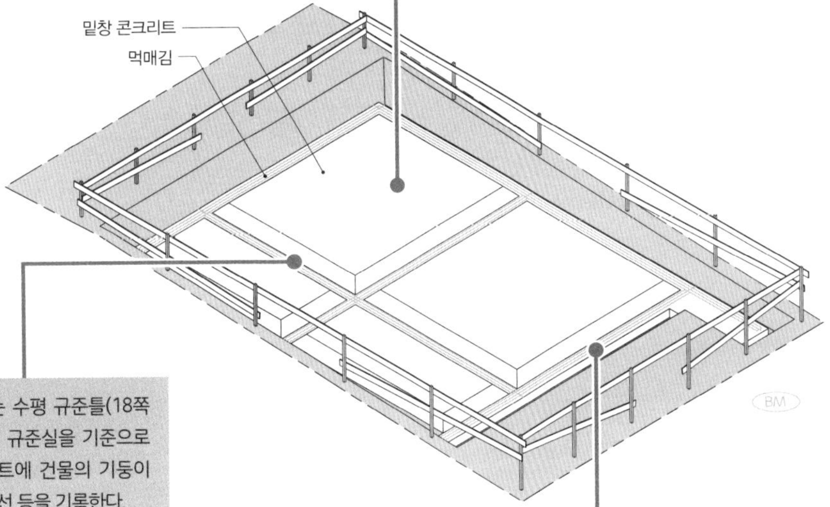

밑창 콘크리트
먹매김

먹매김에서는 수평 규준틀(18쪽 참조)의 수평 규준실을 기준으로 밑창 콘크리트에 건물의 기둥이나 벽의 중심선 등을 기록한다.

A >> P. 024
밑창 콘크리트를 기초 바닥부에만 타설할 경우

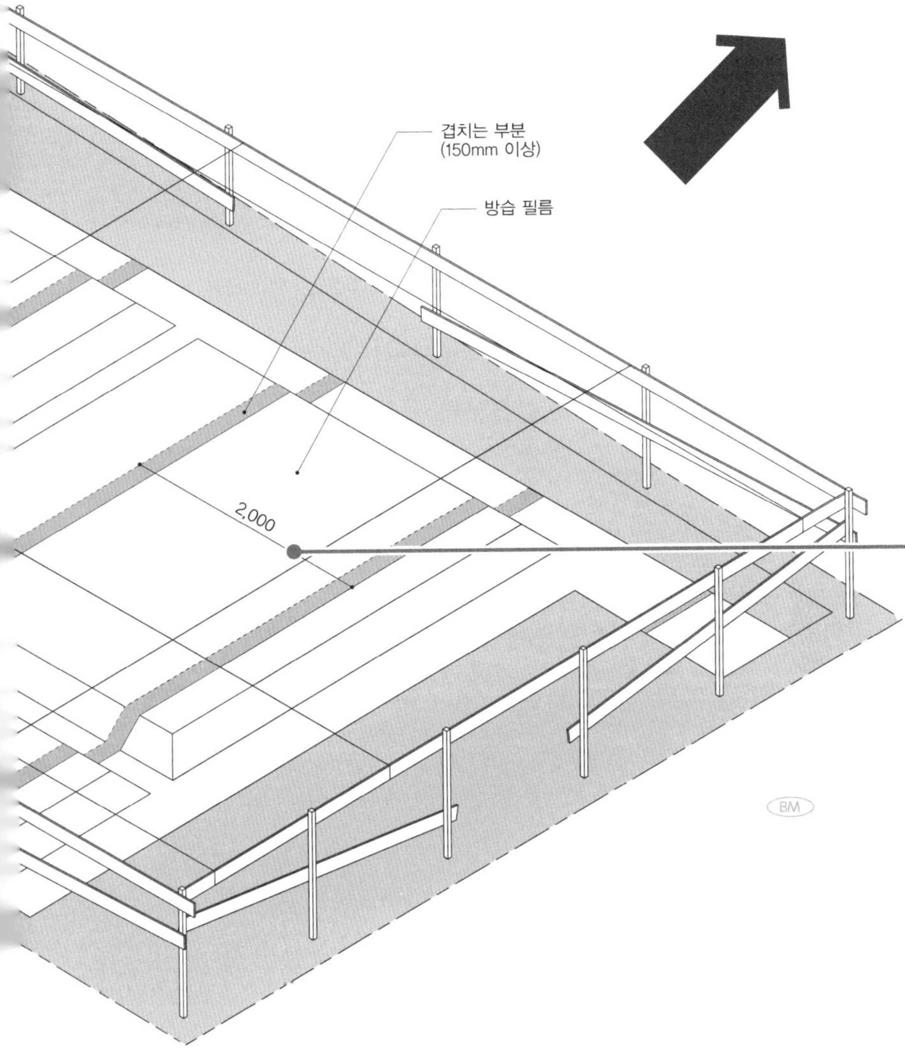

겹치는 부분 (150mm 이상)
방습 필름
2,000

폭 2m인 방습 필름을 한 칸 간격으로 깔면 겹치는 부분을 약 200mm씩 확보할 수 있어서 유리하다.

밑창 콘크리트를 기초 바닥부에만 타설할 경우

밑창 콘크리트는 먹매김 바탕으로 기초 바닥부에만 타설할 때도 많다. 그럴 경우 설계 도면은 오른쪽 그림과 같이 된다. 비용을 줄일 수 있는 한편 배근할 때 방습 필름 위에서 작업하게 되기 때문에 방습 필름에 결손이 잘 생긴다. 결손이 있으면 방습 필름용 아크릴 테이프 등으로 보수한다.

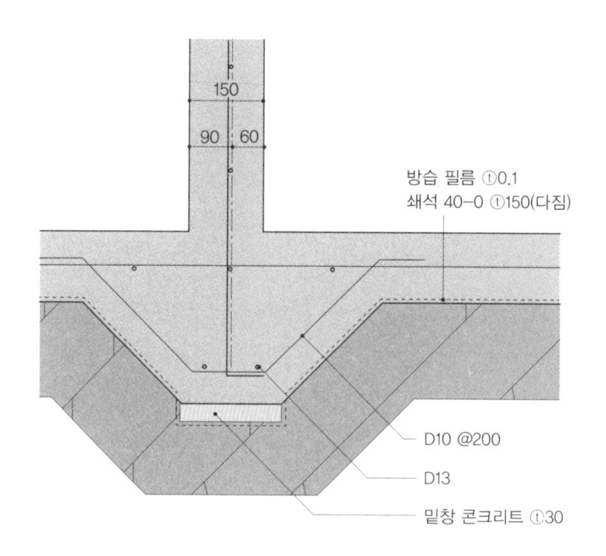
150
90
60
방습 필름 ⓣ0.1
쇄석 40-0 ⓣ150(다짐)
D10 @200
D13
밑창 콘크리트 ⓣ30

기초 부분 단면도 [S=1 : 15]

밑창 콘크리트를 타설한 상태. 높이의 기준이 되므로 수평으로 고르게 펴서 마감한다. 배근한 후에는 이 부분에 거푸집을 세운다.

방습 필름이 겹치는 부분을 확보했는지 촬영해 놓는다

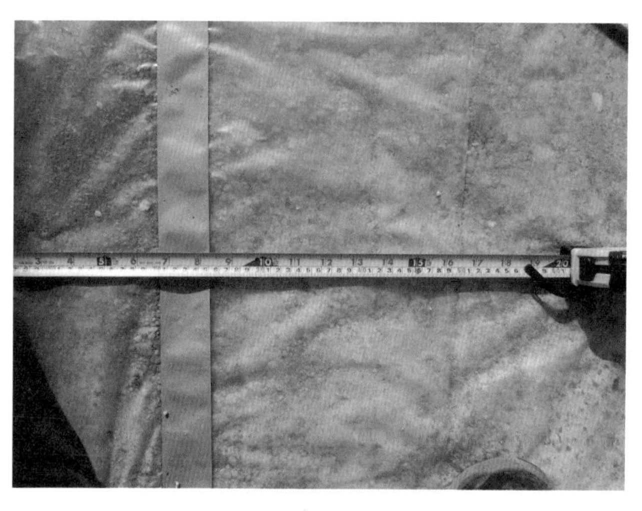

방습 필름은 폭 150mm 이상씩 겹치는 부분을 확보하고 주름이 생기지 않게 깐다. 구멍이 뚫린 경우에는 방습 필름용 아크릴 테이프 등으로 보수한다.

4

1~2 month

기초 (배근~타설)

콘크리트의 균열을 방지하기 위한 철근을 설치하고 콘크리트를 타설하면 기초가 완성된다. 건물 전체의 강도를 좌우하는 공사 과정이므로 꼼꼼하게 확인하자. 공사 기간은 약 2주.

기초는 굳지 않은 콘크리트와 현장 작업의 질이 중요하다

콘크리트 타설에 앞서 제삼자에게 인수 검사를 의뢰하고 굳지 않은 콘크리트의 품질을 확인한다(28쪽 A 참조). 콘크리트를 밀도 높게 충전해서 단단하게 굳힌 후에 균열 등의 품질 불량을 막으려면 굳지 않은 콘크리트의 품질뿐만 아니라 진동기로 구석구석 메워서 채우고 탬퍼로 탬핑하는 작업이 특히 중요하다. 진동기를 사용해 물이나 공기를 표면에 드러나게 하고(메워서 채우기), 탬퍼로 표면을 쳐서 제거하는 동시에 표면을 고르게 한다(마무리). 단단히 굳은 콘크리트는 골조에서 구멍을 뚫지 않는 한 품질을 확인할 수 없다. 현장에서의 타설, 양생 작업 과정이 중요하다. [야마다]

현장에 참여하는 사람들

현장 감독

기초 공사 기사

검사원

펌프기사

콘크리트 검사원

철근 기사

1~2 month

기초 (배근~타설)

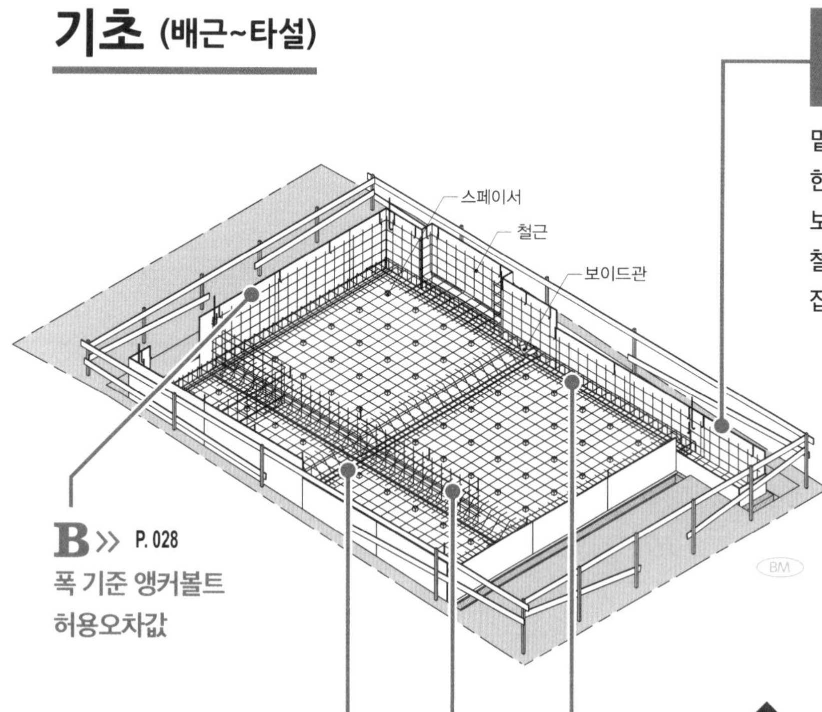
스페이서
철근
보이드관

1 기초 부분에 배근한다

밑창 콘크리트 타설 후 배근한다. 저반부는 두께(※1)를 확보하기 위해서 스페이서 위에 철근을 놓는다. 배근 후 거푸집을 설치한다.

철근이 정확히 배열되었는지 검사해.

B >> P. 028
폭 기준 앵커볼트 허용오차값

C >> P. 028
토대용 앵커볼트의 역할과 배치

수직부의 모서리 부분과 교차부에서 주근이 겹치는 부분의 길이(정착 길이)를 주근 지름의 40배 확보한다.

2 앵커볼트와 배관 슬리브를 설치한다

토대가 수평 방향으로 어긋나거나 뽑히는 것을 방지하는 앵커볼트를 고정하고 급배수관이나 가스관의 배관 경로를 확보하는 보이드관(튜브 모양의 형틀)을 설치한다.

배관은 기초 보와 겹치지 않는 위치에 설치하자.

거푸집

3 저반에 콘크리트를 타설한다

기초의 바깥 둘레에 거푸집을 설치하고 콘크리트를 흘려 넣는다. 진동기로 배합 또는 이동 시 발생한 기포를 제거해 가며 구석구석 메운다.

콘크리트는 펌프차에서 가장 먼 곳부터 흘려 넣기 시작해.

※1. 콘크리트 표면에서 철근까지의 거리.

4 수직부에 콘크리트를 타설한다

앞서 설치한 앵커볼트와 보이드관이 어긋나지 않게 주의하며 거푸집에 콘크리트를 흘려 넣고 진동기로 충분히 구석구석 메운다.

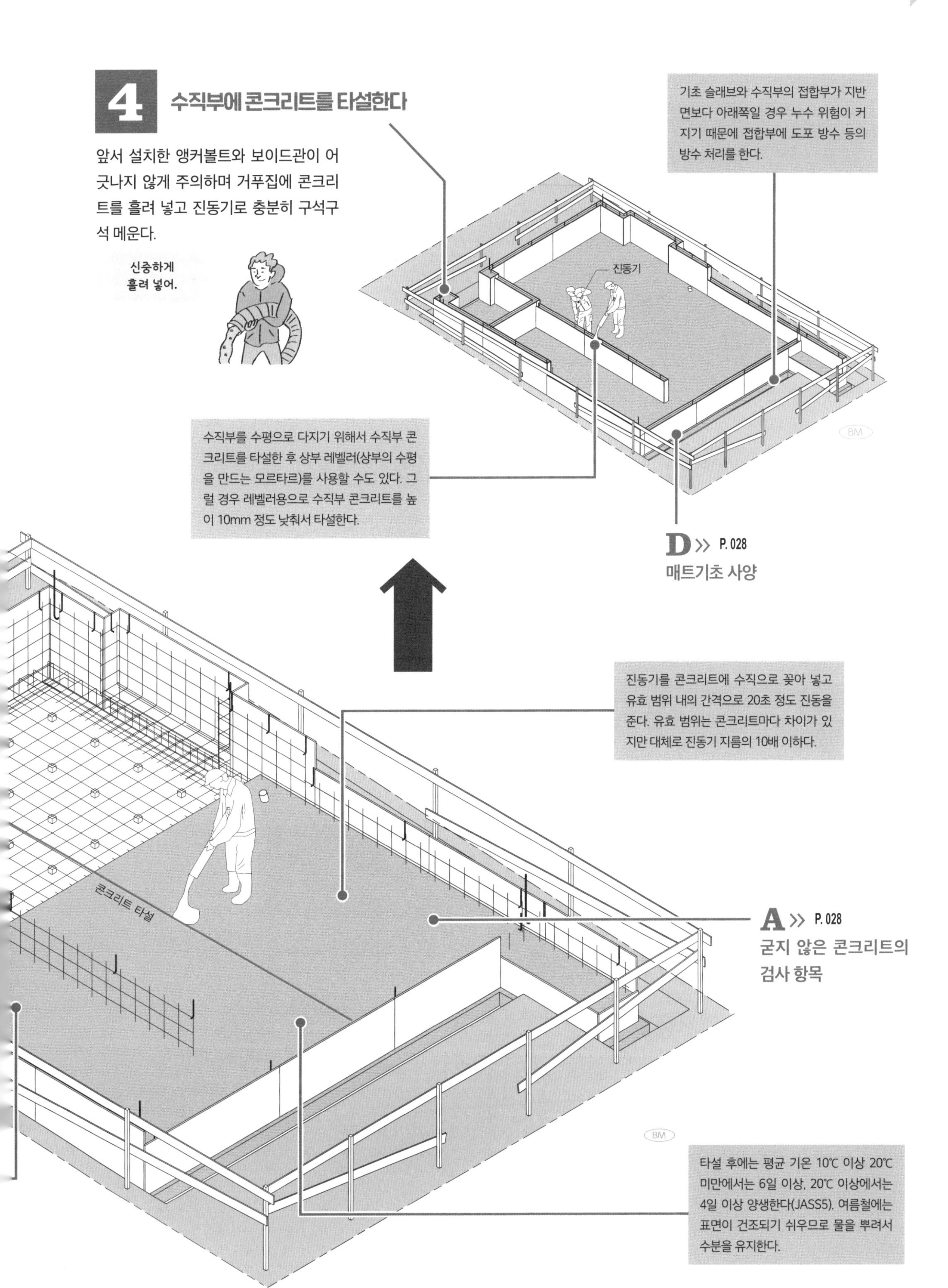
신중하게
흘려 넣어.
기초 슬래브와 수직부의 접합부가 지반면보다 아래쪽일 경우 누수 위험이 커지기 때문에 접합부에 도포 방수 등의 방수 처리를 한다.
진동기
수직부를 수평으로 다지기 위해서 수직부 콘크리트를 타설한 후 상부 레벨러(상부의 수평을 만드는 모르타르)를 사용할 수도 있다. 그럴 경우 레벨러용으로 수직부 콘크리트를 높이 10mm 정도 낮춰서 타설한다.
D >> P. 028
매트기초 사양
진동기를 콘크리트에 수직으로 꽂아 넣고 유효 범위 내의 간격으로 20초 정도 진동을 준다. 유효 범위는 콘크리트마다 차이가 있지만 대체로 진동기 지름의 10배 이하다.
콘크리트 타설
A >> P. 028
굳지 않은 콘크리트의 검사 항목
타설 후에는 평균 기온 10℃ 이상 20℃ 미만에서는 6일 이상, 20℃ 이상에서는 4일 이상 양생한다(JASS5). 여름철에는 표면이 건조되기 쉬우므로 물을 뿌려서 수분을 유지한다.

기초 (배근~타설) 체크리스트

A 굳지 않은 콘크리트의 검사 항목

굳지 않은 콘크리트가 도착하면 전표와 발주 시의 배합 계획서가 일치하는지 먼저 확인한 뒤 인수 검사를 한다. 배합 계획서에는 설계 기준 강도와 슬럼프값 등 품질 관리상 중요한 정보가 담겨 있다. 배합 계획서는 설계 도서와 정합하는지, 타설일이 배합 기간에 들어가는지 등을 확인한다. [야마다]

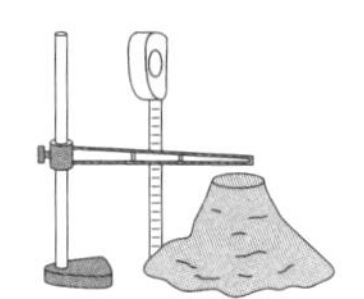

슬럼프 검사

굳지 않은 콘크리트를 거푸집에서 뺐을 때 꼭대기 부분이 몇 cm 내려갔는지로 유동성과 부드럽기를 측정한다. 슬럼프값은 일반적으로 15~18이며 허용값은 지정 수치의 ±2.5cm다.

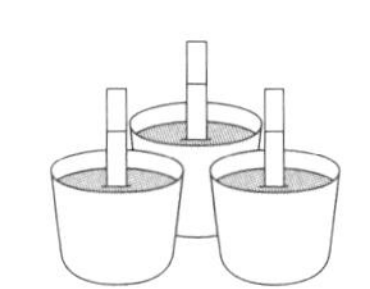

염화물 함유량 시험

일정값 이상의 염화물은 철근을 녹슬게 하는 원인이 된다. 또한 알칼리 금속 이온으로 이루어진 염화물은 알칼리 골재 반응 요인이 된다. 허용값은 원칙적으로 0.30kg/m³ 이하.

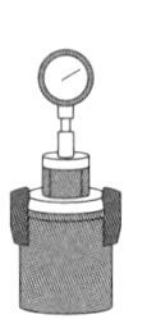

공기량 시험

굳지 않은 콘크리트 속에 함유된 공기량이 많을수록 타설 작업성은 높아지지만 압축 강도가 떨어진다. 허용값은 4.5±1.5%.

압축 강도 시험

주로 두 가지 목적으로 진행한다. 하나는 거푸집 제거 시기를 결정하기 위해서, 다른 하나는 골조 강도를 조기에 판정하기 위해서다. 콘크리트 치기 28일차에 진행하고, 1회 시험당 공사체를 세 개씩 채취하여 제삼자 기관에서 실시한다.

B 폭 기준 앵커볼트 허용오차값

앵커볼트는 기본적으로 토대 중심에 설치한다. 일본건축학회 규준(※2)을 적용하면 토대 측면에서 최소 앵커볼트 지름의 1.5배 이상, 가능하면 앵커볼트 지름의 4배 이상을 확보한다(※2). [야마다]

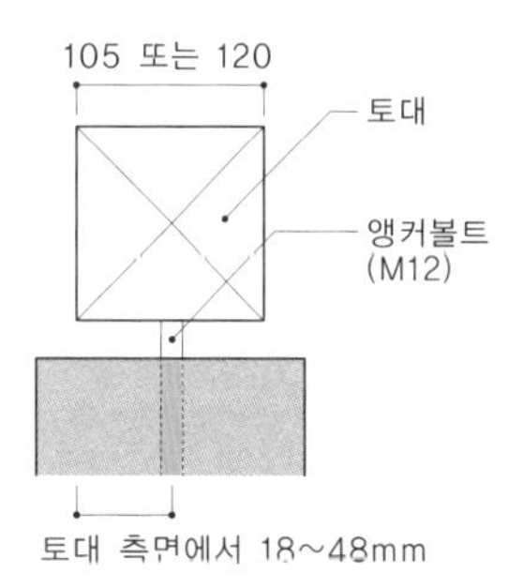
105 또는 120
토대
앵커볼트
(M12)
토대 측면에서 18~48mm

C 토대용 앵커볼트의 역할과 배치

앵커볼트는 토대와 기초를 단단히 연결시켜서 상부 구조에 가해지는 힘을 기초로 전달하기 위한 볼트다. 콘크리트 타설 후에는 움직일 수 없으므로 반드시 타설 전에 위치가 적정한지 확인한다(※3). [야마다]

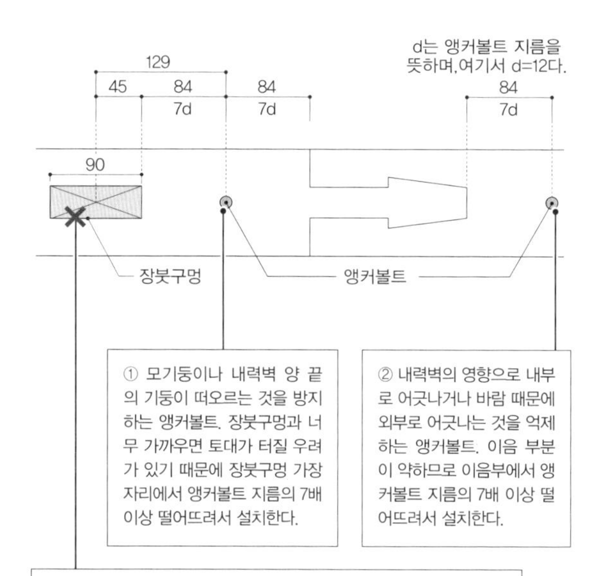
d는 앵커볼트 지름을 뜻하며, 여기서 d=12다.
129
45
84
7d
84
7d
84
7d
90
장붓구멍
앵커볼트
① 모기둥이나 내력벽 양 끝의 기둥이 떠오르는 것을 방지하는 앵커볼트. 장붓구멍과 너무 가까우면 토대가 터질 우려가 있기 때문에 장붓구멍 가장자리에서 앵커볼트 지름의 7배 이상 떨어뜨려서 설치한다.
② 내력벽의 영향으로 내부로 어긋나거나 바람 때문에 외부로 어긋나는 것을 억제하는 앵커볼트. 이음 부분이 약하므로 이음부에서 앵커볼트 지름의 7배 이상 떨어뜨려서 설치한다.
③ 토대 중간부에도 내력벽의 면 내부 방향 수평 오차, 바람을 받는 외벽 면 외부 방향의 수평 오차를 방지하기 위한 앵커볼트를 설치하는데 장붓구멍이나 수직으로 교차하는 토대의 맞춤면과 만나는 부분에는 설치하지 않는다.

D 매트기초 사양

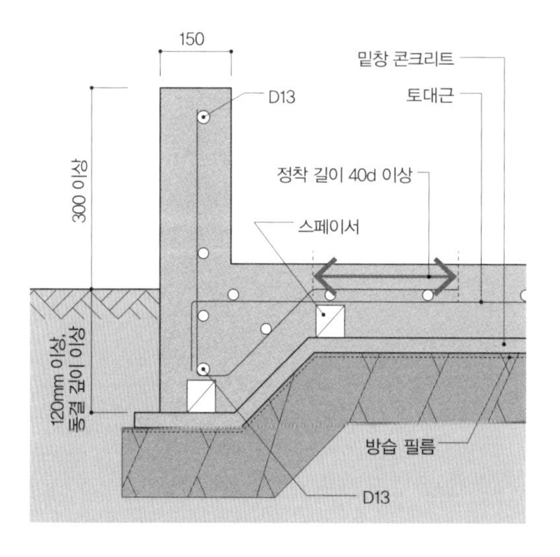
150
밑창 콘크리트
D13
토대근
300 이상
정착 길이 40d 이상
스페이서
120mm 이상,
동결 깊이 이상
방습 필름
D13

※2. 일본 국토교통성의 '공공건축 목조공사 표준사양서'에서는 앵커볼트 삽입 위치의 허용오차값이 특별히 기재되지 않으면 ±5mm로 한다.
※3. 일본건축학회 목구조설계규준과 같은 해설. 허용응력도, 허용내력설계법을 표준으로 적용한다.

5

2nd month

조립 작업 (토대 깔기)

기초 거푸집을 떼어내고 나면 드디어 조립 작업에 들어간다. 먼저 토대를 까는데 목수 두 사람 정도가 작업해서 바닥 단열까지 같은 날에 처리한다. 토대 깔기와 단열 공사에 각각 반나절이 소요되며 합쳐서 하루 만에 완료한다.

조립 1일차는 토대 깔기

토대 깔기부터 상량까지의 조립 작업은 이틀에 걸쳐서 진행된다. 1일 차에는 토대를 깔고 1층 바닥을 단열한다.

이 사례에서는 1층 바닥을 기초 단열(안쪽)로 시공했는데 이 밖에도 바닥 단열이라는 공법을 선택할 수 있다. 바닥 단열은 바닥 바로 아래에 단열재를 충전하는 방법이며 바닥 아래는 외부라 생각하고 토대 밑에 통기 패킹을 설치해 바닥 아래 통기성을 확보한다(32쪽 A 참조).

한편 기초 단열에서는 바닥 아래를 실내라고 생각해서 기초 수직부 측면과 기초 슬래브에 단열재를 깔고 토대 밑에 기밀 패킹을 설치한다(32쪽 B 참조). 오엠솔라OM Solar나 바닥 에어컨(※)을 도입할 경우에는 바닥 아래 공간을 이용하기 때문에 반드시 기초 단열로 해야 한다. 이 사례는 일부 바닥 높이(이하 FL)가 토대면보다 낮아서 바닥 아래 통기를 확보할 수 없는 탓에(32쪽 C 참조) 기초 단열을 적용했다.

토대 깔기와 기초 단열 공사가 끝나면 외부 발판을 조립해서 다음 날부터 기둥 및 들보 세우기 작업에 들어간다(34쪽 참조). [세키모토]

현장에 참여하는 사람들

현장 감독

목수

비계공

※ 에어컨 바람을 바닥 아래로 불어 넣어 온도를 높이는 난방 방법. 흡입구는 1층 바닥 위, 취출구는 바닥 아래에 노출하고 본체 주위는 밀폐하여 바닥 아래 공간에 압력을 주어 멀리까지 온풍을 보내 각 장소에 설치한 바닥 취출구로 내보낸다.

2nd month

조립 작업 (토대 깔기)

1 기밀 패킹을 깐다

기초 단열(안쪽). 기밀을 확보하기 위해서 토대 아래, 즉 기초 수직부 윗면의 전체 둘레에 기밀 패킹을 깐다.

2 토대를 설치한다

미리 토대의 아랫면과 옆면에 방부제 및 방의제를 바르고(윗면까지 바르는 경우도 있다) 순서에 따라 사방 120mm의 토대를 기초 고정 위치에 나란히 놓는다. 앵커볼트는 기초 콘크리트 타설 시 조금 어긋날 수 있으므로 현장에 맞춰서 위치를 먹매김하고 토대에 드릴로 구멍을 뚫는다. 이 토대를 기밀 패킹 위에 깔고 이음부를 메로 쳐서 박는다.

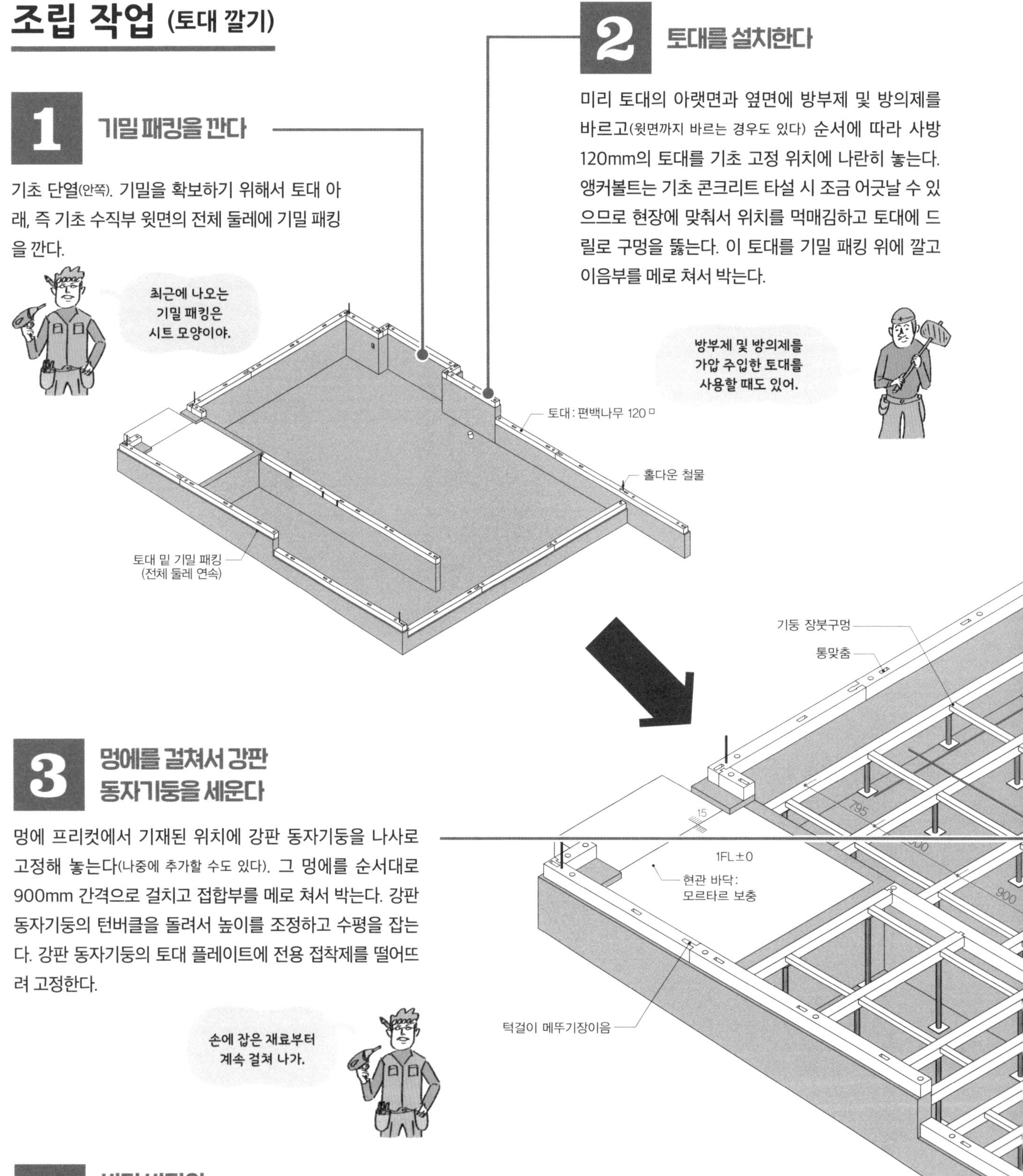
최근에 나오는 기밀 패킹은 시트 모양이야.
방부제 및 방의제를 가압 주입한 토대를 사용할 때도 있어.
토대 : 편백나무 120□
홀다운 철물
토대 밑 기밀 패킹 (전체 둘레 연속)
기둥 장붓구멍
통맞춤
15
795
1FL±0
현관 바닥: 모르타르 보충
900
턱걸이 메뚜기장이음
손에 잡은 재료부터 계속 걸쳐 나가.

3 멍에를 걸쳐서 강판 동자기둥을 세운다

멍에 프리컷에서 기재된 위치에 강판 동자기둥을 나사로 고정해 놓는다(나중에 추가할 수도 있다). 그 멍에를 순서대로 900mm 간격으로 걸치고 접합부를 메로 쳐서 박는다. 강판 동자기둥의 턴버클을 돌려서 높이를 조정하고 수평을 잡는다. 강판 동자기둥의 토대 플레이트에 전용 접착제를 떨어뜨려 고정한다.

4 바닥 바탕의 받침재를 걸친다

이 사례의 바닥틀은 장선이 없는 공법이다. 경우에 따라르기도 하지만 일반적으로 바닥 바탕용 합판의 받침재를 멍에 사이에 900mm 간격으로 걸친다.

통맞춤으로 걸치자.

5 단열재를 설치한다

여기에서는 폴리스티렌폼 3종 두께 50mm의 단열재를 사용했다. 기초 수직부 측면에서부터 기초 슬래브에 걸쳐서 500mm 정도 되접어 시공한다(바닥 단열의 경우에는 토대의 멍에에 Z형 받침 철물을 설치해 단열재를 빈틈없이 끼워 넣는다).

열교에 주의해야 해.

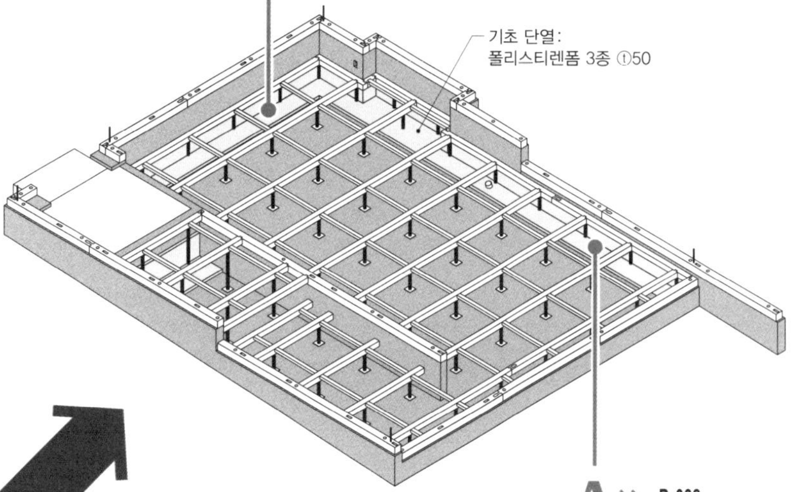

기초 단열:
폴리스티렌폼 3종 ⓣ50

A >> P. 032
바닥 단열 상세도

B >> P. 032
기초 단열 상세도

C >> P. 032
FL이 토대면보다 낮은 경우

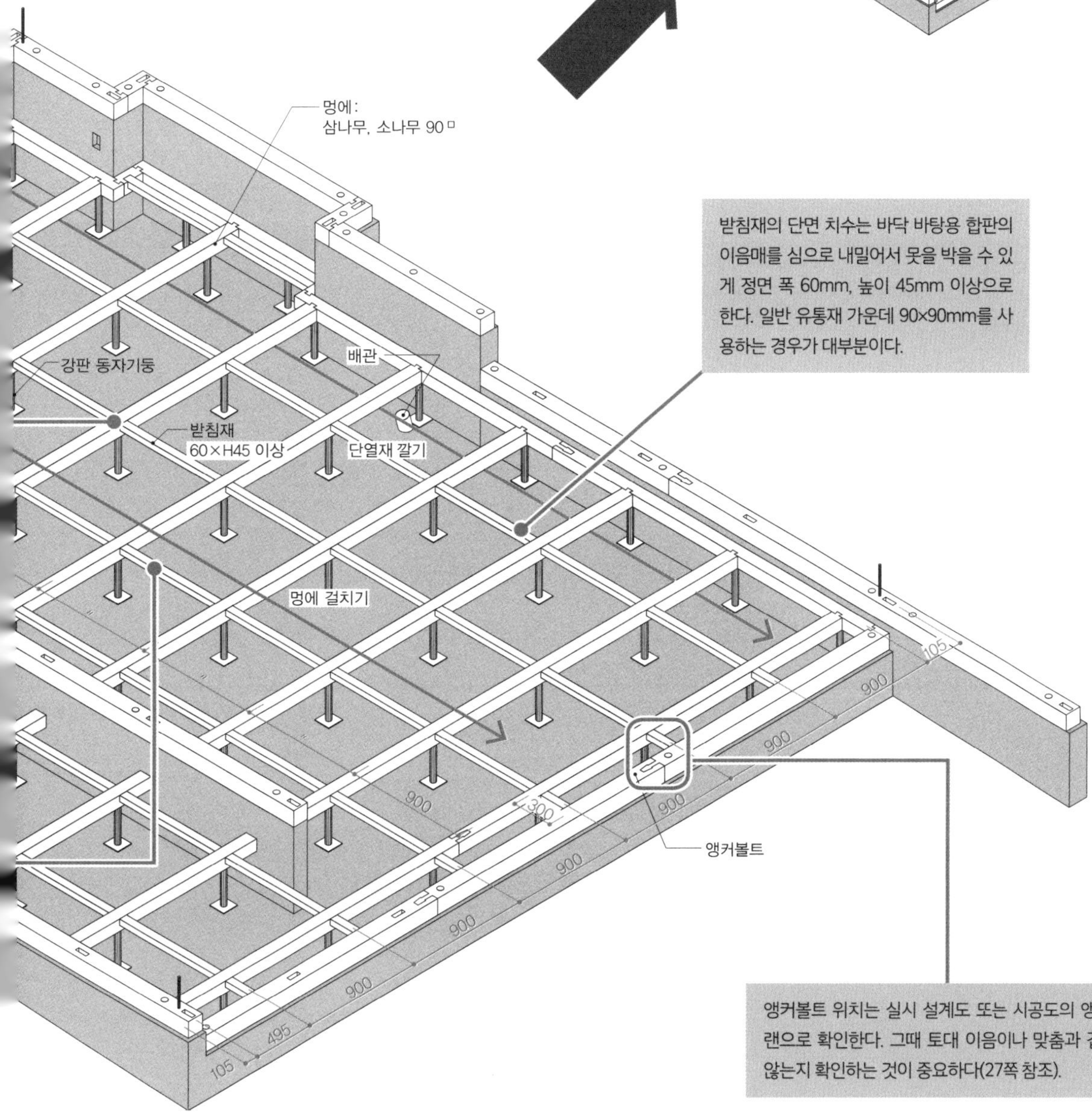

멍에:
삼나무, 소나무 90□

받침재의 단면 치수는 바닥 바탕용 합판의 이음매를 심으로 내밀어서 못을 박을 수 있게 정면 폭 60mm, 높이 45mm 이상으로 한다. 일반 유통재 가운데 90×90mm를 사용하는 경우가 대부분이다.

강판 동자기둥

배관

받침재
60×H45 이상

단열재 깔기

멍에 걸치기

105 900 900 900 300 900 900 900 900 495 105

앵커볼트

앵커볼트 위치는 실시 설계도 또는 시공도의 앵커 플랜으로 확인한다. 그때 토대 이음이나 맞춤과 겹치지 않는지 확인하는 것이 중요하다(27쪽 참조).

조립 작업 (토대 깔기) 체크리스트

A 바닥 단열 상세도

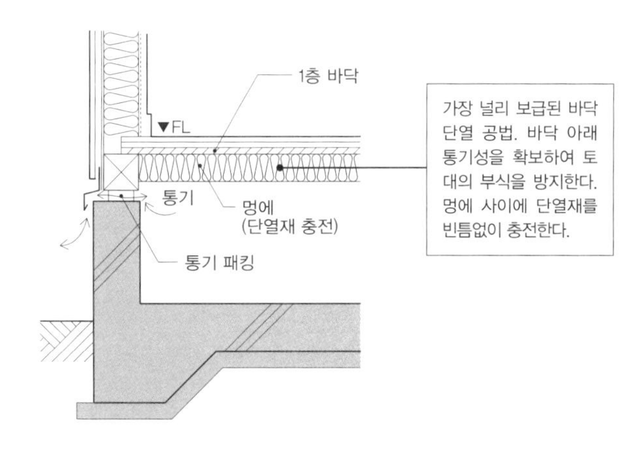
1층 바닥
▼FL
통기
멍에
(단열재 충전)
통기 패킹
가장 널리 보급된 바닥 단열 공법. 바닥 아래 통기성을 확보하여 토대의 부식을 방지한다. 멍에 사이에 단열재를 빈틈없이 충전한다.

B 기초 단열 상세도

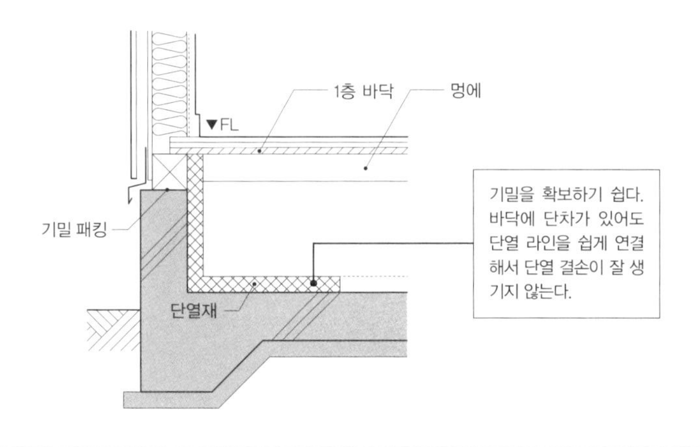
1층 바닥
멍에
▼FL
기밀 패킹
단열재
기밀을 확보하기 쉽다. 바닥에 단차가 있어도 단열 라인을 쉽게 연결해서 단열 결손이 잘 생기지 않는다.

C FL이 토대면보다 낮은 경우

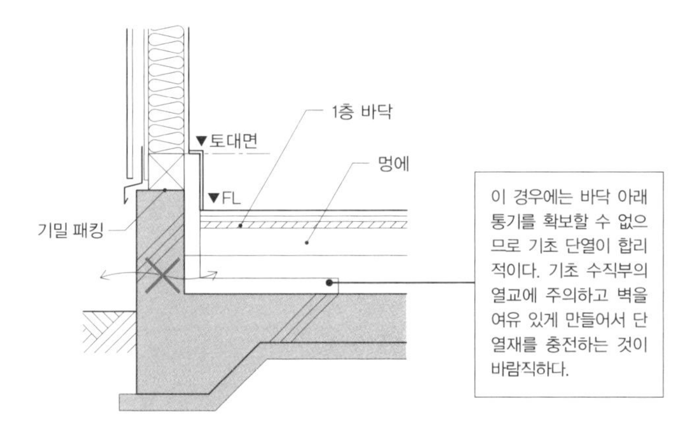
1층 바닥
▼토대면
멍에
▼FL
기밀 패킹
이 경우에는 바닥 아래 통기를 확보할 수 없으므로 기초 단열이 합리적이다. 기초 수직부의 열교에 주의하고 벽을 여유 있게 만들어서 단열재를 충전하는 것이 바람직하다.

납품된 목재에 결점이 없는지 대조해서 확인한다

현장에 납품된 재료에 결점이 없는지 프리컷 도면과 대조해서 확인한다. 작은 대지에서는 재료를 건물 내부와 견인차에 놓고 작업을 진행한다.

6
2nd month

조립 작업 (1층)

토대 깔기가 끝난 다음 날(예비일을 설정한 경우에는 며칠 후)에는 구조재가 단번에 올라간다. 상량까지 약 6시간이 걸리며 조립 작업에는 최소 4명, 많게는 6명의 비계공과 목수가 팀을 이루어 참여한다.

바닥틀 계획

바닥틀 종류에는 장선 공법과 장선이 없는 공법이 있는데 필자는 2층 이상의 바닥은 장선이 없는 공법인 강마루(36쪽 A 참조)를 표준으로 삼았다. 시공이 비교적 쉬운 데다, 위층 바닥과 아래층 천장 사이 공간의 높이를 작게 줄일 수 있으므로 천장을 높이거나 층고를 낮추기 쉽기 때문이다.

1층 바닥이 토대와 매트기초가 결합된 구조일 경우 반드시 강마루일 필요는 없다. 1층을 장선 바닥으로 하면 2층에 주방이나 욕실 등의 물을 사용하는 공간을 배치했을 때 벽 속에 매립한 배관을 장선 공간에 통과시켜 바닥 밑으로 돌릴 수 있는 장점이 있다.

이번에는 기초가 높기 때문에 배관을 바닥 밑으로까지 돌릴 수 없었다. 그래서 1층 바닥도 시공성이 좋은 장선이 없는 공법으로 만들었다. [세키모토]

현장에 참여하는 사람들

현장 감독 목수

비계공

2nd month

조립 작업 (1층)

1 1층 기둥을 세운다

토대의 장붓구멍에 관기둥, 통재기둥의 장부를 끼워 넣고 메로 쳐서 박는다. 기둥의 지반면에서 1m 높이까지 방부제 및 방의제를 발라 놓는다.

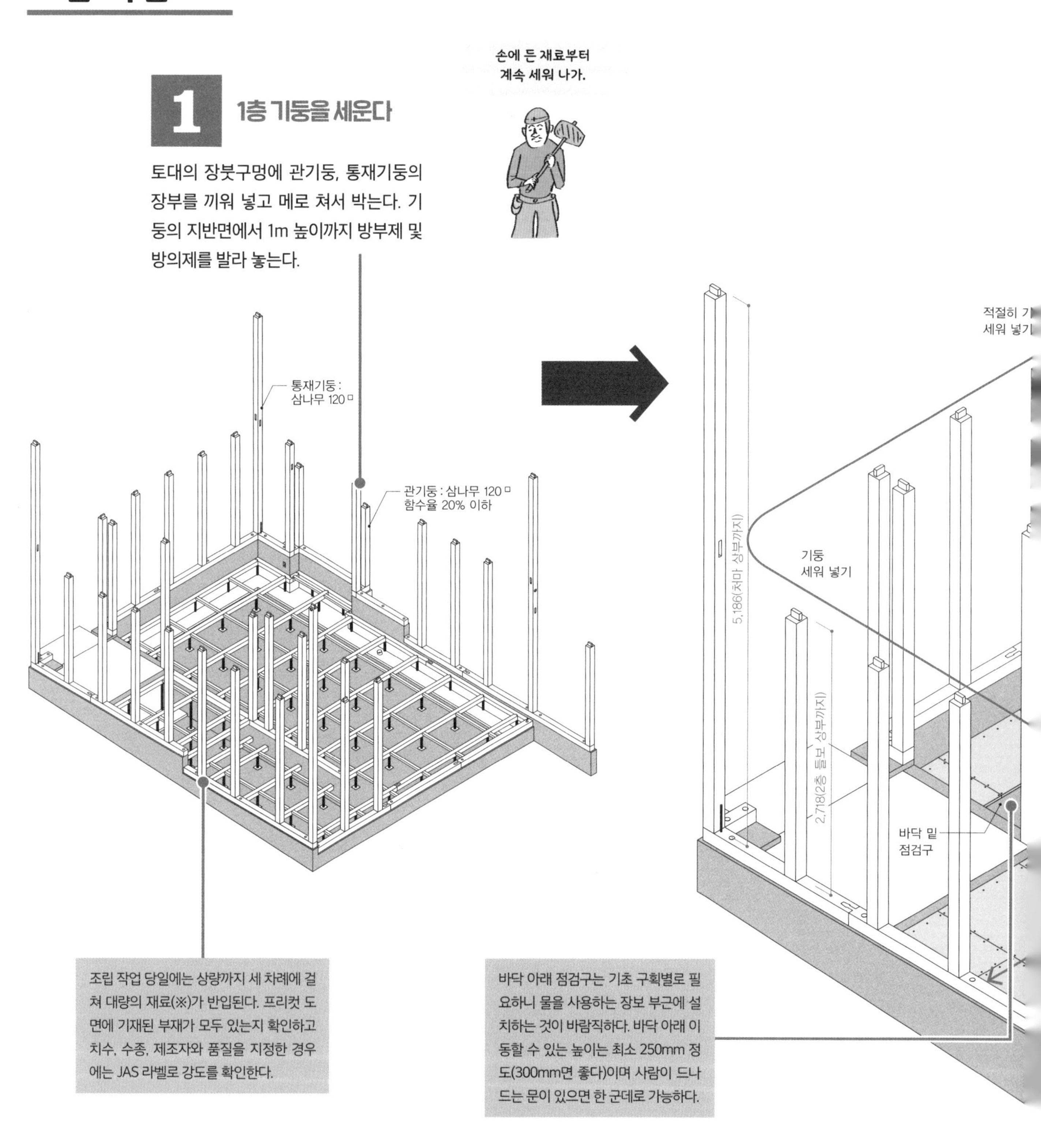
손에 든 재료부터
계속 세워 나가.
통재기둥 :
삼나무 120□
관기둥 : 삼나무 120□
함수율 20% 이하
5,186(처마 상부까지)
2,718(2층 들보 상부까지)
기둥
세워 넣기
바닥 밑
점검구

조립 작업 당일에는 상량까지 세 차례에 걸쳐 대량의 재료(※)가 반입된다. 프리컷 도면에 기재된 부재가 모두 있는지 확인하고 치수, 수종, 제조자와 품질을 지정한 경우에는 JAS 라벨로 강도를 확인한다.

바닥 아래 점검구는 기초 구획별로 필요하니 물을 사용하는 장보 부근에 설치하는 것이 바람직하다. 바닥 아래 이동할 수 있는 높이는 최소 250mm 정도(300mm면 좋다)이며 사람이 드나드는 문이 있으면 한 군데로 가능하다.

바닥 바탕용 합판은 사전에 프리컷 공장에서 재단하고, 기둥 등에 걸리는 부분을 절삭한다. 납품된 합판에 번호를 매겨 놓았으니 그 번호 순서대로 늘어놓는다.

※ 방부제 및 방의제, 토대, 멍에, 기초 패킹, 강판 동자기둥, 구조용 철물, 바닥 바탕 합판, 투습 방수 시트, 단열재, 실링, 양생 시트, 기둥, 가새, 들보, 비구조용 단면재, 창대, 상인방, 샛기둥, 발판재, 외벽 바탕 합판, 널빤지, 지붕보, 박공지붕, 서까래, 지붕널, 천창 등

2 1층 바닥 바탕을 깐다

바닥 바탕용 합판을 번호 순서대로 멍에와 수직으로 교차하도록 지그재그로 늘어놓는다. 무거운 합판의 위치는 메를 사용해 옆에서 쳐서 조정한다. 전부 놓고 나면 N75 또는 CN75 못을 사용하여 150mm 이하의 간격으로 고정한다. 배관이 있는 부분은 나중에 합판을 떼어낼 수 있게 나사로 임시 고정하고 배관 공사가 끝난 후 최종적으로 못을 박는다.

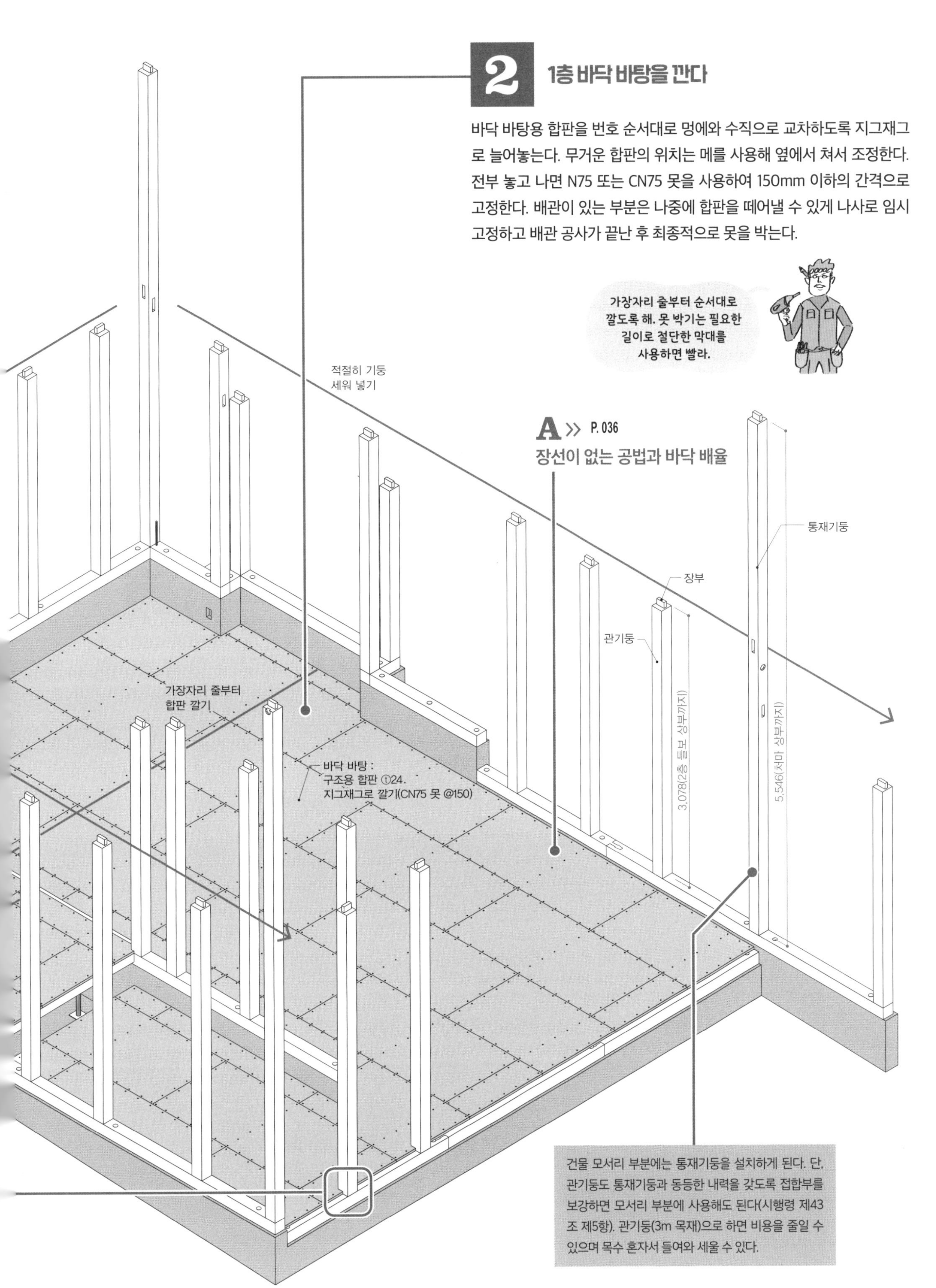
가장자리 줄부터 순서대로 깔도록 해. 못 박기는 필요한 길이로 절단한 막대를 사용하면 빨라.
적절히 기둥 세워 넣기
A >> P. 036
장선이 없는 공법과 바닥 배율
통재기둥
장부
관기둥
3,078(2층 들보 상부까지)
5,546(처마 상부까지)
가장자리 줄부터 합판 깔기
바닥 바탕 : 구조용 합판 ⓣ24. 지그재그로 깔기(CN75 못 @150)

건물 모서리 부분에는 통재기둥을 설치하게 된다. 단, 관기둥도 통재기둥과 동등한 내력을 갖도록 접합부를 보강하면 모서리 부분에 사용해도 된다(시행령 제43조 제5항). 관기둥(3m 목재)으로 하면 비용을 줄일 수 있으며 목수 혼자서 들여와 세울 수 있다.

조립 작업 (1층) 체크리스트

장선이 없는 공법과 바닥 배율

강마루란 바닥면이나 지붕면의 내부 방향 변형에 강성이 센, 즉 전혀 변형되지 않는다고 생각해도 될 정도로 강성이 높은 바닥을 말한다. 그럼 목조의 강마루는 사양이 어느 정도일까? 내력벽 사양, 무게, 배치를 놓고 상대적으로 판단하기 때문에 바닥틀만큼의 명확한 지표는 없지만 목조 2층 주택의 일반적인 기간일 경우 바닥 배율이 1~2 이상이면 충분할 것이다. 하지만 내력벽 사이의 거리가 커지거나 오픈 천장 등으로 바닥 공간이 크게 빌 경우에는 강마루로 간주하지 않을 수도 있다. [야마다]

바닥 배율은 구조용 합판의 두께뿐만 아니라 못의 지름과 간격, 이음매 부분에 받침재를 넣으면 내부 전단력이 잘 끊어지지 않는 데 크게 영향을 준다.

바닥틀 구조	바닥 배율
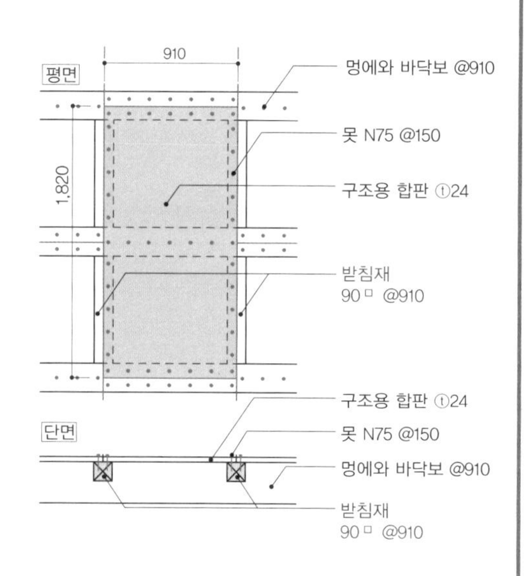 평면 910 1,820 멍에와 바닥보 @910 못 N75 @150 구조용 합판 ⓣ24 받침재 90□ @910 단면 구조용 합판 ⓣ24 못 N75 @150 멍에와 바닥보 @910 받침재 90□ @910	**3** 받침재를 넣으면 두꺼운 구조용 합판을 전체 둘레에 못을 박을 수 있기 때문에 바닥 배율이 올라간다. 합판 이음매가 들보나 받침재에 못으로 고정되므로 구조용 합판을 사용할 필요는 없다.
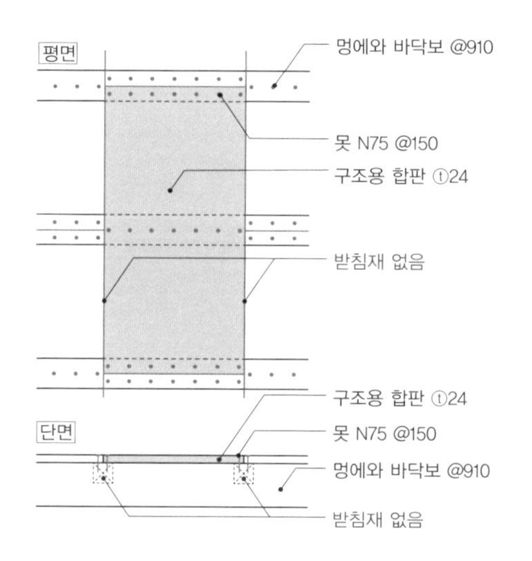 평면 멍에와 바닥보 @910 못 N75 @150 구조용 합판 ⓣ24 받침재 없음 단면 구조용 합판 ⓣ24 못 N75 @150 멍에와 바닥보 @910 받침재 없음	**1.2** 받침재가 없으면 두꺼운 구조용 합판의 긴 부분에 못을 박을 수 없기 때문에 받침재가 있는 경우와 비교해서 바닥 배율이 내려간다. 또한 바닥 울림 방지를 위해서 구조용 합판을 사용한다.

주택 품질 확보 촉진 등에 관한 법률에서 발췌

1층 기둥이 선 상태에서부터 상량까지는 당일 안에 끝난다

1층 기둥이 선 상태. 조립 작업은 당일 안에 끝내기 위해서 재빨리 진행된다.

7

2nd month

조립 작업
(2층)

작업은 2층 횡가재, 바닥 바탕, 기둥 순으로 진행한다. 높은 곳에서의 작업이 시작되므로 안전에 충분히 주의해야 한다. 높은 곳으로 재료를 들어 올릴 때는 견인차를 이용한다.

가구 계획은 디자인에 영향을 준다

1층 천장과 겸하는 2층 바닥보는 투바이 목재(38×238mm)를 300mm 간격으로 세밀하게 걸쳐서 강도를 높이는 동시에 섬세한 인상을 주었다. 필자는 이 밖에도 60×180 @455와 45×120 @303의 노출보도 자주 이용한다.

들보를 노출하면 천장 공간이 없어지지만 조명기구 등을 설치하고 싶을 때는 바탕에 까는 합판으로 배선 공간을 확보하면 된다(90, 98쪽 참조).

가구架構 계획은 바닥재를 까는 방향과의 관계에도 주의해야 한다. 기본적으로 횡가재, 바닥 바탕, 바닥재는 강도를 얻기 위해 수직으로 교차시켜서 겹친다. 즉 바닥재를 까는 방향과 수직으로 교차하도록 바닥 바탕이나 횡가재의 방향을 계획하는 것이 바람직하다.

[세키모토]

현장에 참여하는 사람들

현장 감독

목수

비계공

2nd month

조립 작업 (2층)

1 2층 층도리와 바닥보를 걸친다

번호를 잘못 매기면 조립할 수 없어.

1층 기둥을 다 세워 넣으면 횡가재를 걸친다. 층도리, 바닥보를 번호 순서대로 걸치고 들보끼리의 이음매와 기둥의 장부 부분을 메로 쳐서 박는다. 이때 1층에서는 추를 이용해서 기둥의 수직을 잡고 임시 가새로 기둥과 들보를 고정한다.

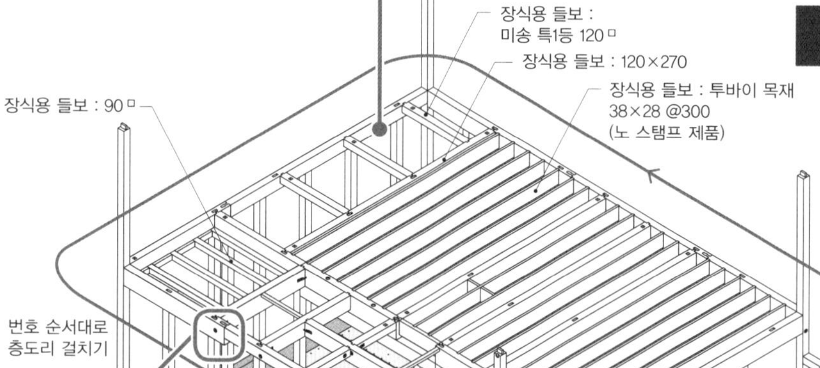
장식용 들보 : 미송 특1등 120□
장식용 들보 : 120×270
장식용 들보 : 투바이 목재 38×28 @300 (노 스탬프 제품)
장식용 들보 : 90□
번호 순서대로 층도리 걸치기
적절히 기둥 세워 넣기
120×300
120×300
번호 순서대로 층도리 걸치기

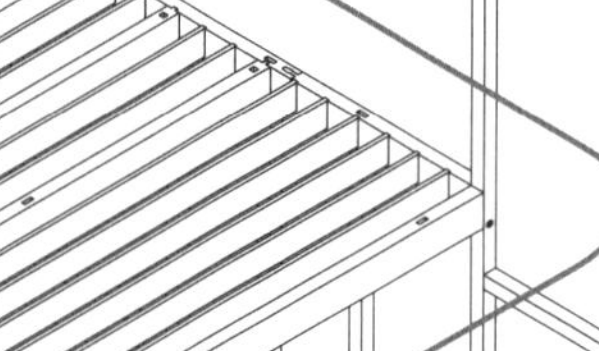

2 들보 접합 철물을 부착한다

횡가재를 어느 정도 다 걸치고 나면 들보 접합 철물(양쪽볼트나 주걱볼트)을 순서대로 부착한다. 주걱볼트는 프리컷 도면에 기재되지 않을 수도 있으므로 부착 방법과 위치를 시공자와 미리 상의한다.

누락 없이 부착해!

A >> P. 040
들보 접합 철물

3 2층 바닥 바탕을 깐다

2층 바닥은 장선이 없는 공법인 강마루다(36쪽 참조). 두께 24mm의 구조용 합판을 번호 순서대로 바닥보와 수직 교차하도록 지그재그로 놓는다. 무거운 합판의 위치는 메로 옆에서 쳐서 조정한다. 다 늘어놓으면 N75 또는 CN75 못을 사용해서 150mm이하 간격으로 고정한다. 못 박기는 구조상 필요 없더라도 위아래로 휘거나 바닥 울림을 방지하기 위해서 모든 재료(존재하는 들보, 장선, 받침재)에 실시한다.

1층과 마찬가지로 가장자리 줄부터 순서대로 깔도록 해. 못 박기는 필요한 길이로 절단한 막대를 사용하면 빨라.

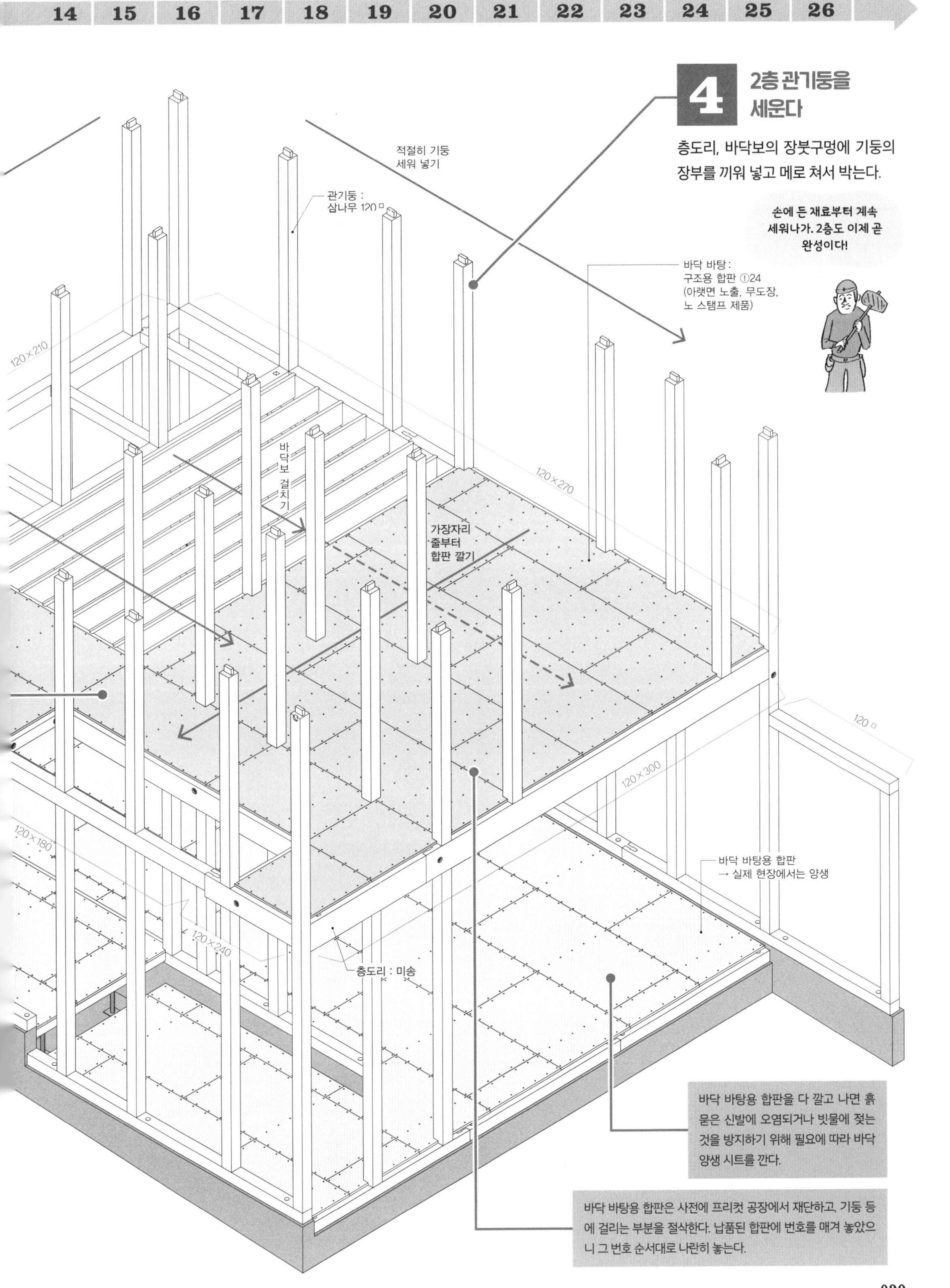
5th month
6th month
7th month
14
15
16
17
18
19
20
21
22
23
24
25
26
적절히 기둥
세워 넣기
관기둥 :
삼나무 120ㅁ
바닥 바탕 :
구조용 합판 ⓣ24
(아랫면 노출, 무도장,
노 스탬프 제품)
손에 든 재료부터 계속
세워나가. 2층도 이제 곧
완성이다!
120×210
바닥보 걸치기
가장자리
줄부터
합판 깔기
120×270
120ㅁ
120×300
120×180
120×240
층도리 : 미송
바닥 바탕용 합판
→ 실제 현장에서는 양생

4 2층 관기둥을 세운다

층도리, 바닥보의 장붓구멍에 기둥의 장부를 끼워 넣고 메로 쳐서 박는다.

바닥 바탕용 합판을 다 깔고 나면 흙 묻은 신발에 오염되거나 빗물에 젖는 것을 방지하기 위해 필요에 따라 바닥 양생 시트를 깐다.

바닥 바탕용 합판은 사전에 프리컷 공장에서 재단하고, 기둥 등에 걸리는 부분을 절삭한다. 납품된 합판에 번호를 매겨 놓았으니 그 번호 순서대로 나란히 놓는다.

조립 작업 (2층) 체크리스트

A 들보 접합 철물

대들보와 작은 보 등의 T자형 맞춤의 경우 일반적으로는 턱걸이 메뚜기장이음이나 통맞춤 등으로 가공한 후에 빠짐 방지용으로 주걱볼트를 부착한다. [야마다]

주걱볼트

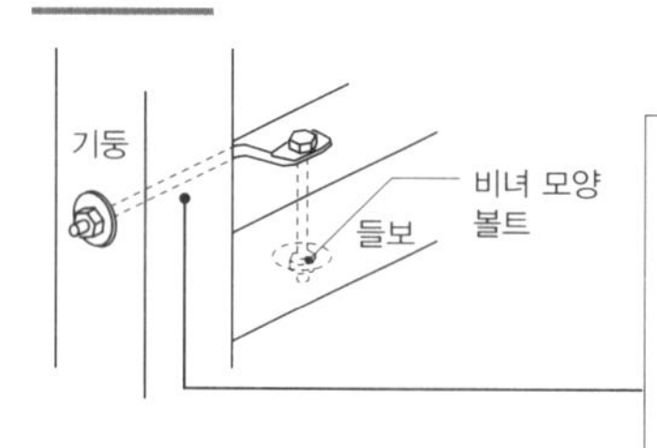
기둥
비녀 모양
볼트
들보

최근에는 나사로 직접 횡가재에 부착하는 타입의 주걱볼트 제품이 있다(※). 이 제품은 프리컷 공장에서 볼트 구멍을 뚫지 않는 경우가 많아서 프리컷 도면에 기재되지 않을 수도 있다.

양쪽볼트

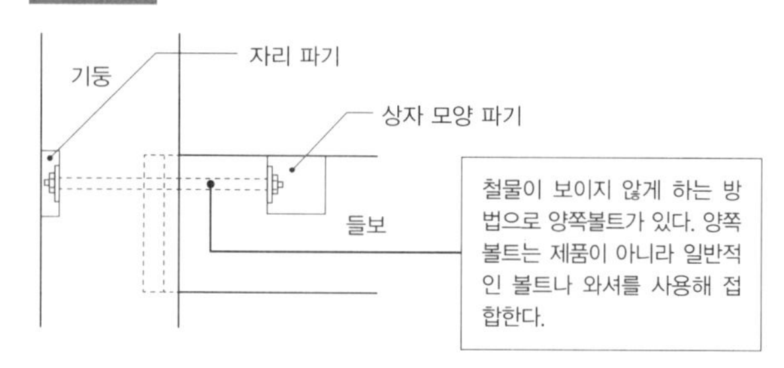
기둥
자리 파기
상자 모양 파기
들보
철물이 보이지 않게 하는 방법으로 양쪽볼트가 있다. 양쪽볼트는 제품이 아니라 일반적인 볼트나 와셔를 사용해 접합한다.

보이지 않는 철물

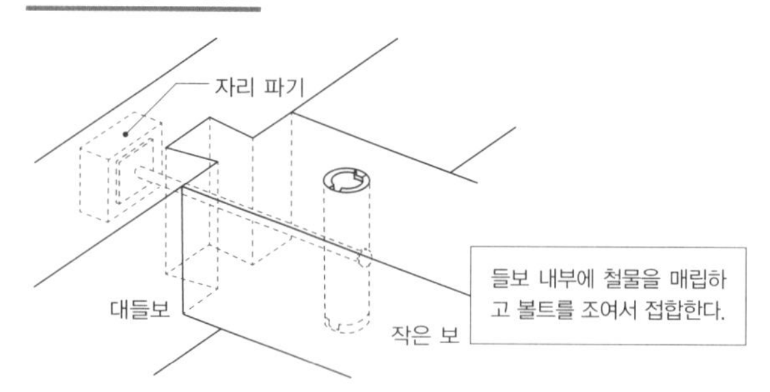
자리 파기
대들보
작은 보
들보 내부에 철물을 매립하고 볼트를 조여서 접합한다.

보받침 철물

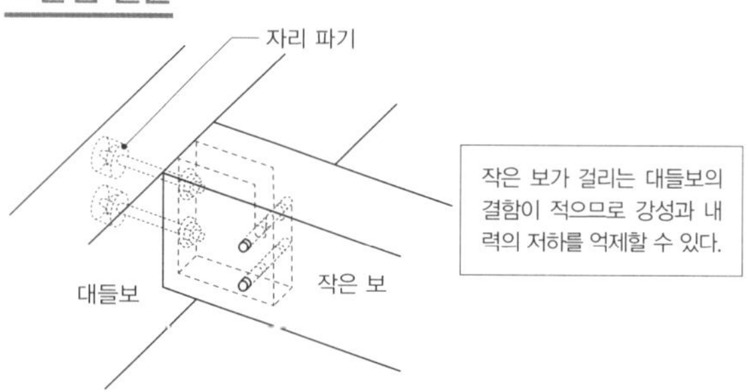
자리 파기
대들보
작은 보
작은 보가 걸리는 대들보의 결함이 적으므로 강성과 내력의 저하를 억제할 수 있다.

※ 나사 주걱볼트 철물 II(BX Kaneshin 제품), 나사 고정 주걱볼트 다쿠미(Tanaka 제품) 등.

COLUMN 1

구조 노출은 프리컷 가공 전 협의가 중요하다

구조가 노출된 바닥이나 천장은 디자인의 하이라이트가 된다. 세부에도 신경을 써서 아름답게 마무리해야 한다.

1 합판 표면은 아래쪽으로 시공한다

2층 바닥(1층 천장)의 구조용 합판을 노출하는 경우에는 옹이가 적은 합판의 표면이 아래쪽을 향하게 깔고 도면에 별도로 기재한다. 이는 상량 시 작업 순서에도 관련이 있으므로 프리컷 가공을 위한 사전 협의 때 현장 감독과 공유하면 좋다.

2 합판 스탬프는 현장 납품 전에 지워 놓는다

합판이나 투바이 목재에는 옹이가 적은 표면에 품질을 표시한 스탬프가 찍혀 있다. 합판을 장식용으로 사용할 때는 이를 지우는 것을 반드시 잊지 말아야 한다. 이 스탬프를 어느 단계에서 지우느냐도 사전 협의에서 확인해야 할 사항이다. 상량 후 현장에서 샌더를 사용해 지울 수도 있지만 시간과 수고가 들기 때문에 현장에서 꺼리는 작업이다. 되도록 현장 납품 전에 프리컷업자에게 부탁해서 스탬프를 지워 놓는다.

3 들보와 서까래를 조립할 때는 수가공으로 다듬는다

노출한 들보에 서까래를 끼워 넣을 경우에는 맞춤면을 깔끔하게 보여줘야 한다. 프리컷에서는 루터 비트를 이용해 홈파기를 하는데 따로 지시가 없으면 사진과 같이 모서리에 루터가 회전할 때 생기는 둥근 자국이 남는다(통칭 미키마우스 마크). 그럴 경우에는 수가공으로 맞춤면을 다듬는 수고가 필요하다. 이 또한 사전 협의 단계에서 해당 부분을 표시해 가공 방법을 공유해야 한다.

8

2nd month

조립 작업 [다락층]

처마도리, 외곽보, 지붕보를 걸치고 다락의 바닥 바탕을 깐다. 순식간에 건물 구조를 세웠다. 기사들의 재빠른 작업에 깜짝 놀란다!

지붕 아래 공간의 이용법과 수평 구면

천장 높이를 조금이라도 높히기 위해 맞배지붕 가운데에 다락을 배치했다(44쪽 A 참조). 다락 주위에는 아래층의 벽면 책장, 침실, 아이방과 연결되는 구조 노출형 오픈 천장(116쪽 참조)을 설치했다. 오픈 천장을 시원하게 보여주기 위해서 귀잡이보는 사용하지 않았다.

일반적인 일본식 박공지붕에서는 귀잡이보를 설치해서 건물 전체를 도는 처마도리와 외곽보 높이 수평 구면을 만드는데, 지붕보를 노출할 경우에는 디자인적으로 귀잡이보를 설치하고 싶지 않았다. 그래서 처마도리와 외곽보 높이에 배치한 다락 바닥에 구조용 합판을 깔아 귀잡이보를 사용하지 않고 수평 구면을 확보했다. 이 사례에서는 지붕면에서도 수평 구면을 확보했다(46쪽 참조). [세키모토]

현장에 참여하는 사람들

현장 감독 목수

비계공

2nd month

조립 작업 (다락층)

처마도리, 외곽보, 지붕보를 걸친다

2층 기둥을 다 세우고 나면 횡가재를 걸친다. 처마도리, 외곽보, 지붕보를 번호 순서대로 걸치고 들보끼리의 이음이나 기둥의 장부 부분을 메로 쳐서 박는다. 이때 2층에서는 추를 사용해 기둥의 수직을 잡고 임시 가새로 기둥과 들보를 고정한다.

번호를 잘못 매기면
조립할 수 없어.

장식용 들보 :
미송 특1등
120×210
외곽보 : 미송
받침재 :
60×H45
지붕보
걸치기
번호 순서대로
수평으로 돌려
걸치기
처마도리 : 미송
120×240

A >> P. 044
다락 평면도

2 횡가재 철물을 부착한다

횡가재를 어느 정도 다 걸치고 나면 들보 접합 철물(양쪽볼트나 주걱볼트. 40쪽 참조)을 순서대로 부착한다. 주걱볼트는 프리컷 도면에 기재되지 않을 수도 있으므로 부착 방법과 위치에 대해서 시공자와 미리 상의한다.

위치에 문제없어!

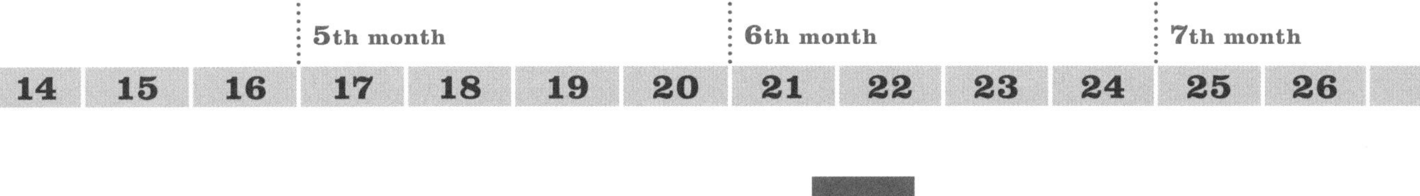
5th month
6th month
7th month
14
15
16
17
18
19
20
21
22
23
24
25
26

3 다락층 바닥 바탕을 깐다

다락층 바닥은 장선이 없는 공법인 강마루다(36쪽 참조). 두께 24mm 구조용 합판을 번호 순서대로 바닥보와 수직으로 교차하도록 지그재그로 늘어 놓는다. 무거운 합판의 위치는 메로 옆에서 쳐서 조정한다. 다 놓고 나면 N75 또는 CN75 못을 사용해서 150mm 이하 간격으로 고정한다.

1, 2층과 마찬가지로 가장자리 줄부터 순서대로 깔도록 해. 못 박기는 필요한 길이로 절단한 막대를 사용하면 빨라.

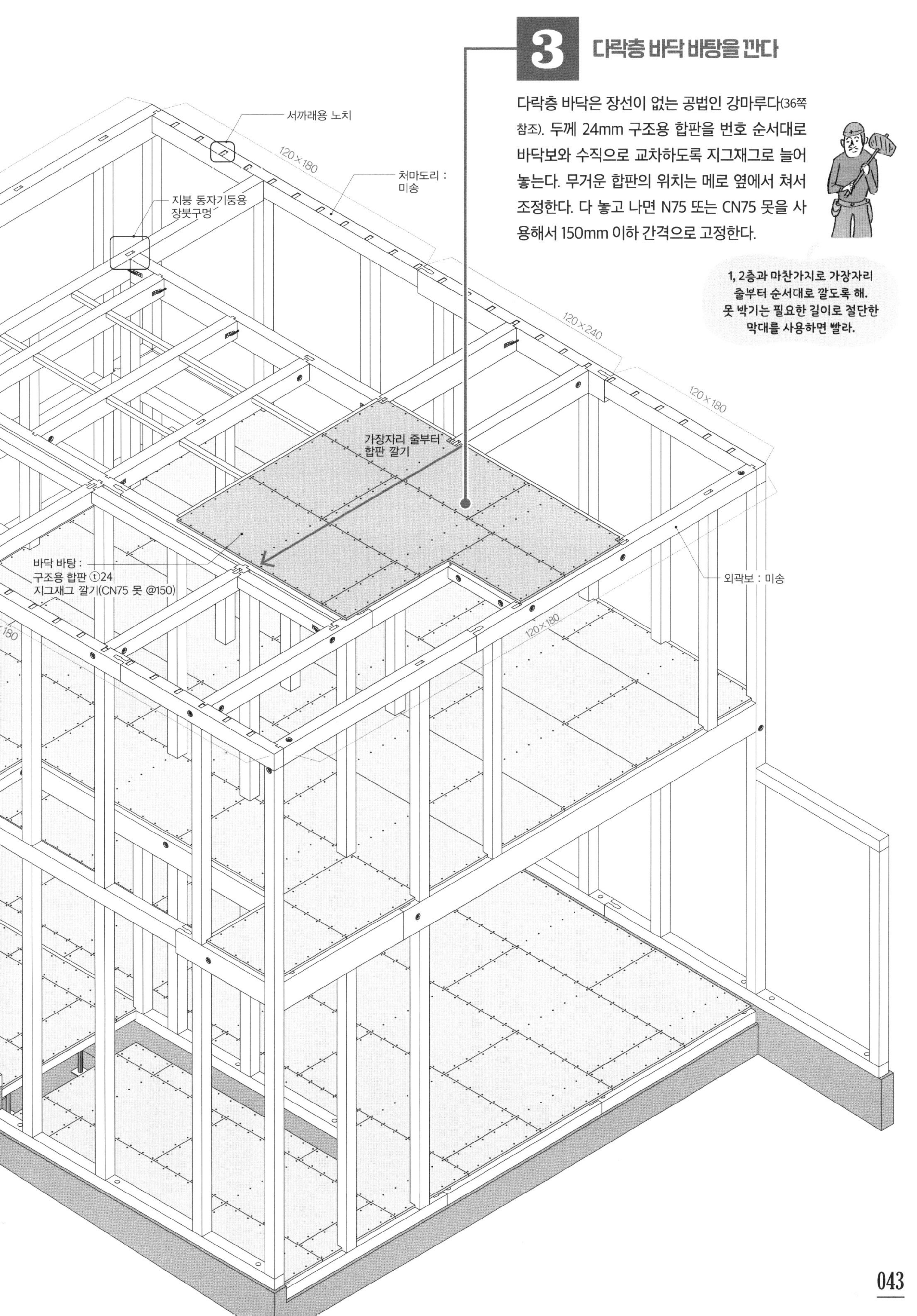
서까래용 노치
120×180
처마도리 : 미송
지붕 동자기둥용 장붓구멍
120×240
120×180
가장자리 줄부터 합판 깔기
바닥 바탕 :
구조용 합판 ⓣ24
지그재그 깔기(CN75 못 @150)
외곽보 : 미송
120×180
180

조립 작업 (다락층) 체크리스트

A 다락 평면도

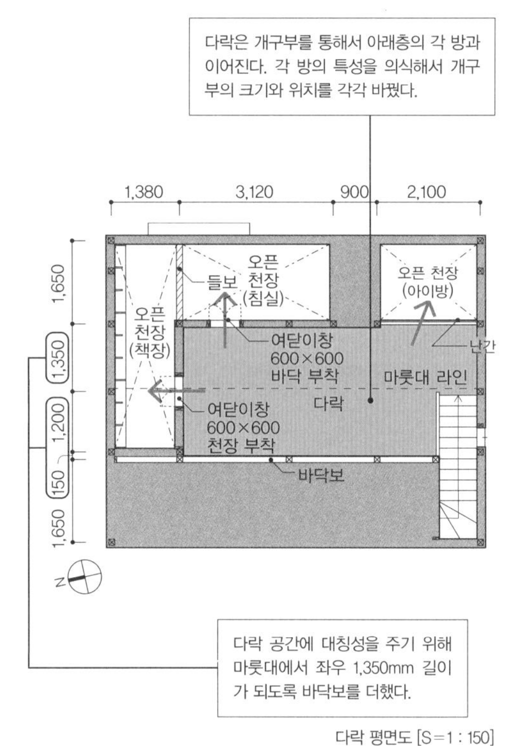
다락은 개구부를 통해서 아래층의 각 방과 이어진다. 각 방의 특성을 의식해서 개구부의 크기와 위치를 각각 바꿨다.
1,380
3,120
900
2,100
1,650
1,350
1,200
150
1,650
오픈 천장 (침실)
들보
오픈 천장 (아이방)
오픈 천장 (책장)
여닫이창 600×600 바닥 부착
난간
마룻대 라인
다락
여닫이창 600×600 천장 부착
바닥보
N
다락 공간에 대칭성을 주기 위해 마룻대에서 좌우 1,350mm 길이가 되도록 바닥보를 더했다.

다락 평면도 [S=1 : 150]

상량까지 바로 코앞이다!

다락까지 조립이 끝나면 다음은 상량까지의 준비다. 현장에 크레인차가 들어가서 마룻대를 매달고 처마도리와 마룻대 사이의 정해진 위치에 경사보를 걸친 모습(46쪽 참조).

COLUMN 2

지붕 밑 수납의 취급에 주의한다

지붕 밑 수납(로프트)은 특정 행정청에 따라 취급 방법이 다르다. 도심부에서는 조건이 엄격해지기도 하므로 사전에 확인해야 한다. 다음은 일본 도쿄 스기나미杉並 구에서 규정하는 주요 사항이다.

1 지붕 밑 수납의 바닥 면적은 대상 층의 1/2 미만이어야 한다.

2 최고 높이는 1.4m 이하로 한다.

3 계단 형식의 수납은 이동식 계단이나 사다리 정도로 계획한다(고정 계단은 바닥 면적으로 계산해 넣는다).

4 박공지붕의 횡가재 간 길이 ≦ 각 층의 횡가재 간 길이

5 개구부는 수납 면적의 1/20 이하

6 안테나, 통신망, 공조 등은 인정하지 않는다.

7 계단 중간 및 바닥 높이에서의 옆면 수납 등 옆에서 넣는 것은 인정하지 않는다.

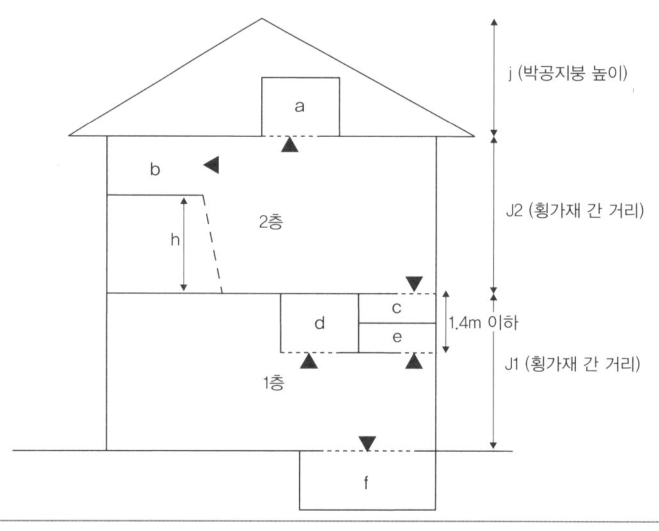
a
b
2층
h
c
d
e
1.4m 이하
1층
f
j (박공지붕 높이)
J2 (횡가재 간 거리)
J1 (횡가재 간 거리)

1층 바닥 면적 … S_1 2층 바닥 면적 … S_2 박공지붕 높이 … j	횡가재 간 거리 … J_1 및 J_2	$a+b+c < S_2\times1/2$ $d+e+f < S_1\times1/2$ $c+d+e < S_1\times1/2$ 또한 $S_2\times1/2$	$h \geqq 2.1m$ $j \geqq J_1$ 또한 J_2

9
2nd month

조립 작업 (박공지붕)

박공지붕이 완성되면 일단 조립은 완료! 조립을 시작한 지 약 6시간. 보통은 여기서 지붕 기초 공사로 전환한다. 지붕 기초 공사는 약 2시간이면 끝난다.

구조를 노출할 때 주의점

여기서 설명하는 박공지붕은 지붕보에 동자기둥을 세워서 미장한 서까래를 경사지게 걸치는 일본 박공 형식과 경사보 형식의 하이브리드 구조다. 구조재를 노출하면 합판도 드러나게 된다. 합판에는 겉면과 뒷면이 있으니 옹이가 작고 예쁜 겉면이 실내를 향하도록(※) 사전에 시공업자와 협의해 놓으면 좋다. 조명 등의 배선 공사는 지붕을 덮기 전에 해야 한다. 표면에 직접 설치하는 조명의 배치는 천장 평면도에 확실히 표시해 놓자.

구조는 일본 박공 형식이고 지붕면에서 수평 구면을 고정할 경우에는 지붕과 외벽을 연결하는 구조용 틈새막이판(48쪽 A 참조)을 설치한다. [세키모토]

현장에 참여하는 사람들

현장 감독

목수

비계공

※ 겉면에 JAS 인증 스탬프가 찍혀 있다. 이를 없애려면 프리컷 단계에서 깎아내고 납품받도록 한다.

2nd month

조립 작업 (박공지붕)

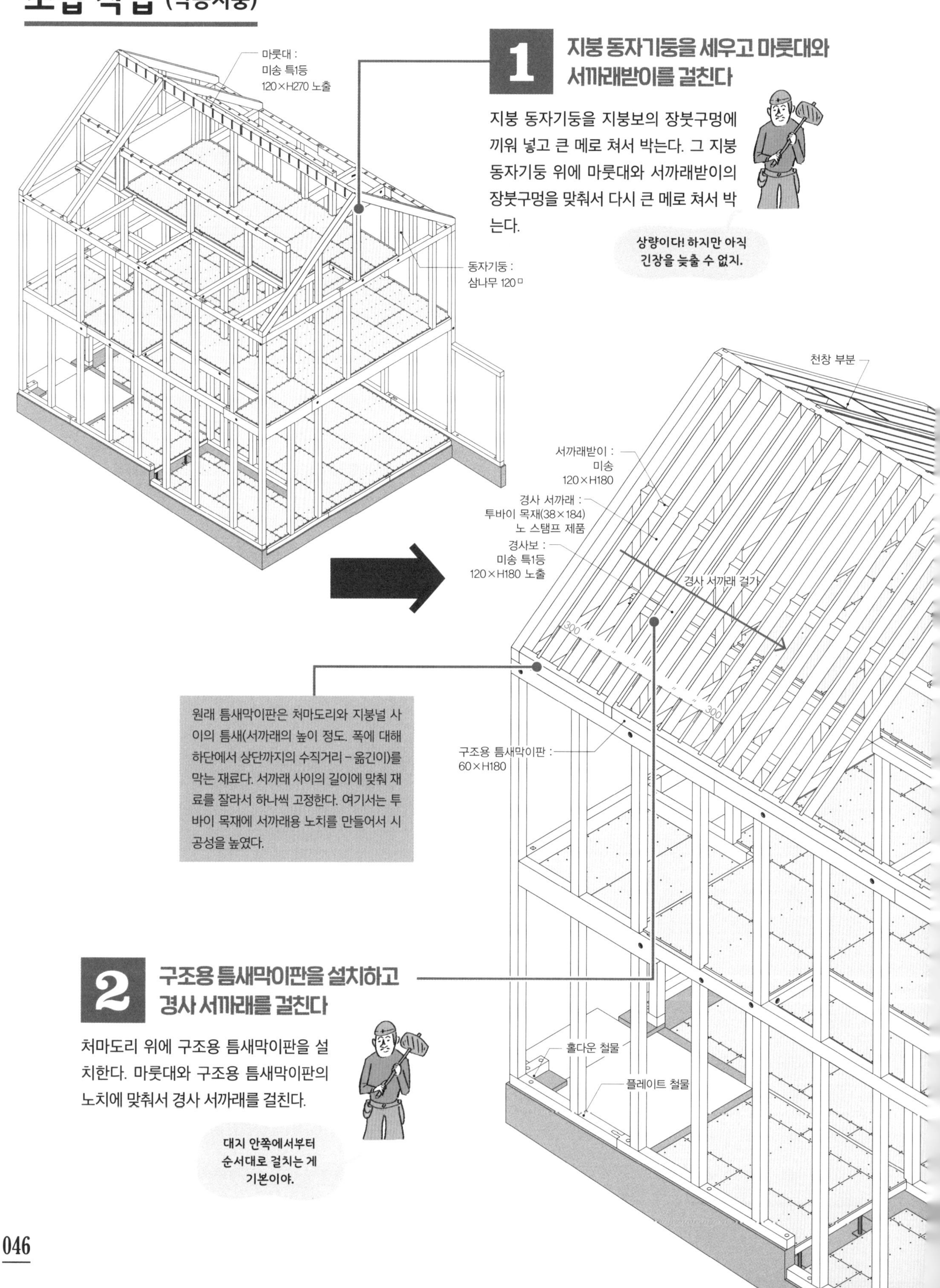
마룻대 :
미송 특1등
120×H270 노출
동자기둥 :
삼나무 120□
상량이다! 하지만 아직
긴장을 늦출 수 없지.
천창 부분
서까래받이 :
미송
120×H180
경사 서까래 :
투바이 목재(38×184)
노 스탬프 제품
경사보 :
미송 특1등
120×H180 노출
경사 서까래 걸기
300
300
구조용 틈새막이판 :
60×H180
홀다운 철물
플레이트 철물
대지 안쪽에서부터
순서대로 걸치는 게
기본이야.

1 지붕 동자기둥을 세우고 마룻대와 서까래받이를 걸친다

지붕 동자기둥을 지붕보의 장붓구멍에 끼워 넣고 큰 메로 쳐서 박는다. 그 지붕 동자기둥 위에 마룻대와 서까래받이의 장붓구멍을 맞춰서 다시 큰 메로 쳐서 박는다.

원래 틈새막이판은 처마도리와 지붕널 사이의 틈새(서까래의 높이 정도. 폭에 대해 하단에서 상단까지의 수직거리 – 옮긴이)를 막는 재료다. 서까래 사이의 길이에 맞춰 재료를 잘라서 하나씩 고정한다. 여기서는 투바이 목재에 서까래용 노치를 만들어서 시공성을 높였다.

2 구조용 틈새막이판을 설치하고 경사 서까래를 걸친다

처마도리 위에 구조용 틈새막이판을 설치한다. 마룻대와 구조용 틈새막이판의 노치에 맞춰서 경사 서까래를 걸친다.

3 지붕널을 깐다

상량하면 비로부터
보호하기 위해서
재빨리 지붕을 덮자!

지붕면에서 수평 구면을 만들기 위해서 두께 12mm의 구조용 합판을 사용한다. 발판 확보와 시공성 면에서는 기본적으로 아랫줄부터 순서대로 깔아 올리고 맨 윗줄에서 위치를 벗어난 부분을 처리한다. 남은 길이는 먹매김해서 잘라내고(프리컷 공장에 의뢰할 수도 있다) 깐다. 하지만 이 사례에서는 이중 서까래(54쪽 참조)의 배치에 맞추기 위해서 아랫줄을 정위치와 어긋나게 했다. N50 또는 CN50 못을 사용해서 150mm 이하의 간격으로 고정한다. 못질은 구조상 필요 없더라도 휘거나 위로 울거나 바닥 울림을 방지하기 위해서 모든 재료(존재하는 보, 서까래)에 실시한다.

4 우천을 대비해서 방수용 시트를 깐다

이후에 지붕 단열, 지붕 마감 공사가 이어지므로 공사하는 도중에 비가 내릴 경우를 대비해서 우천 방수용 시트를 깐다.

현장에 따라서는
블루 시트를
덮을 수도 있어.

1,800
900
지붕널 :
구조용 합판 ①12
(실내 쪽 노출, 무도장, 노 스탬프 제품)
아래쪽에서부터
지붕널 깔기
겹치는
부분
우천 방수용 시트
플레이트 철물
하중의 흐름
아래쪽에서부터
시트 깔기
가새

A >> P. 48
지붕의 수평 구면과
내력벽을 연결한다

우천 방수용
시트

5 가새와 나머지 구조용 철물을 설치한다

지붕널을 다 깔고 난 후 측량 추를 사용해서 기둥의 수직을 바로잡고 가새와 나머지 구조용 철물(플레이트 철물과 홀다운 철물)을 설치한다. 이 철물들은 프리컷 공장에서 구멍을 가공하지 않기 때문에 프리컷 도면에 기재되지 않는다. 설치 방법과 설치 위치는 현장에서 확인한다.

빠짐없이
꼼꼼하게 해!

지붕의 수평 구면과 내력벽을 연결한다

일본 박공 형식은 지붕보 위에 동자기둥을 세우고 중도리와 서까래로 구성된 지붕면을 지탱하는 박공지붕이다. 그래서 처마도리가 지나는 길을 제외하고 지붕면과 2층의 기둥, 내력벽이 이어지지 않는다. 즉 건물 전체의 둘레를 수평으로 도는 처마도리와 외곽보를 경계로 구조가 조금 불연속적이다. 일본 박공 형식에서는 이 불연속 구조를 해결할 수 있는 아이디어가 필요하다. [야마다]

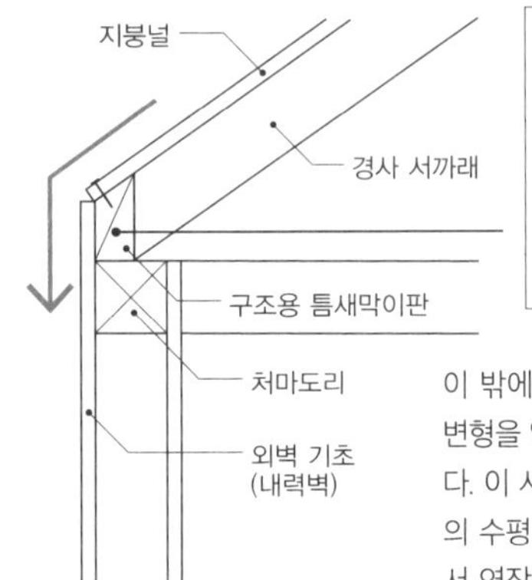
지붕널
경사 서까래
구조용 틈새막이판
처마도리
외벽 기초
(내력벽)

지붕과 외벽을 연결하는 구조용 틈새막이판을 설치하고 외벽 부분에 내력벽을 집약시켜서 수평력을 직접 외벽에 가한다. 구조용 틈새막이판의 정면 폭은 40~60mm 정도 필요하다.

이 밖에도 풍압력에 따른 외곽벽의 변형을 억제하는 아이디어도 필요하다. 이 사례의 경우에는 지붕보 단계의 수평 구면(다락 바닥판)이나 그곳에서 연장되는 보를 이용해 변형에 제한을 줬다.

경사 서까래와 마룻대의 이음매까지 깔끔하게 보여준다

마룻대에서 경사 서까래용 투바이 목재를 걸고 있는 모습. 장식처럼 사용할 경우에는 경사 서까래와 마룻대의 이음매 부분까지 깔끔하게 보여줘야 하는데, 프리컷에서는 밑부분에 오는 마룻대의 장붓구멍 모서리에 둥근 홈(루터의 회전 지름. 40쪽 COLUMN 1 참조)이 남는다. 이를 피하려면 수가공을 의뢰하는 등 사전에 협의해야 한다.

COLUMN 3

구조 노출 응용

'골목집'에서는 두께 38mm의 투바이 목재를 300mm 간격으로 배치했다.
필자는 비용이나 디자인을 고려해서 지붕 조립 구조로 아래에 소개하는 부재의 조합을 사용할 때가 많다.

투바이 목재 38×184 @300

<장점>
- 제재에 비해 비용 절약
- 목재 정면의 폭이 좁아서 천장을 경쾌하게 보여줄 수 있다.
- 투박하고 캐주얼한 공간 이미지

<단점>
- 옹이가 많고 품질이 일정하지 않다.
- 미장할 경우에는 스탬프를 지워야 한다.

삼나무 제재 45×180 @303

<장점>
- 나뭇결이 아름답고 품질도 안정적이다.
- 치수를 자유롭게 설정할 수 있다.
- 품질이 좋고 단정한 공간 이미지

<단점>
- 목재에 따라 비용이 높아질 수 있다.

목질 하이브리드 보(LVL(일본 낙엽송), 30×200 이중+FB-6×200) @900

<장점>
- 간격을 크게 넓힐 수 있다.
- 큰 지붕을 가볍게 보여줄 수 있다.

<단점>
- 비용이 높아진다.
- 구조설계자의 계산이나 감수가 필수다.

10
2nd month

지붕 단열

경사 천장에서 구조를 노출하기 위해 지붕 단열은 외단열 공법으로 했다. 서까래를 수직으로 교차시키고 단열재를 깐 뒤 그 위에 투습 방수 시트를 붙인다. 여기까지 목수 두 사람이 작업하면 약 8시간이 걸린다.

구조 노출 천장의 단열은?

지붕 단열은 천장 단열과 도리 상부 단열, 지붕 단열로 크게 나눌 수 있다. 천장을 수평으로 마무리할 경우에는 천장 또는 도리 위에 단열재를 충전하면 지붕 단열에 비해 지붕을 얇아 보이게 할 수 있다. 이는 도심부에서 사선 제한이 엄격한 경우에도 효과적이다.

한편 경사 천장일 경우에는 서까래나 경사보 사이에 단열재를 충전하는 지붕 단열을 사용한다. 이 사례와 같은 구조 노출 천장으로 만들려면 서까래를 이중으로 겹쳐서 외부 쪽 서까래 사이에 단열재를 깐다(52쪽 A 참조). 단, 이중 서까래는 목재 부피가 커지므로 비용에 주의해야 한다. 단열재를 외부에서 시공하게 되므로 우천에 주의한다. [세키모토]

현장에 참여하는 사람들

현장 감독
목수

2nd month

지붕 단열

1 이중 서까래를 걸친다

경사 서까래와 수직으로 교차하도록 평서까래를 지붕널에 못으로 박아 고정한다. 평서까래의 이음매는 줄마다 적당히 엇갈리게 한다.

서까래 높이는 단열재 두께에 맞춰!

2 통기 띳장용 바탕을 넣는다

나중에 통기 띳장을 고정하기(54쪽 참조) 위한 바탕. 평서까래가 굴러가는 것을 막기도 한다. 평서까래에 못을 박아 고정한다.

언제든지 꼼꼼하게 하도록 해.

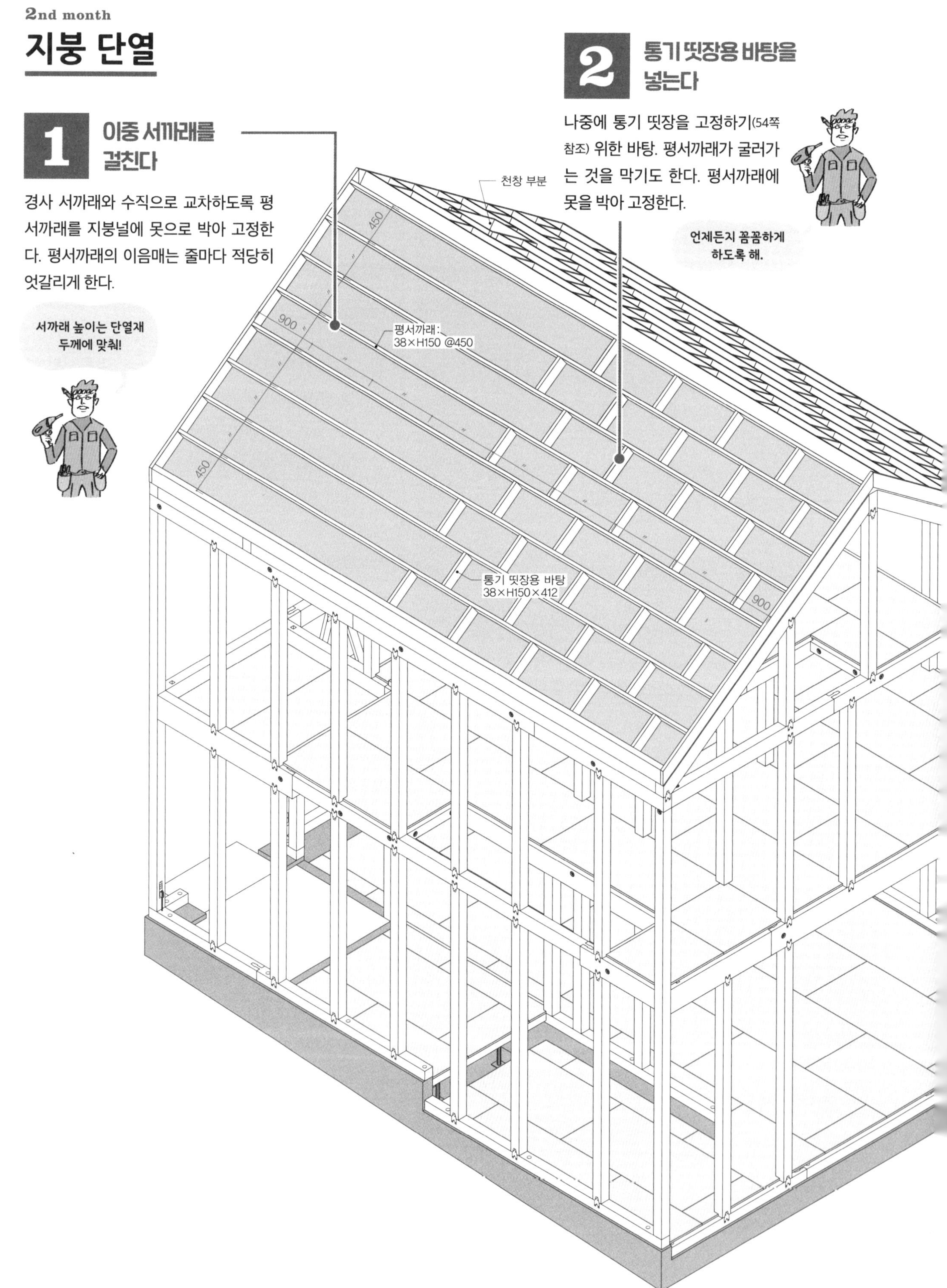
천창 부분
450
900
평서까래:
38×H150 @450
통기 띳장용 바탕
38×H150×412
900
450

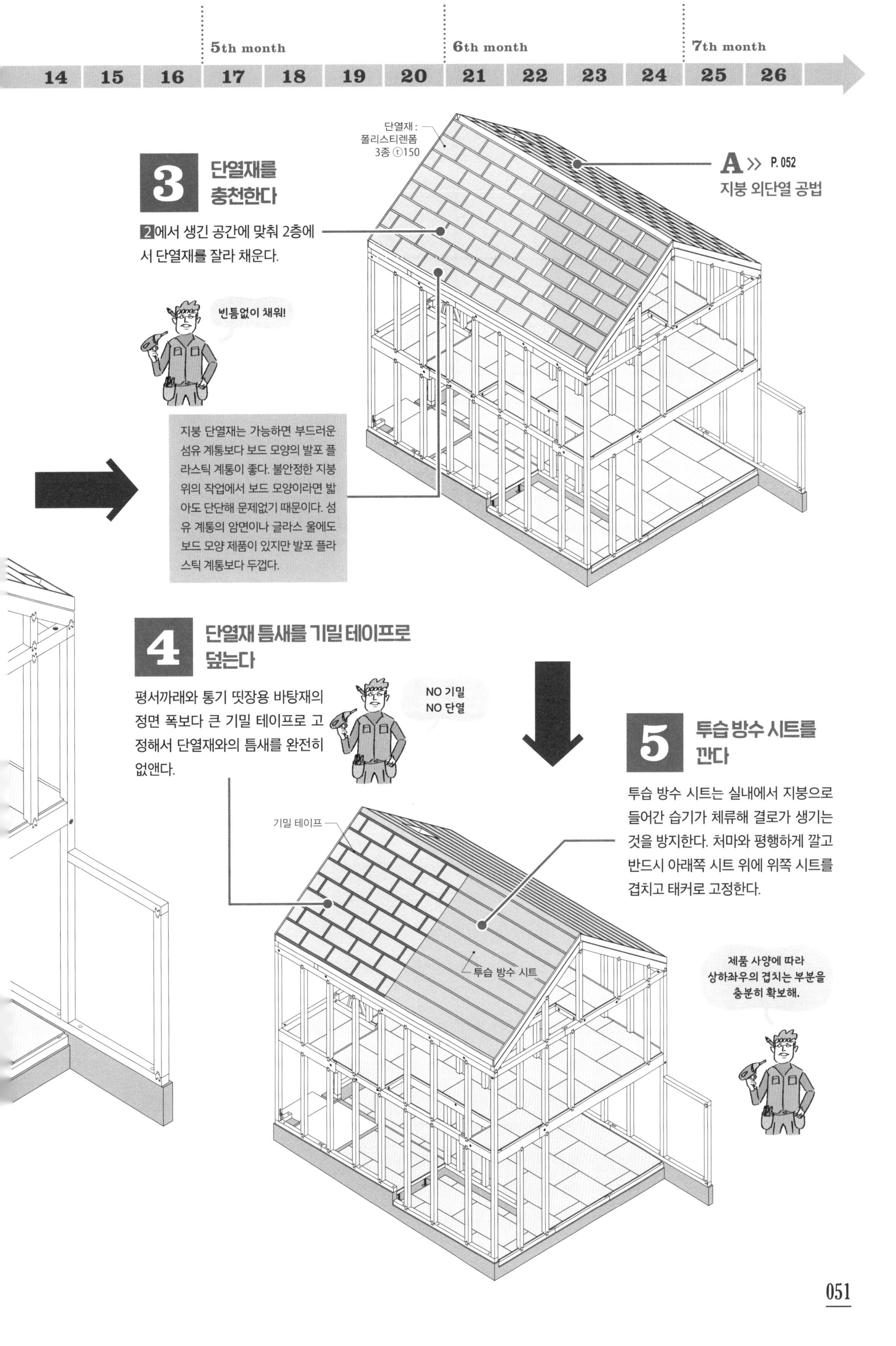
5th month
6th month
7th month
14 15 16 17 18 19 20 21 22 23 24 25 26
단열재 :
폴리스티렌폼
3종 ⓣ150
A >> P. 052
지붕 외단열 공법
빈틈없이 채워!
NO 기밀
NO 단열
기밀 테이프
투습 방수 시트
제품 사양에 따라
상하좌우의 겹치는 부분을
충분히 확보해.

3 단열재를 충천한다

2에서 생긴 공간에 맞춰 2층에서 단열재를 잘라 채운다.

지붕 단열재는 가능하면 부드러운 섬유 계통보다 보드 모양의 발포 플라스틱 계통이 좋다. 불안정한 지붕 위의 작업에서 보드 모양이라면 밟아도 단단해 문제없기 때문이다. 섬유 계통의 암면이나 글라스 울에도 보드 모양 제품이 있지만 발포 플라스틱 계통보다 두껍다.

4 단열재 틈새를 기밀 테이프로 덮는다

평서까래와 통기 띳장용 바탕재의 정면 폭보다 큰 기밀 테이프로 고정해서 단열재와의 틈새를 완전히 없앤다.

5 투습 방수 시트를 깐다

투습 방수 시트는 실내에서 지붕으로 들어간 습기가 체류해 결로가 생기는 것을 방지한다. 처마와 평행하게 깔고 반드시 아래쪽 시트 위에 위쪽 시트를 겹치고 태커로 고정한다.

A 지붕 외단열 공법

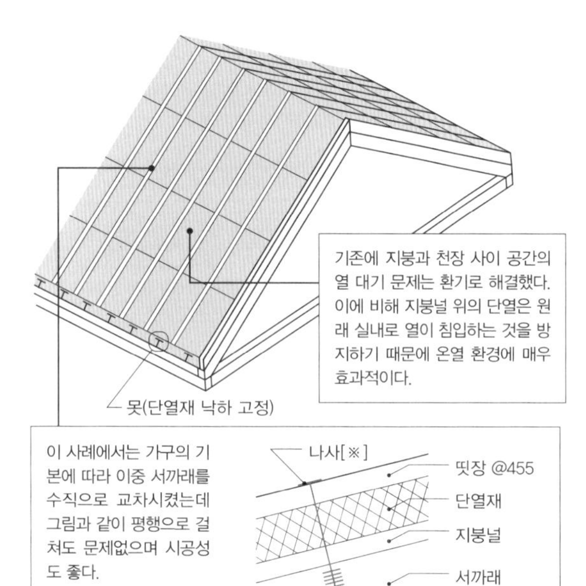
기존에 지붕과 천장 사이 공간의 열 대기 문제는 환기로 해결했다. 이에 비해 지붕널 위의 단열은 원래 실내로 열이 침입하는 것을 방지하기 때문에 온열 환경에 매우 효과적이다.
못(단열재 낙하 고정)
이 사례에서는 가구의 기본에 따라 이중 서까래를 수직으로 교차시켰는데 그림과 같이 평행으로 걸쳐도 문제없으며 시공성도 좋다.
나사[※]
띳장 @455
단열재
지붕널
서까래

지붕 위에서 단열재를 충전한다

이중 서까래의 평서까래에 단열재를 충전한 모습(다른 현장). 사진은 글라스 울 두께 180mm.

COLUMN 4

단열 성능과 비용

지붕보를 노출할 경우에는 단열은 충전하지 않고 외단열을 한다. 이때 단열재는 시공성이나 비용 등을 고려해 선택해야 한다. 각 단열재를 선정할 때 고려할 점을 다음과 같이 정리했으니 확인하기 바란다.

고성능 글라스 울 24kg (λ = 0.040~0.035)

<장점>
- 고성능이면서 비용을 절감할 수 있다.

<단점>
- 부드러워서 시공할 때 구멍이 뚫릴 수 있다.
- 단열 두께가 두꺼워지므로 사선 제한이 엄격할 때는 불리해질 수도 있다.

폴리스티렌폼 3종 (λ = 0.028~0.023)

<장점>
- 나무 성능을 확보한 후 지붕을 좀 더 얇게 마감할 수 있다.
- 위에 올라갈 수 있어서 지붕 시공이 수월하다.

<단점>
- 글라스 울에 비해 비용이 늘어난다.

페놀폼 (λ – 0.022 이하)

<장점>
- 단열 성능이 높아서 지붕을 더욱 얇게 마감할 수 있고, 두께를 변경하지 않고 성능을 높일 수 있다.

<단점>
- 폴리스티렌폼보다 비용이 비싼 탓에 넓은 면적에 사용할 때는 주의해야 한다.

※ 파네리드II+(SYNEGIC 제품)와 같은 종류.

11
2~3 month

지붕 마감

여기서는 수평으로 잇는 판금 지붕을 소개한다. 시공 시간은 통기 띳장, 지붕널 깔기, 루핑 시트까지 약 2시간, 판금 공사(천창 포함)가 약 2일 정도 걸린다.

장점이 많은 판금 지붕

수많은 지붕 마감 중에서도 판금은 범용성이 높고 사용하기 편리한 소재다. 올바르게 시공하면 내구성과 방수성도 뛰어날 뿐만 아니라 경량이며 가격도 저렴하다. 디자인도 깔끔하고 가볍게 마무리된다.

판금 지붕 마감의 기본이라고 하면 '평이음'과 '세워 거멀접기'가 있다. 처마 끝을 날카롭게 유지하되 단순하게 마감하기 쉬우므로 소정의 물매(주택보증기구가 규정하는 3치 물매 이상)를 확보할 수 있는 경우, 필자는 평이음을 선택할 때가 많다.

3치 물매를 밑도는 완만한 물매일 경우 세워 거멀접기를 하는데 처마 끝을 깔끔하게 마감하려면 거멀을 접는 방법에도 아이디어가 필요하다. 또한 이음 방법이 달라지면 가장자리 부분의 마감이나 박공 끝부분의 정면 폭 치수도 달라지므로 지붕을 잇기 전에 설계자와 시공업자가 상세한 사항을 분명히 협의해야 한다. 판금 지붕의 경우에는 발주 형편상 상량 시 판금 색을 결정해야 한다. 상량식과 같은 자리에서 건축주에게 최종 확인을 받는다. [세키모토]

현장에 참여하는 사람들

현장 감독
판금 기사
목수

2nd month

지붕 마감

1 통기 띳장을 시공한다

외벽에서 지붕으로 이어지는 통기층(70쪽 참조)을 확보하기 위해서 기밀 테이프로 고정한 투습 방수 시트 위에 18×45mm 정도의 통기 띳장을 설치한다.

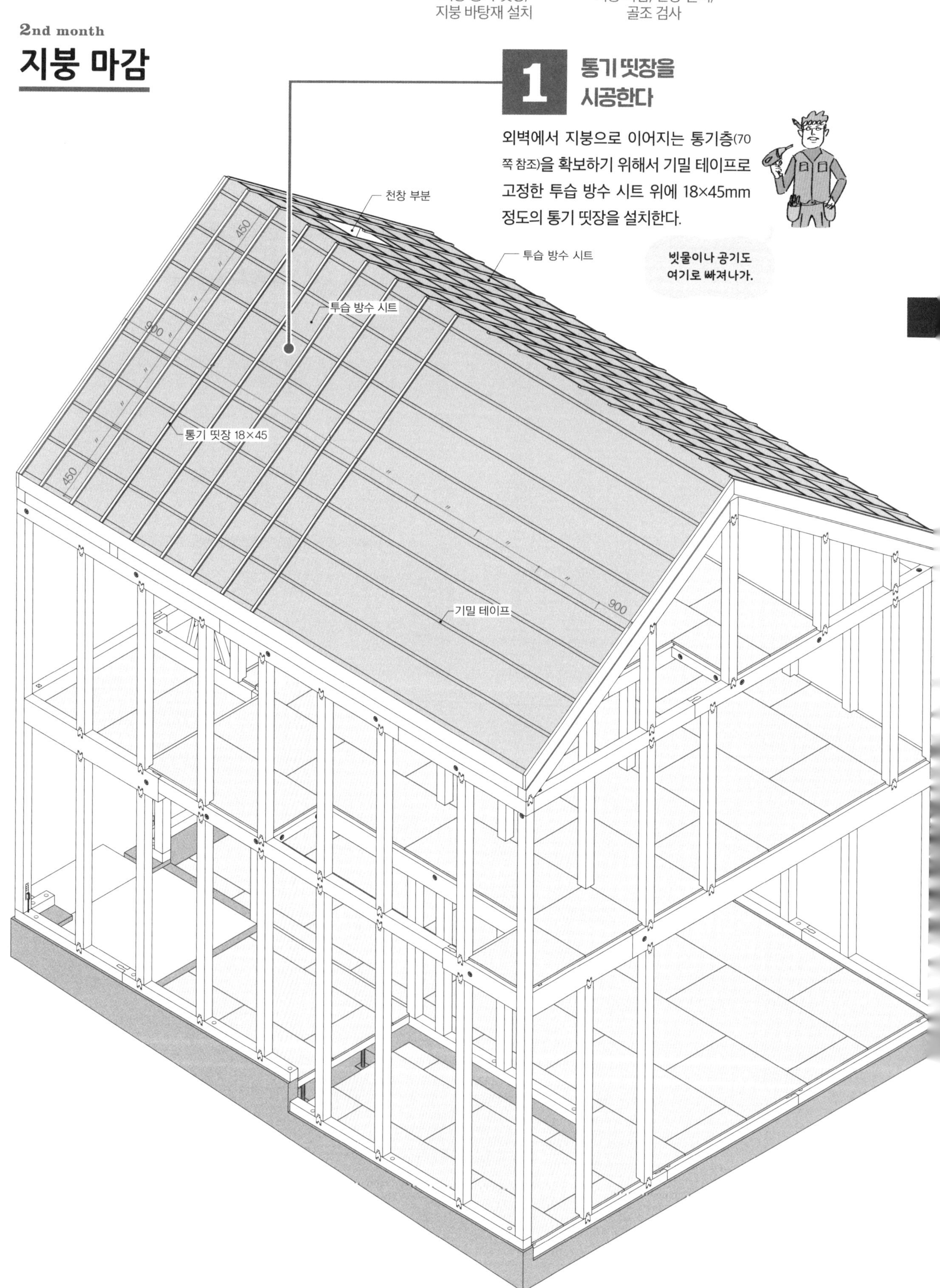
빗물이나 공기도
여기로 빠져나가.
천창 부분
투습 방수 시트
투습 방수 시트
통기 띳장 18×45
기밀 테이프
450
900
900
450

2 지붕널을 깐다

통기 띳장 위에 처마 끝에서 마룻대 쪽으로 지붕널을 깐다. 여기에서는 두께 12mm의 합판을 사용했다.

아래쪽에서
위쪽으로 까는 거야.

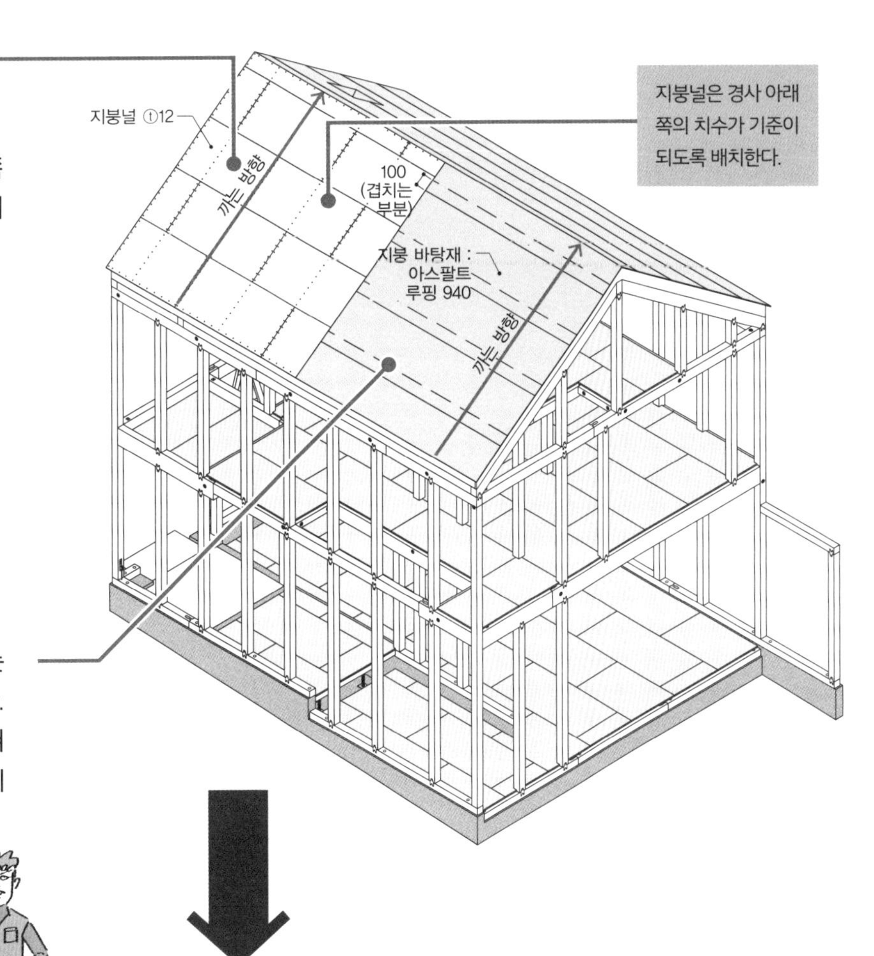
지붕널 ①12
까는 방향
100
(겹치는
부분)
지붕 바탕재 :
아스팔트
루핑 940
까는 방향
지붕널은 경사 아래
쪽의 치수가 기준이
되도록 배치한다.

3 지붕 바탕재를 깐다

지붕 바탕재는 아스팔트 루핑 940 또는 동등한 방수성을 가진 제품을 사용한다. 아래쪽 바탕재 위에 위쪽 바탕재를 겹쳐서 깐다. 태커로 고정한 부분에는 방수 테이프를 붙여서 빗물 누수를 방지한다.

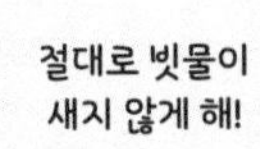
절대로 빗물이
새지 않게 해!

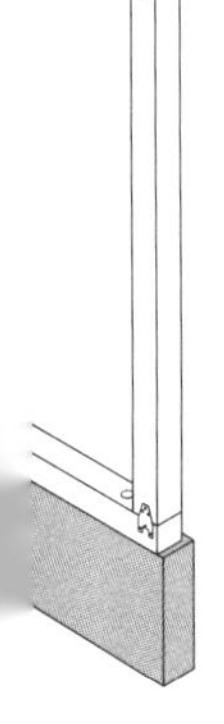

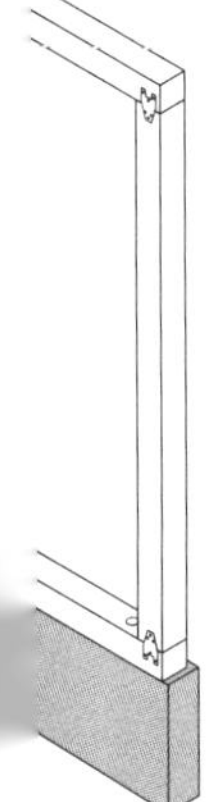

물끊기
천창
환기 마룻대
박공 끝부분
갈바륨 강판
①0.35

4 천창을 시공한다

기본적으로 제조사 사양에 따라 설치한다. 지붕 바탕재와 창틀 사이는 방수 테이프 등으로 밀폐해야 한다. 예전의 시공 사진을 미리 시공자에게 보여주고 완성된 이미지를 공유하면 좋다.

접합부의 방수가
생명이야!

5 금속판을 잇는다

바탕에 먹매김해서 판금을 배치한다. 거멀의 누수 방지를 고려해 처마 끝에서부터 마룻대 쪽의 순서로 깔아 올린다. 지붕재를 임시로 놓을 때는 겹쳐서 놓으면 흠집이 잘 생기므로 놓는 방법에도 주의해야 한다. 마지막에 환기 마룻대를 시공한다.

섬세한 마무리
작업은 맡겨 둬!

빗물 누수 방지는 확실하게

위 : 투습 방수 시트의 이음매 부분에 기밀 테이프를 붙였다. 이 테이프로 실외 쪽 기밀을 확보할 수 있다.
아래 : 지붕 바탕재 위에 금속판을 이은 모습. 빗물 누수 방지를 고려해 처마 끝에서부터 마룻대 쪽으로 금속판을 깔아 올린다.

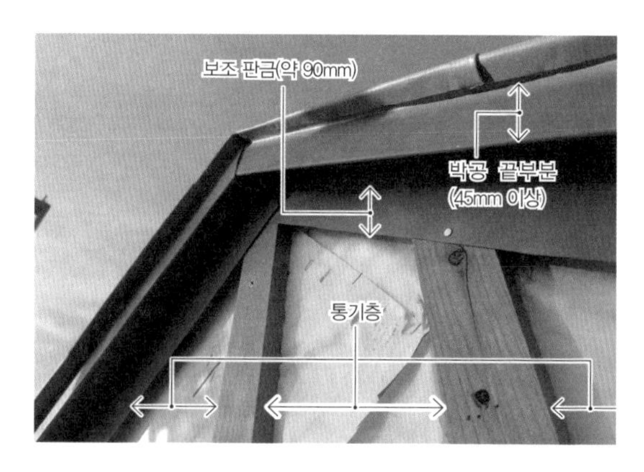
보조 판금(약 90mm)
박공 끝부분
(45mm 이상)
통기층

빗물이 날리는 것을 고려해 박공 끝부분 정면 폭은 최소 45mm이상 확보한다. 이 사례에서는 디자인상의 이유로 처마 끝이 길게 나오지 않는 형태로 만들었다. 그래서 박공 끝부분이나 처마 끝에서 방수 대책을 마련해야 했다. 여기서는 보조 판금을 설치해서 빗물의 침입을 막았다. 만약 침수했을 때는 지붕에서 외벽으로 이어지는 통기층으로 배수할 수 있다(70쪽 참조).

COLUMN 5

세워 거멀접기의 끝부분 처리

평이음의 경우 끝부분을 마감하는 방법이 단순하지만 세워 거멀접기로 할 경우에는 끝부분의 마감에 여러 가지 방법을 응용할 수 있다. 디자인상의 의도와 기사의 기량을 확인해서 적절한 디테일을 선택해야 한다.

일반적인 세워 거멀접기

세워 거멀접기 끝부분이 수직부 모양 그대로 끝난다. 보통은 이 모양으로도 방수에 문제없지만 처마 끝이 낮으면 밑에서 올려다봤을 때 수직부가 눈에 띌 수도 있다. 디자인을 중시한다면 다시 한번 고려해야 한다.

45도 접기

가장자리를 45도로 접어 밑에서 올려다보는 것을 배려한 방법. 단, 판금에 가위를 넣어 일부 판을 빼는 등 접는 방법에 노하우가 필요하다. 한편 지붕 꼭대기 부분에 시공하면 작은 구멍이 생긴다는 문제도 있다.

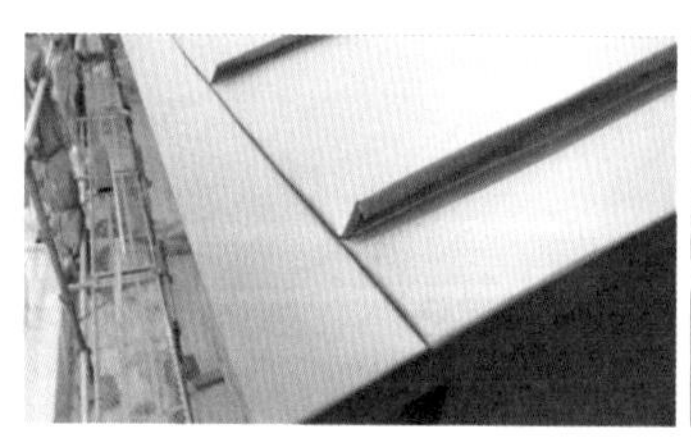

시노노메 거멀접기

거멀 가상자리 부분을 수평으로 접어서 꺾는 방법. 그 상태로는 거멀이 쓰러지지 않으므로 깔끔하게 마감하려면 숙련된 노하우와 고도의 기량이 필요하다. 작은 구멍이 생기지 않으므로 방수에 가장 뛰어난 방법이라고 할 수 있다.

12

2nd month

샛기둥, 창대, 상인방

지붕 목공사가 일단락되면 샛기둥과 새시의 받침재가 되는 창대와 상인방 등의 목공사를 실시한다. 시공 시간은 두 사람이 작업하면 5~6시간 정도 걸린다.

개구부 주변은 강도를 확보한다

개구부에 설치하는 상인방과 창대는 새시의 받침이 되는 중요한 부분이다. 최근에는 개구부의 대형화와 복층유리의 사용 등으로 새시 중량화가 진행 중이다. 그래서 샛기둥 간격과 정면 폭 등을 고려해 적당한 강도를 확보해야 한다(60쪽 A 참조).

새시는 상인방과 창대에 부착한다. 외벽을 마무리하면 새시를 움직이기가 매우 어려워지므로 부착 위치와 바탕 치수 등의 상세 사항을 이 단계에서 꼼꼼하게 확인해야 한다.

샛기둥은 내력벽 면재를 부착하는 바탕이 되므로 구조용 합판의 너비(910mm)에 맞춰서 455mm 간격으로 배치하고 토대와 들보에 못을 박아 고정한다(60쪽 B 참조).

[세키모토]

현장에 참여하는 사람들

현장 감독

목수

2nd month

샛기둥, 창대, 상인방

1 샛기둥을 설치한다

샛기둥은 토대나 들보, 도리에 못을 박아 455mm간격으로 고정한다. 구조용 면재의 이음매가 되는 부분의 샛기둥은 45×120mm, 그 밖에는 30×120mm 판재를 사용할 때가 많다.

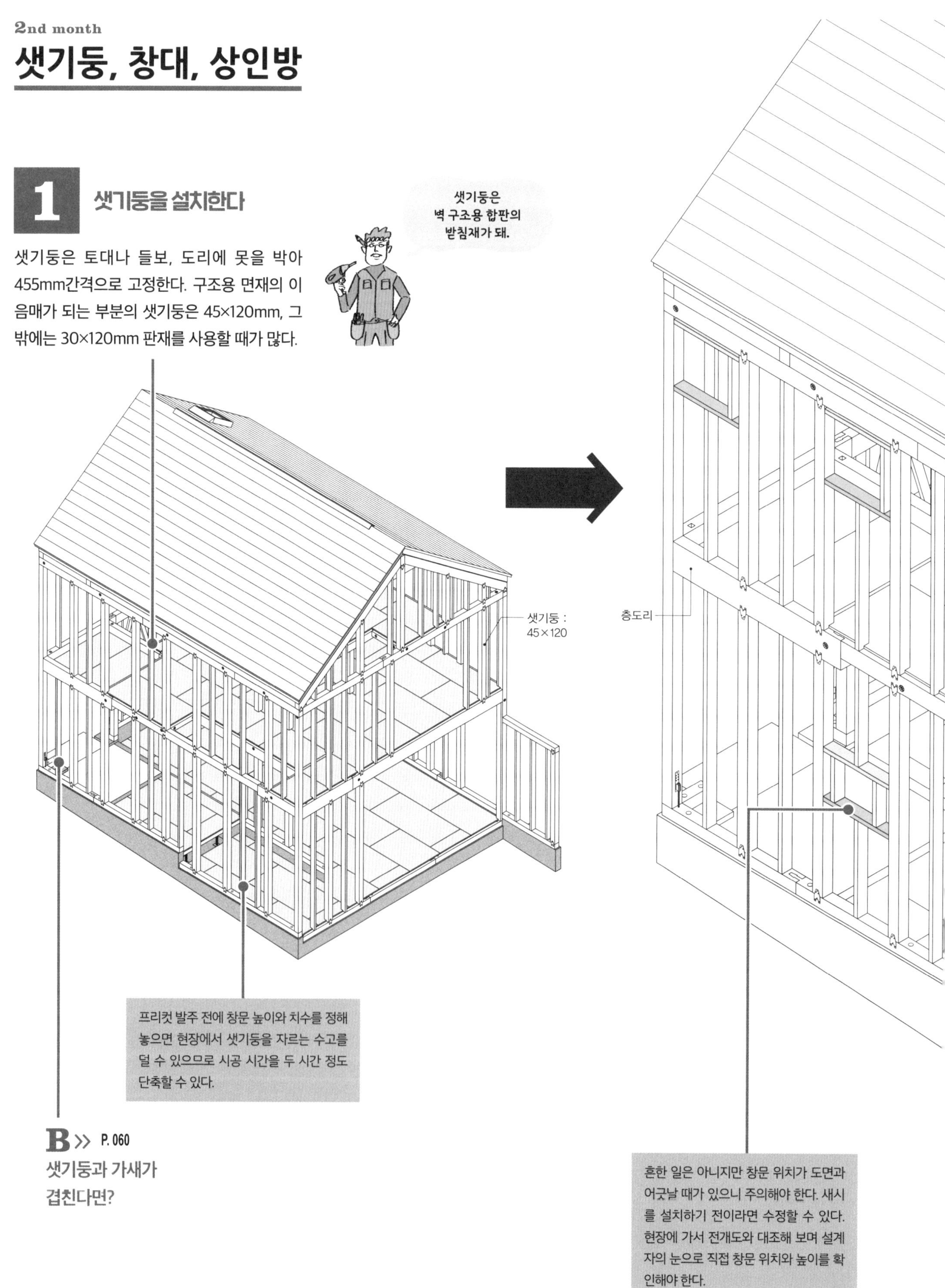
샛기둥은
벽 구조용 합판의
받침재가 돼.
샛기둥 :
45×120
층도리

프리컷 발주 전에 창문 높이와 치수를 정해 놓으면 현장에서 샛기둥을 자르는 수고를 덜 수 있으므로 시공 시간을 두 시간 정도 단축할 수 있다.

B >> P. 060
샛기둥과 가새가 겹친다면?

흔한 일은 아니지만 창문 위치가 도면과 어긋날 때가 있으니 주의해야 한다. 새시를 설치하기 전이라면 수정할 수 있다. 현장에 가서 전개도와 대조해 보며 설계자의 눈으로 직접 창문 위치와 높이를 확인해야 한다.

2 창대, 상인방을 설치한다

창대와 상인방을 기둥 및 샛기둥에 못으로 박아 고정한다. 창문 무게를 지탱하기 때문에 정면 폭을 확실히 확보해야 한다(60쪽 A 참고).

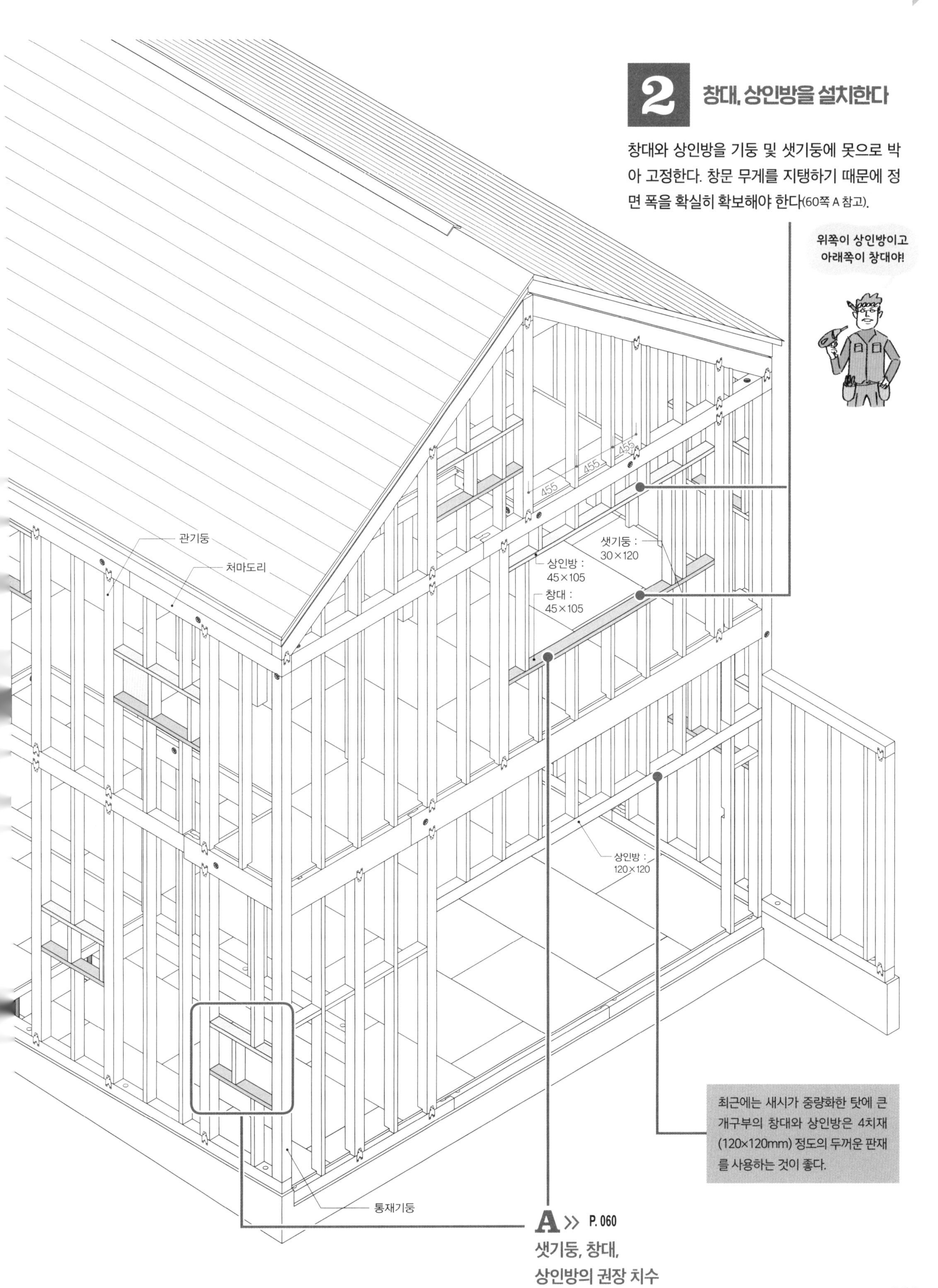
위쪽이 상인방이고
아래쪽이 창대야!
455
455
455
관기둥
처마도리
샛기둥 :
30×120
상인방 :
45×105
창대 :
45×105
상인방 :
120×120
통재기둥

최근에는 새시가 중량화한 탓에 큰 개구부의 창대와 상인방은 4치재(120×120mm) 정도의 두꺼운 판재를 사용하는 것이 좋다.

A >> P. 060
샛기둥, 창대,
상인방의 권장 치수

샛기둥, 창대, 상인방 체크리스트

샛기둥, 창대, 상인방의 권장 치수

복층 유리 새시의 무게는 단판 유리 새시의 약 두 배다. 그럴 경우 샛기둥, 창대, 상인방의 정면 폭을 45mm 이상으로 잡아서 강도를 확인해야 한다. 또한 샛기둥의 간격은 500mm 이하로 한다.

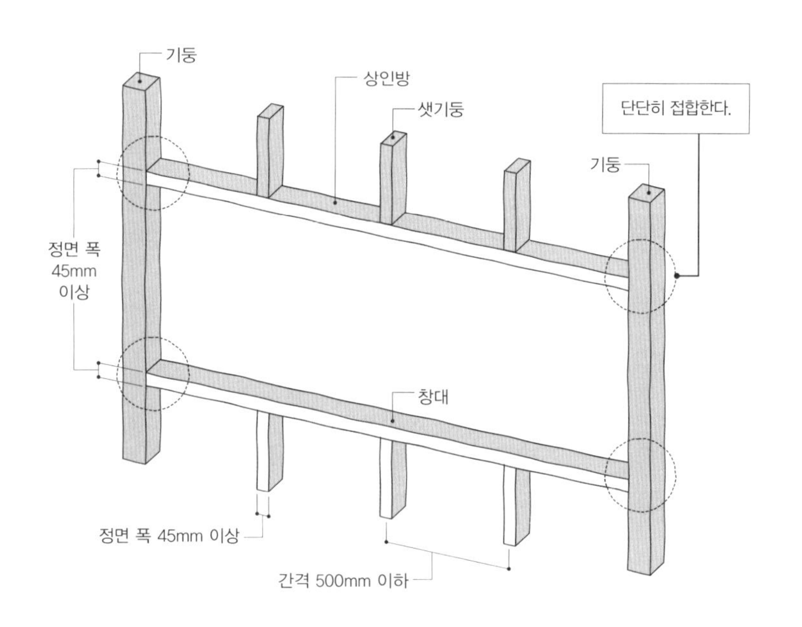
기둥
상인방
샛기둥
단단히 접합한다.
기둥
정면 폭
45mm
이상
창대
정면 폭 45mm 이상
간격 500mm 이하

B 샛기둥과 가새가 겹친다면?

가새는 구조재이므로 결함은 용납되지 않는다. 따라서 샛기둥과 가새가 교차하는 지점에서는 샛기둥을 파내서 마감해야 한다.

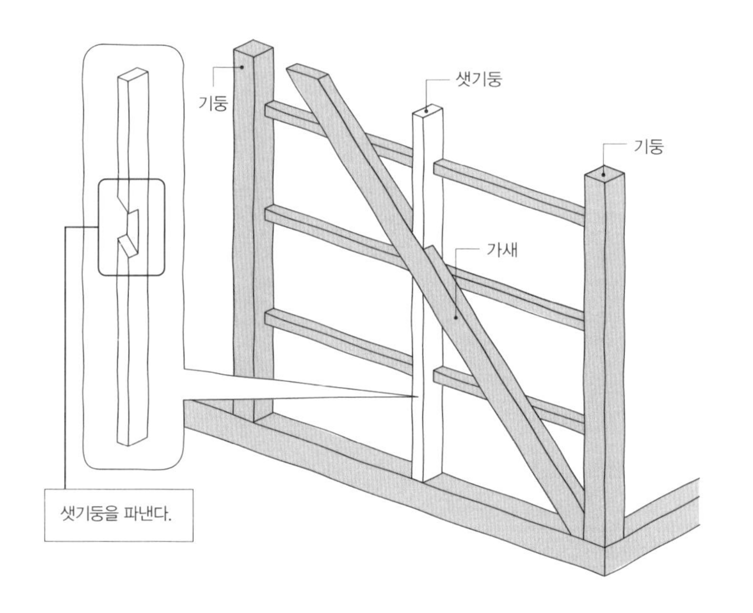
기둥
샛기둥
기둥
가새
샛기둥을 파낸다.

실내에서 본 모습

실내에서 본 샛기둥, 창대, 상인방. 외벽 바탕이 되는 합판은 못 N50을 사용해 구조재에 박아서 고정한다(62쪽 참조).

13

3rd month

내력벽

일본 건축기준법 시행령 제46조와 1981년 건설성 고시 제1100호에 규정된 것 이외에도 국토교통성에서 사양과 배율을 인정한 내력벽이 많다. 여기에서는 주로 구조용 합판을 이용한 면재 내력벽을 소개한다.

면재 내력벽의 장점 & 면재 내력벽과 개구부의 관계

필자는 내력벽에 구조용 합판을 사용한다. 내진 성능이나 높은 시공성의 장점을 고려한 선택이다. 건물 전체의 거동은 가새와 같은 '부분'이 아니라 '면'으로 해서 물려야 골조에 무리한 힘이 가해지지 않고 합리적이라고 생각하기 때문이다. 또한 면재를 상하좌우로 연속시키면 벽량을 계산할 때 벽량으로 넣을 수 없는 개구부 주변의 치마벽(달벽)이나 허리벽 같은 비구조벽도 사실상 여력으로서의 내력을 확보할 수 있다(64쪽 A 참조). 면재 내력벽은 충전 단열 공법과의 궁합이 좋고 벽 두께를 줄이기 쉬운 점도 장점이다. [세키모토]

면재 내력벽은 일반적으로 축조 전면에 깔면 성능을 발휘한다. 그래서 개구부 설치 방법이 중요하다. 내력벽은 건물의 수평력을 부담하는 중요한 구조 요소다. 기본적으로 내력상 중요한 벽에는 최대한 개구부를 설치하지 않는 계획이 바람직하다. 설계 단계에서 내력벽과 배관 등의 위치를 꼼꼼하게 검토하자. 어쩔 수 없이 개구부를 설치할 경우 주의할 점은 64쪽 A에서 설명한다. [야마다]

현장에 참여하는 사람들

현장 감독
목수

3rd month

내력벽

1 구조용 합판을 못으로 박아서 시공한다

면재 내력벽은 면재 둘레에 박아 넣는 못의 전단력을 통해 강성을 얻는다. 따라서 기둥, 샛기둥, 들보, 도리 등의 구조재에 확실히 못을 박아 고정해야 한다. 반드시 일본 국토교통성 고시와 국토교통장관 인정서에서 지정하는 N못 또는 CN못을 사용하며 정해진 간격을 유지해서 박도록 한다. 이 사례에서는 합판 주변부에 N50 @100, 중간의 샛기둥 부분에 N50 @100으로 고정했다.

시공 시간은
6시간 전후야.

목조의 내력벽 면재로 구조용 합판 외에도 벽배율(강도)을 인정 받은 다양한 종류의 내력벽이 실용화되었다. 시공 전에 각 제품의 사양이나 못을 박는 방법 등 제조사에서 제공하는 정보를 정확히 확인해야 한다.

구조용 합판을 까는 순서

C >> P. 064
내력벽 마감

구조용 합판은 아래쪽에서 위쪽으로 깐다. 아래쪽 합판이 위쪽 합판을 지탱해주기 때문에 손으로 누를 필요가 없어서 시공이 편해진다.

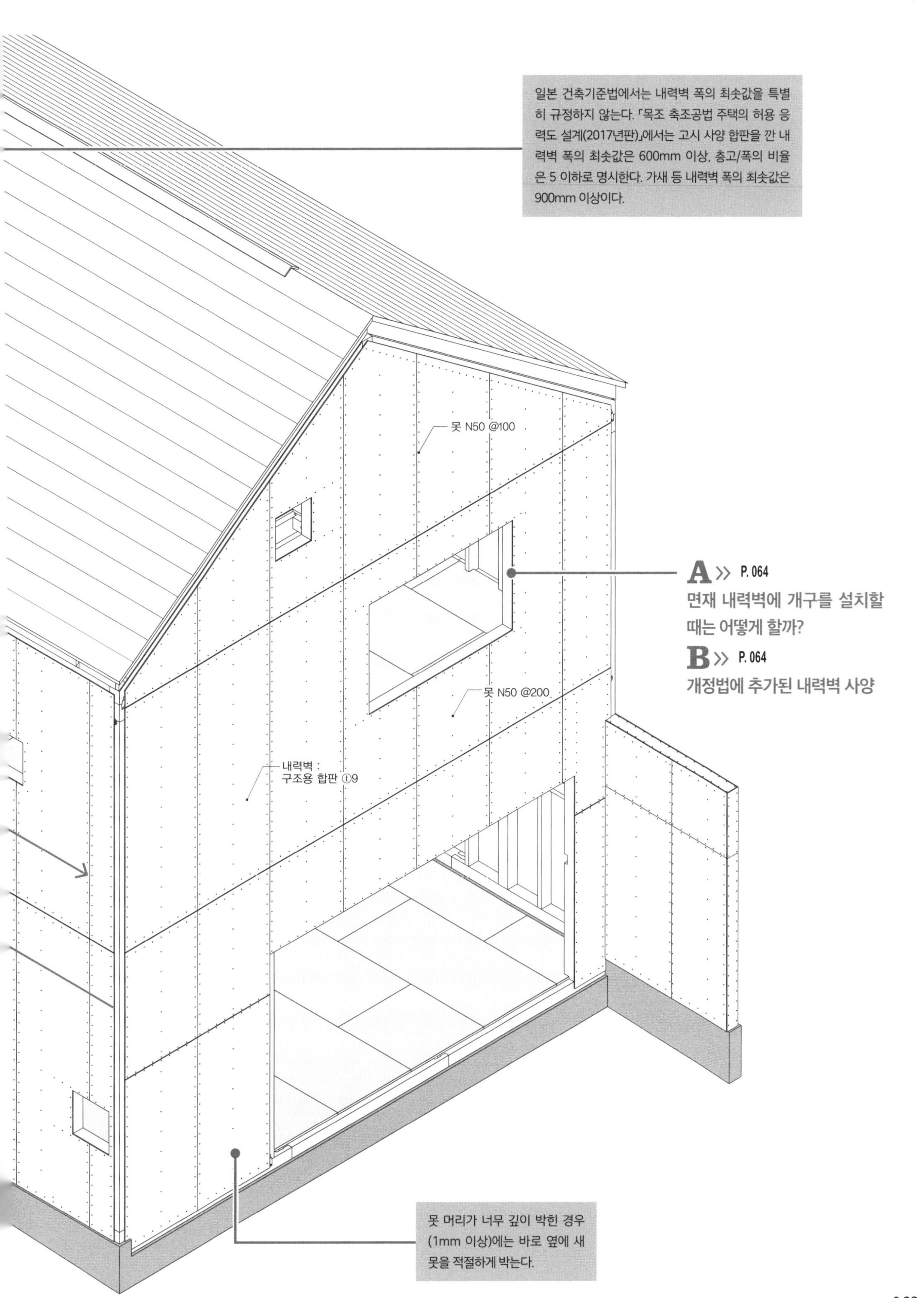
일본 건축기준법에서는 내력벽 폭의 최솟값을 특별히 규정하지 않는다. 「목조 축조공법 주택의 허용 응력도 설계(2017년판)」에서는 고시 사양 합판을 깐 내력벽 폭의 최솟값은 600mm 이상, 층고/폭의 비율은 5 이하로 명시한다. 가새 등 내력벽 폭의 최솟값은 900mm 이상이다.
못 N50 @100
A >> P. 064
면재 내력벽에 개구를 설치할 때는 어떻게 할까?
B >> P. 064
개정법에 추가된 내력벽 사양
못 N50 @200
내력벽 :
구조용 합판 ⓣ9
못 머리가 너무 깊이 박힌 경우 (1mm 이상)에는 바로 옆에 새 못을 적절하게 박는다.

내력벽 체크리스트

면재 내력벽에 개구를 설치할 때는 어떻게 할까?

① 보강이 필요 없는 경우

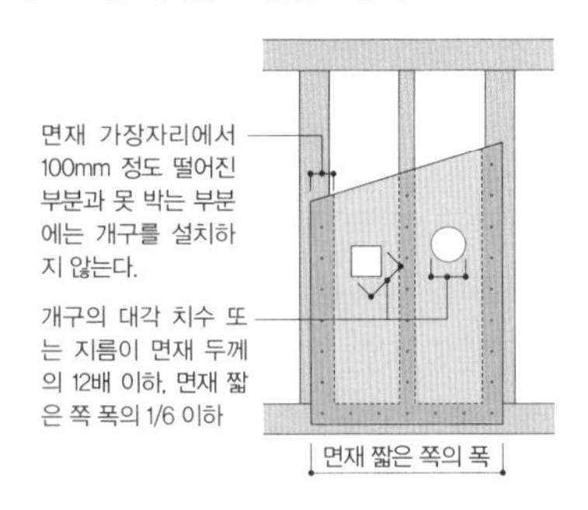
면재 가장자리에서 100mm 정도 떨어진 부분과 못 박는 부분에는 개구를 설치하지 않는다.
개구의 대각 치수 또는 지름이 면재 두께의 12배 이하, 면재 짧은 쪽 폭의 1/6 이하
면재 짧은 쪽의 폭

위의 조건을 충족하는 개구의 경우 보강이 필요 없다. 보강하지 않아도 개구를 설치하지 않은 경우와 같은 성능을 얻을 수 있기 때문이다. 내력이 현저하게 저하되는 이유는 면재를 축조에 고정시키는 못의 위치에 개구 범위가 걸리기 때문이다. 개구를 여러 개 설치할 경우 특별한 규정은 없지만 한 구획에 하나로 제한해야 할 것이다.

② 보강이 필요한 경우

면재의 못 박는 부분에는 개구를 설치하지 않는다.
받침재
개구 둘레를 받침재 등으로 보강해서 못을 박는다.
개구의 대각 치수 또는 지름은 면재 짧은 쪽 폭의 1/2 이하(500mm 정도까지)
양쪽 가장자리를 나사 등으로 고정해서 단단히 연결한다

위의 조건을 충족하는 개구는 보강한 후에 설치할 수 있다. 개구 둘레를 받침재로 보강하고 면재에 못을 박는다. 면재 가장자리에서 100mm 정도 떨어진 범위에는 개구가 걸리지 않게 한다. 또한 수평방향의 받침재는 양쪽 가장자리를 기둥까지 도달시켜 비스듬히 나사로 고정해 단단히 연결한다(※1).

③ 준내력벽 등의 경우

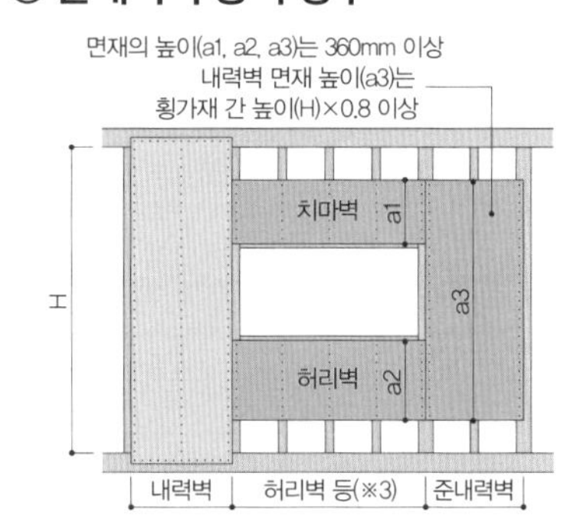
면재의 높이(a1, a2, a3)는 360mm 이상
내력벽 면재 높이(a3)는 횡가재 간 높이(H)×0.8 이상
치마벽
a1
a3
H
허리벽
a2
내력벽
허리벽 등(※3)
준내력벽

①, ②에 해당하지 않는 경우 개구를 설치하지 않을 때와 동일한 내력을 보장하기 어렵기 때문에 그 상태의 벽 배율은 사용할 수 없다. 벽량 계산에는 넣을 수 없지만 품확법 평가 기준에 규정된 '준내력벽'이나 '허리벽'의 사양에 맞추면 품확법 계산이나 구조 계산에서는 평가할 수 있게 된다(※2).

개정법에 추가된 내력벽 사양

2018년 3월 26일부터 1981년 건설성 고시 제1100호가 개정되어 목조축조구법의 내력벽 사양과 벽 배율이 추가 및 정비되었다. 주요 개정 항목은 ① 고배율 내력벽 사양 추가, ② 새로운 구조용 면재 추가(구조용 파티클 보드 및 구조용 MDF), ③ 바닥재를 먼저 넣는 사양의 명확화다. 여기서는 ①에 관하여 설명한다. 전보다 지름이 큰 못을 촘촘한 간격으로 박은 구조용 면재의 내력벽은 기존 내력벽(벽 배율 2.5)보다 성능이 높다고 알려졌지만 건설성 고시 제1100호의 사양에 쓰여 있지 않기 때문에 시행령 제46조 제4항의 벽량 계산에는 사용할 수 없었다. 그러나 이번 개정으로 건설성 고시 제1100호에 고배율 사양이 추가되어 상세한 구조 계산을 하지 않아도 손쉽게 사용할 수 있게 되었다. 단, 이 구조용 면재를 양면으로 깔았다고 해도 벽량 계산에서는 다섯 배를 초과해서 사용할 수 없다. 상세한 구조 계산을 하지 않고 내력이 높은 내력벽을 사용하고 싶다면 내력벽 두 줄을 나란히 놓아서 벽량을 확보하면 된다. 벽 두께가 두꺼워지지만 개구 폭을 줄이지 않고 벽량을 확보할 수 있다. 이 사양의 면재 못은 기존 사양에서 쓰였던 N50(둥근 쇠못)이 아니라 지금까지 2×4 공법에 쓰였던 CN50(두꺼운 둥근 쇠못)이 되므로 주의해야 한다. [야마다]

합판을 깐 내력벽 사양 일람

합판 두께와 등급		못의 종류	못 간격(mm)		사양	배율	기둥을 드러나게 한 벽의 받침재		바닥재를 먼저 넣는 마감의 받침재	
두께(mm)	등급		바깥 둘레	중간			단면(mm)	못 간격(mm)	단면(mm)	못 간격(mm)
9이상	1급	CN50	75 이하	150 이하	기둥을 가린 벽, 바닥재를 먼저 넣는 마감	3.7	—	—	30×60이상	120이하
	2급				기둥을 드러나게 한 벽, 바닥재를 먼저 넣는 마감	3.3	30×40이상	200이하	30×40이상	200이하
5이상 *	1급	N50	150 이하	150 이하	기둥을 가린 벽, 바닥재를 먼저 넣는 마감	2.5	—	—	30×40이상	200이하
7.5이상	2급				기둥을 드러나게 한 벽, 바닥재를 먼저 넣는 마감	2.5	30×40이상	300이하	30×40이상	300이하
			150이하 (인방에 못 박기)		인방을 드러나게 한 벽	1.5	—	—	—	—

고시 개정으로 추가된 사양　* 기둥을 가린 벽, 바닥재를 먼저 넣는 마감에서는 실외에서 7.5mm 이상

내력벽 마감

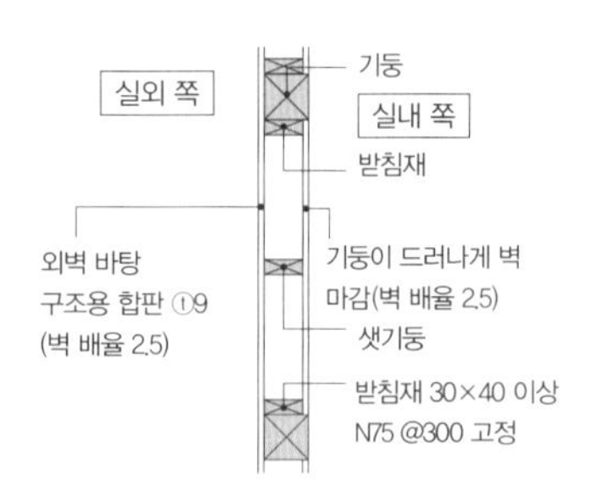
실외 쪽
기둥
실내 쪽
받침재
외벽 바탕
구조용 합판 ⑦9
(벽 배율 2.5)
기둥이 드러나게 벽
마감(벽 배율 2.5)
샛기둥
받침재 30×40 이상
N75 @300 고정

두께 9mm의 구조용 합판을 실내 쪽과 실외 쪽에 각각 사용해서 내력을 확보한다.

※1. 샛기둥이 개구 때문에 끊어지면 면 외부 방향으로의 변형에 약해지기 때문에 개구는 기둥이나 샛기둥 사이에 넣는 설치가 바람직하다.
※2. 이러한 준내력벽이나 치마벽은 시행령 제46조 제4항에 규정된 벽량 계산에서는 벽량으로 계산할 수 없으므로 구조 계산이 필요하다.
※3. 허리벽 등은 개구 폭이 2,000mm 이하이며 좌우 양쪽 가장자리가 똑같은 면재의 내력벽 또는 준내력벽 사이에 있는 것을 말한다.

14

2~3 month

새시 설치

새시 주변을 공사할 때는 방수 대책이 중요하다. 방수재는 아래쪽에서부터 시공하는 것이 기본이다. 순서를 틀리지 않게 주의해야 한다. 시공은 4~5시간 정도 걸린다.

방수재 시공 순서를 확인한다

새시 공사에서는 외벽에 구조용 면재를 설치한 후 창대 하부에 먼저 방수 시트를 붙여 시공한다. 그 위에 새시를 설치해 방수 테이프를 붙이고 면재(구조용 합판)에 밀착시킨다(68쪽 A 참조). 이때 시공 순서를 틀리거나 방향을 잘못 붙이면 물이 새어 들어가므로 주의한다.

빌딩용 새시와 달리 주택용 새시에는 시공도의 승인 과정이 필요 없다. 따라서 부착 전에 발주 리스트를 현장과 공유해서 실수가 없도록 확인한다. 필자의 예전 실패 사례 중에는 설계할 때 내관 입면도에서 창호표를 작성했는데 제조사의 발주 리스트에서는 정면 폭이 표시되지 않아 현장에 반입된 새시의 경첩 부분이 좌우로 뒤집혀서 기가 막힌 적이 있었다. [세키모토]

현장에 참여하는 사람들

현장 감독
목수

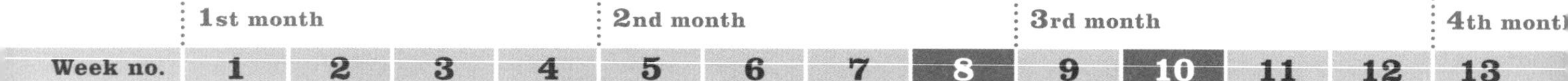
1st month
2nd month
3rd month
4th month
Week no.
1
2
3
4
5
6
7
8
9
10
11
12
13

새시 반입,
외부 창호 치수 재기

새시 설치,
외부 창호 틀 설치

2~3 month

새시 설치

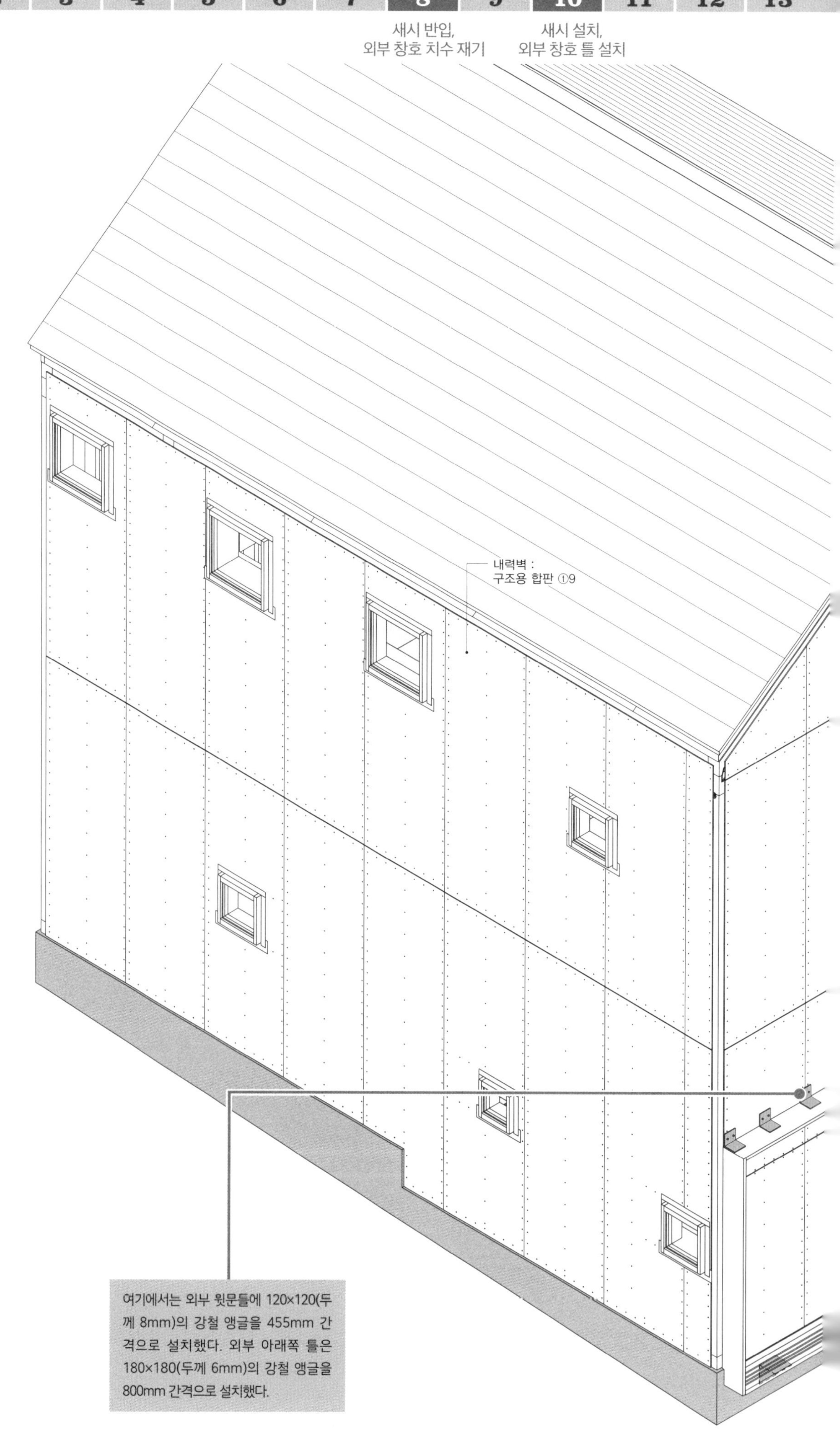
내력벽 :
구조용 합판 ⓣ9

여기에서는 외부 윗문틀에 120×120(두께 8mm)의 강철 앵글을 455mm 간격으로 설치했다. 외부 아래쪽 틀은 180×180(두께 6mm)의 강철 앵글을 800mm 간격으로 설치했다.

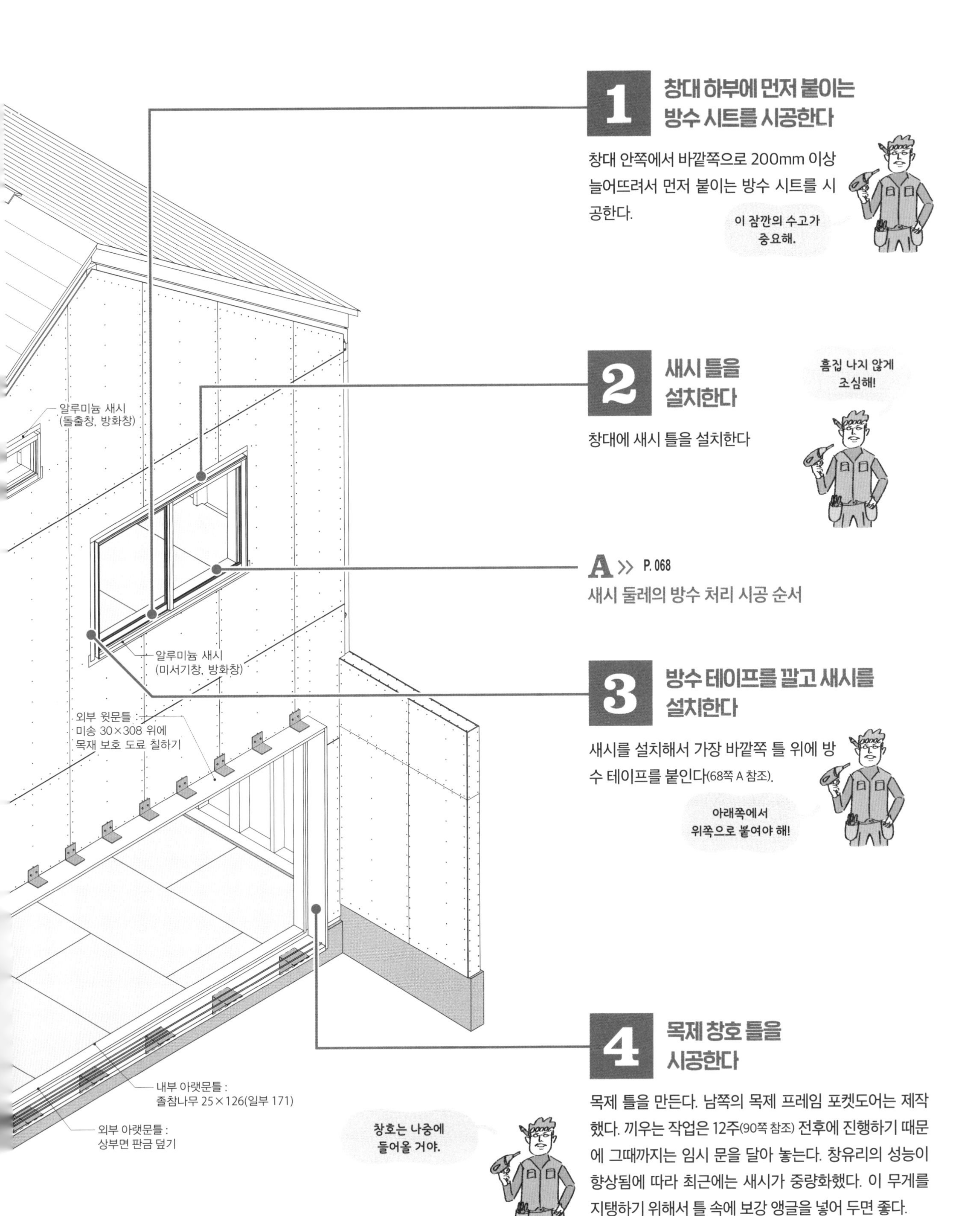
알루미늄 새시
(돌출창, 방화창)
알루미늄 새시
(미서기창, 방화창)
외부 윗문틀 :
미송 30×308 위에
목재 보호 도료 칠하기
내부 아랫문틀 :
졸참나무 25×126(일부 171)
외부 아랫문틀 :
상부면 판금 덮기
이 잠깐의 수고가
중요해.
흠집 나지 않게
조심해!
아래쪽에서
위쪽으로 붙여야 해!
창호는 나중에
들어올 거야.

1 창대 하부에 먼저 붙이는 방수 시트를 시공한다

창대 안쪽에서 바깥쪽으로 200mm 이상 늘어뜨려서 먼저 붙이는 방수 시트를 시공한다.

2 새시 틀을 설치한다

창대에 새시 틀을 설치한다

A >> P. 068
새시 둘레의 방수 처리 시공 순서

3 방수 테이프를 깔고 새시를 설치한다

새시를 설치해서 가장 바깥쪽 틀 위에 방수 테이프를 붙인다(68쪽 A 참조).

4 목제 창호 틀을 시공한다

목제 틀을 만든다. 남쪽의 목제 프레임 포켓도어는 제작했다. 끼우는 작업은 12주(90쪽 참조) 전후에 진행하기 때문에 그때까지는 임시 문을 달아 놓는다. 창유리의 성능이 향상됨에 따라 최근에는 새시가 중량화했다. 이 무게를 지탱하기 위해서 틀 속에 보강 앵글을 넣어 두면 좋다.

새시 설치 체크리스트

새시 둘레의 방수 처리 시공 순서

① 먼저 붙이는 방수 시트를 시공해서 새시 틀을 설치한다

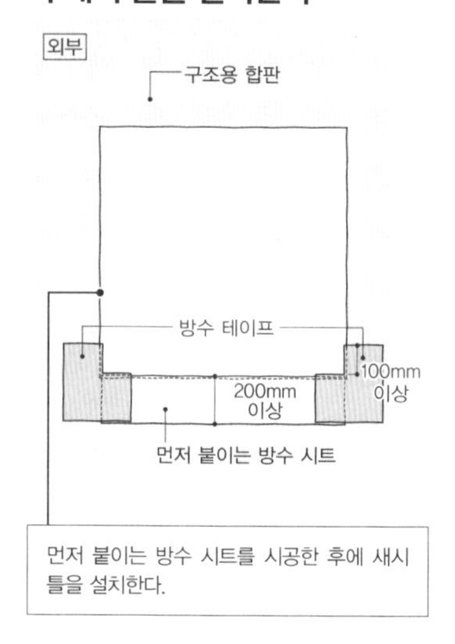

외부
구조용 합판
방수 테이프
100mm 이상
200mm 이상
먼저 붙이는 방수 시트
먼저 붙이는 방수 시트를 시공한 후에 새시 틀을 설치한다.

먼저 붙이는 방수 시트는 창대의 안쪽에서 바깥쪽으로 200mm 이상 늘어뜨려 부착한다. 이때 새시 안쪽에도 시공된 것을 확인한다. 그 다음 방수 테이프로 창대 하부에서 옆면의 바탕재를 따라 100mm 이상 수직부를 만들어서 빈틈없이 붙이도록 한다.

② 새시를 설치하고 새시의 가장 바깥쪽 틀 위에 방수 테이프를 붙인다

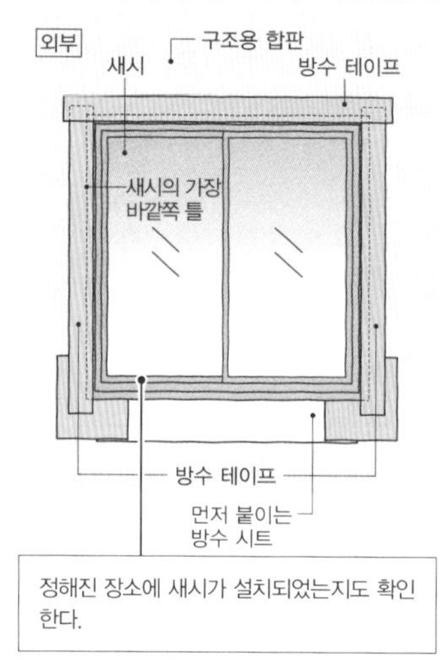

외부
구조용 합판
새시
방수 테이프
새시의 가장 바깥쪽 틀
방수 테이프
먼저 붙이는 방수 시트
정해진 장소에 새시가 설치되었는지도 확인한다.

방수 테이프는 새시의 가장 바깥쪽 틀을 덮듯이 새시 옆면에서 상부 순서로, 아래쪽에서 위쪽 순서로 붙이는 것이 중요하다.

③ 투습 방수 시트를 붙인다

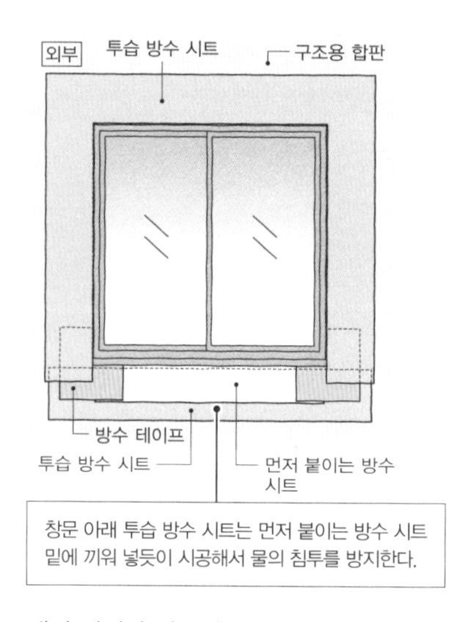

외부
투습 방수 시트
구조용 합판
방수 테이프
투습 방수 시트
먼저 붙이는 방수 시트
창문 아래 투습 방수 시트는 먼저 붙이는 방수 시트 밑에 끼워 넣듯이 시공해서 물의 침투를 방지한다.

새시 옆면과 상부의 방수 테이프에 투습 방수 시트를 밀착시켜서 빈틈없이 붙인다. 투습 방수 시트도 아래쪽에서 위쪽으로 붙이도록 한다.

빗물 침투 방지의 핵심이 되는 부분은 현장에서 반드시 체크한다

이 사례는 방화지역에 있기 때문에 도로 쪽 목제 창호를 제외한 창문은 전부 방화용 알루미늄 복합수지 새시를 사용했다.

먼저 붙이는 방수 시트 위에 새시를 설치한 모습. 먼저 붙이는 방수 시트는 창대의 안쪽에서 바깥쪽으로 200mm 이상 늘어뜨린다.

알루미늄 새시의 가장 바깥쪽 틀 위에 방수 테이프를 붙인 모습. 외벽의 면재와 빈틈없이 밀착시킨다.

15

3~4 month

벽 통기 공사, 차양

차양이나 창호 보호, 가랑비가 올 때의 통풍 확보 등을 목적으로 해서 주택에 작은 차양을 설치하는 경우가 많다. 외벽 방수와도 관련이 있으므로 외벽 바탕 단계에서 설치 방법을 확인해 놓자.

세부가 건물의 인상을 결정한다

이 사례의 차양 종류에는 나무 바탕 + 판금 접기로 마감하는 차양과 강판을 사용한 철물 제작 차양이 있다. 최대한 선이 적은 단순한 디자인으로 하기 위해서 전자 방식의 차양에서 필자는 과감하게 물끊기를 사용하지 않고 끝내는 경우가 많다(72쪽 A 참조). 물끊기가 없는 경우에는 못을 사용할 수 없으며 고도로 섬세한 판금 시공이 필요하다. 이런 세부를 제대로 마감하면 건물 전체가 단정한 인상을 준다. 이때 철골업자 등의 제작 시공도와 접합부의 마감을 사전에 함께 확인해 놓는다. 차양 접합부에 하자가 있으면 빗물 누수의 원인이 되므로 외벽에서 이어지는 투습 방수 시트 시공도 차양 공사의 중요한 부분이다. [세키모토]

현장에 참여하는 사람들

현장 감독

철골업자

판금 기사

목수

3~4 month

벽 통기 공사, 차양

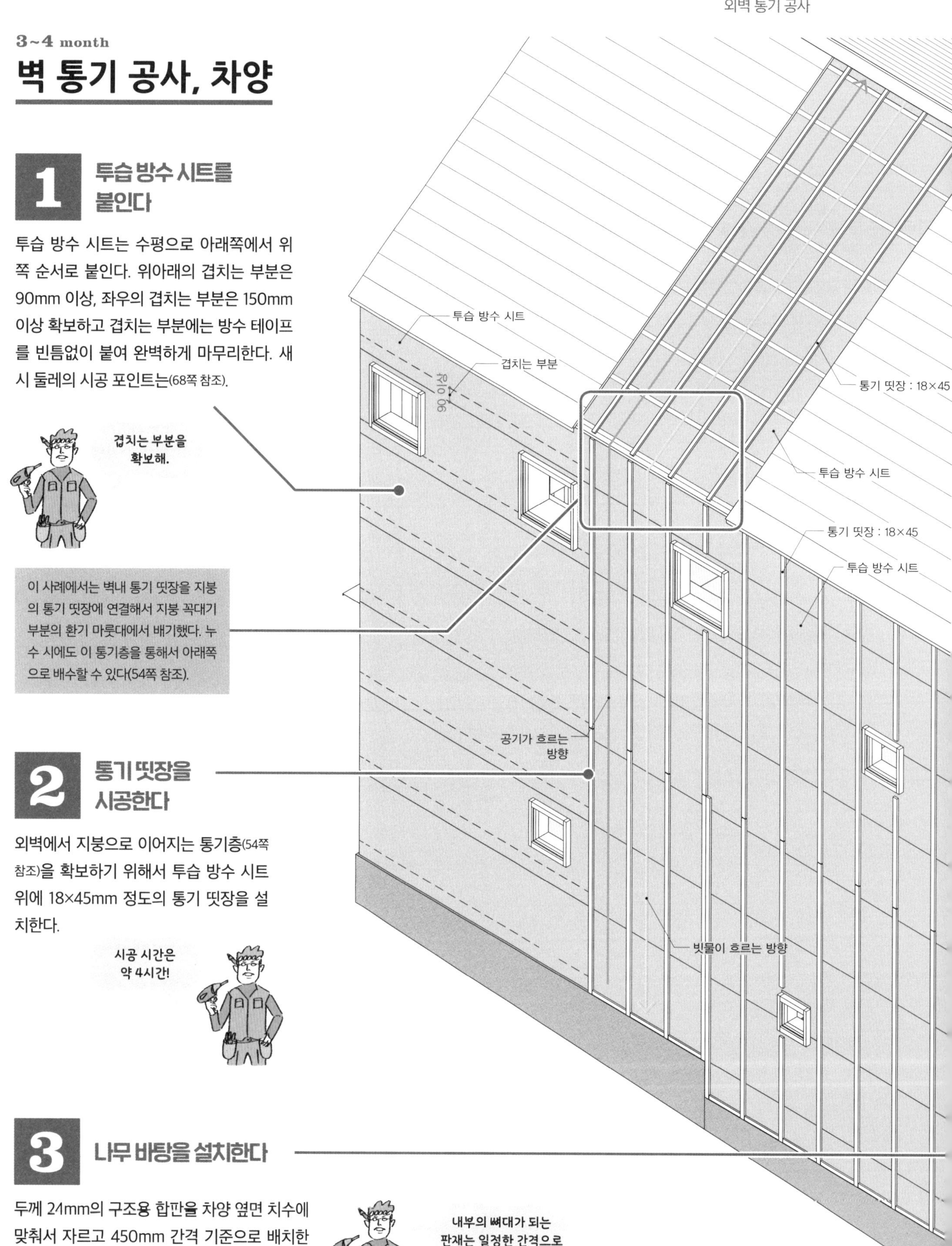
투습 방수 시트
겹치는 부분
90 이상
통기 띳장 : 18×45
투습 방수 시트
통기 띳장 : 18×45
투습 방수 시트
공기가 흐르는 방향
빗물이 흐르는 방향
겹치는 부분을 확보해.
시공 시간은 약 4시간!
내부의 뼈대가 되는 판재는 일정한 간격으로 넣도록 해.

1 투습 방수 시트를 붙인다

투습 방수 시트는 수평으로 아래쪽에서 위쪽 순서로 붙인다. 위아래의 겹치는 부분은 90mm 이상, 좌우의 겹치는 부분은 150mm 이상 확보하고 겹치는 부분에는 방수 테이프를 빈틈없이 붙여 완벽하게 마무리한다. 새시 둘레의 시공 포인트는(68쪽 참조).

이 사례에서는 벽내 통기 띳장을 지붕의 통기 띳장에 연결해서 지붕 꼭대기 부분의 환기 마룻대에서 배기했다. 누수 시에도 이 통기층을 통해서 아래쪽으로 배수할 수 있다(54쪽 참조).

2 통기 띳장을 시공한다

외벽에서 지붕으로 이어지는 통기층(54쪽 참조)을 확보하기 위해서 투습 방수 시트 위에 18×45mm 정도의 통기 띳장을 설치한다.

3 나무 바탕을 설치한다

두께 24mm의 구조용 합판을 차양 옆면 치수에 맞춰서 자르고 450mm 간격 기준으로 배치한다. 띳장에 비스듬히 나사를 박아서 샛기둥에 고정한다. 아울러 반자틀, 지붕널(두께 12mm의 구조용 합판)을 설치한다.

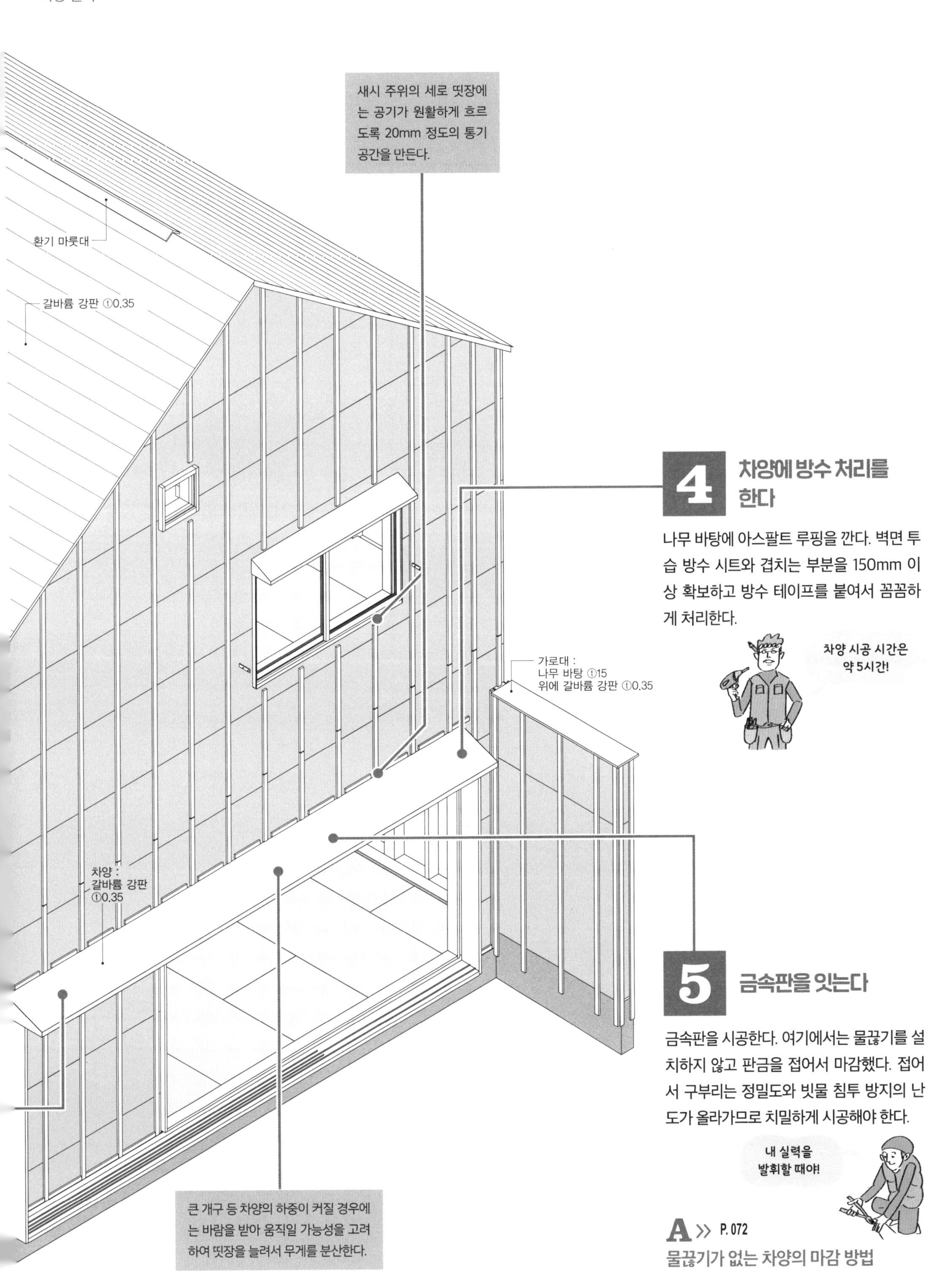
새시 주위의 세로 띳장에는 공기가 원활하게 흐르도록 20mm 정도의 통기 공간을 만든다.
환기 마룻대
갈바륨 강판 ①0.35
가로대 :
나무 바탕 ①15
위에 갈바륨 강판 ①0.35
차양 :
갈바륨 강판
①0.35
큰 개구 등 차양의 하중이 커질 경우에는 바람을 받아 움직일 가능성을 고려하여 띳장을 늘려서 무게를 분산한다.
차양 시공 시간은 약 5시간!
내 실력을 발휘할 때야!

4 차양에 방수 처리를 한다

나무 바탕에 아스팔트 루핑을 깐다. 벽면 투습 방수 시트와 겹치는 부분을 150mm 이상 확보하고 방수 테이프를 붙여서 꼼꼼하게 처리한다.

5 금속판을 잇는다

금속판을 시공한다. 여기에서는 물끊기를 설치하지 않고 판금을 접어서 마감했다. 접어서 구부리는 정밀도와 빗물 침투 방지의 난도가 올라가므로 치밀하게 시공해야 한다.

A » P. 072
물끊기가 없는 차양의 마감 방법

물끊기가 없는 차양의 마감 방법

필자는 기본적으로 못을 박지 않고 판금을 접어 넣어 만드는 정면 폭 치수 약 50mm의 판금 차양을 채용한다. 물끊기를 사용하지 않기 때문에 돌출 모서리의 판금을 되접을 때 특수한 기술로 치밀하게 시공해야 한다. 필자는 숙련된 판금 기사에게 의뢰한다. 공사 전에 예전의 시공 사진 등을 보여줘서 이미지를 공유하는 것이 필수다. 현장에서 사진 자료를 볼 수 있는 태블릿은 반드시 휴대해야 할 도구다.

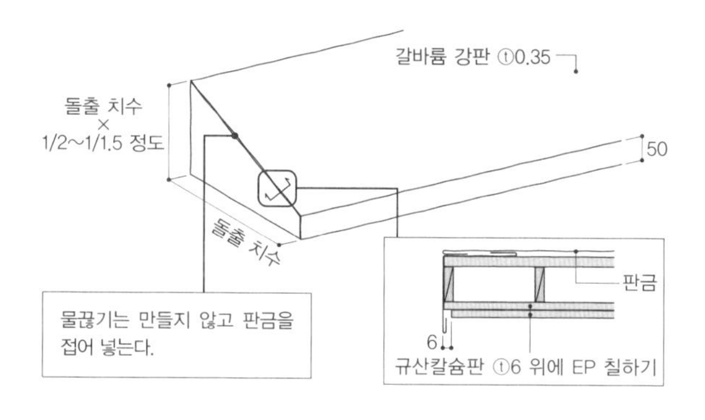
갈바륨 강판 ⓣ0.35
돌출 치수
×
1/2~1/1.5 정도
50
돌출 치수
판금
6
규산칼슘판 ⓣ6 위에 EP 칠하기
물끊기는 만들지 않고 판금을
접어 넣는다.

차양이 외관의 인상을 결정한다

외관의 중심이 되는 남쪽 면의 차양은 선이 간결한 나무 바탕+판금 접기로 마감했다. 북쪽의 차양(현관문 위 등)은 강판을 사용한 철물 제작품을 사용했다.

[사진 : 신자와 잇페이]

COLUMN 6

외벽 끝부분의 마무리 작업과 디자인

필자가 참여하는 주택에서는 외벽 끝부분을 토대보다 아래쪽까지 내려서 외벽 하단 물끊기 시공을 생략한다. 비용 절감과 디자인을 함께 살릴 수 있으며 토대 아래쪽 통기 패킹에서의 누수를 방지하는 효과도 있다.

일반적인 마무리 작업

통기 띳장을 토대 아래쪽까지 늘리면 구조용 합판과 기초면 사이에 9mm 간격이 생긴다. 이를 패킹재로 조정하여 그 틈새에서 통기를 확보하는 방법이다. 방충 부재는 토대보다 상부에 설치한다.

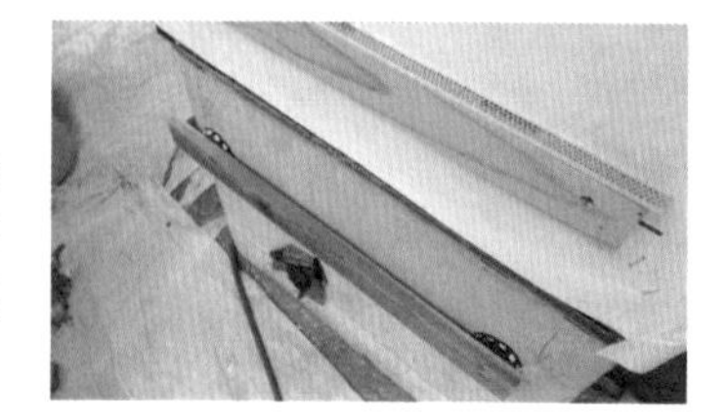

'골목집' 마무리 작업

'골목집'에서는 외부에 기초 콘크리트의 여분을 만들었다. 이것으로 외벽 통기를 토대 아래쪽까지 늘리지 못했다. 그러나 토대 하단 높이에서 외벽 하단을 마감하면 여기에서 수평으로 물이 스며들 위험이 생기기 때문에 통기와 방수를 고려해 기초 상부에 홈을 파서 마감했다.

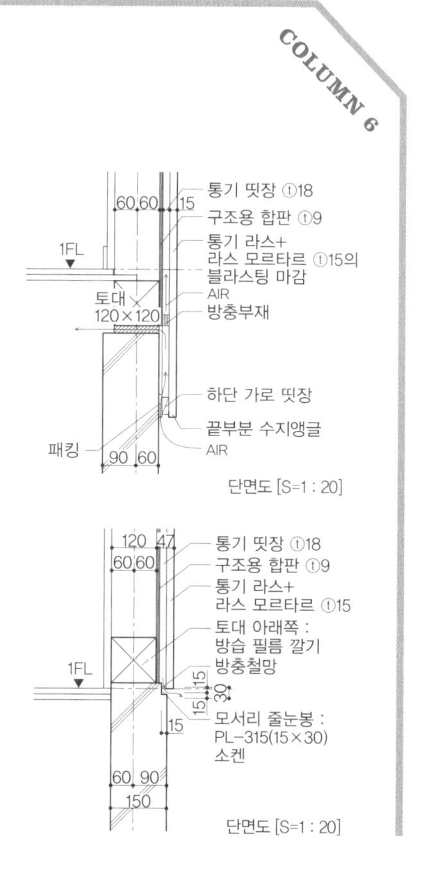
60 60 15
통기 띳장 ⓣ18
구조용 합판 ⓣ9
통기 라스+
라스 모르타르 ⓣ15의
블라스팅 마감
AIR
방충부재
1FL
토대
120×120
하단 가로 띳장
끝부분 수지앵글
AIR
패킹
90 60
단면도 [S=1 : 20]
120 47
60 60
통기 띳장 ⓣ18
구조용 합판 ⓣ9
통기 라스+
라스 모르타르 ⓣ15
토대 아래쪽 :
방습 필름 깔기
방충철망
1FL
15 15 30
15
모서리 줄눈봉 :
PL-315(15×30)
소켄
60 90
150
단면도 [S=1 : 20]

16

3rd month

벽 단열

벽 단열은 벽 내부에 단열재를 충전하는 '충전 단열', 벽 외부에 단열재를 까는 '외단열', 내외부를 모두 시공하는 '부가 단열'로 크게 나뉜다. 여기에서는 충전 단열을 소개한다.

끊김 없는 기밀층을 만든다

이 사례의 외벽은 글라스 울을 벽 내부에 충전했다. 글라스 울은 가격이 저렴하면서도 성능이 뛰어나며 불연재라서 목조주택에 매우 적합한 단열재다. 그러나 시공이 불완전하면 내부 결로가 생겨서 수분을 머금고 글라스 울이 아래로 처져 틈새가 생기는 등 성능이 현저히 떨어질 우려가 있다. 이 결함을 피하려면 글라스 울의 실내 쪽에 방습 기밀 시트를 밀착시켜 연속된 기밀층을 만들어야 한다(76쪽 A 참조).

글라스 울은 이른바 '봉투에 든 상품'을 쓸 때가 많다. 하지만 최근 필자의 현장에서는 세부 시공성이 좋고 비용 면에서 이점이 있는 '봉투가 없는 글라스 울'을 충전하고 그 위에 방습 기밀 시트를 시공한다. [세키모토]

현장에 참여하는 사람들

현장 감독

단열재 제조업자

목수

3rd month

벽 단열

단열재를 충전한다

기둥, 샛기둥 사이에 단열재를 충전한다. 열 결손이 일어나지 않도록 빈틈없이 시공한다.

작은 틈새에
주의해야 해!

2 방습 기밀 시트를 붙인다

봉투가 없는 글라스 울을 사용할 경우 흡습에 따른 단열 성능 저하를 피하기 위해서 위쪽에 방습 기밀 시트를 붙인다. 발포 우레탄폼 등의 블라스팅 단열재를 사용할 경우에는 생략하기도 하는데 좀 더 성능을 확보하려면 붙이는 것이 좋다.

겨울에는 따뜻하고
여름에는 시원한
집이 될 거야~

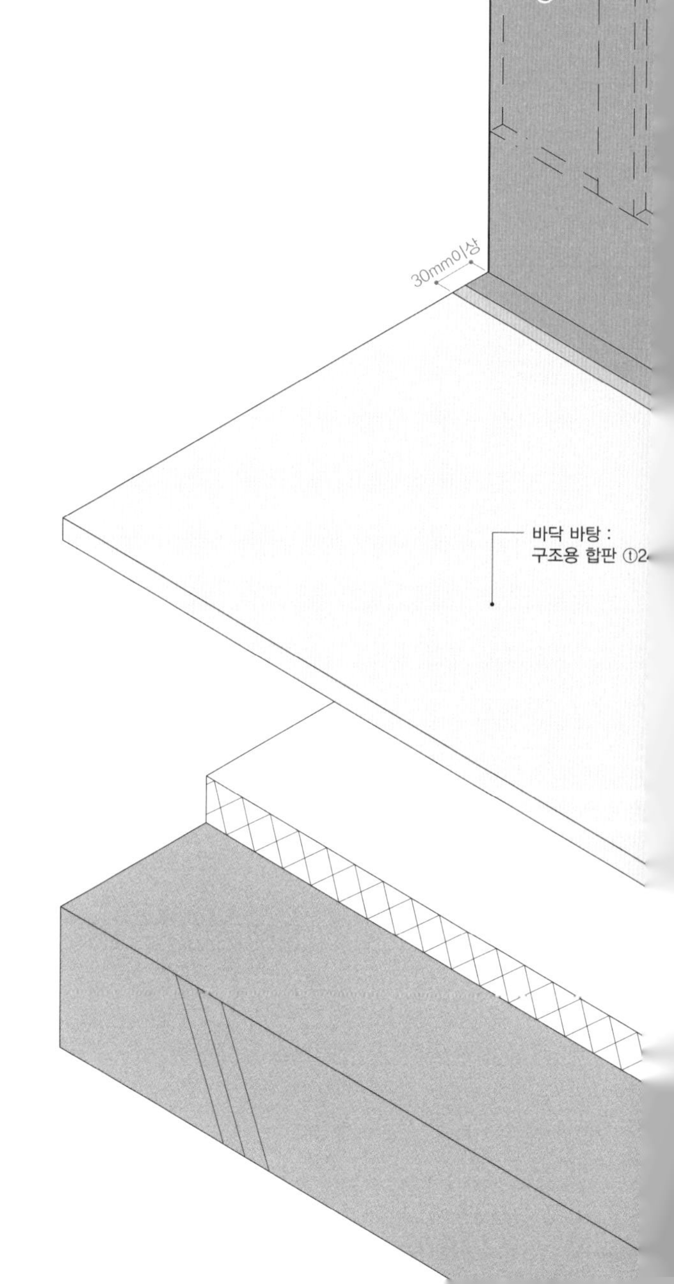
30mm이상
바닥 바탕 :
구조용 합판

5th month
6th month
7th month
14
15
16
17
18
19
20
21
22
23
24
25
26

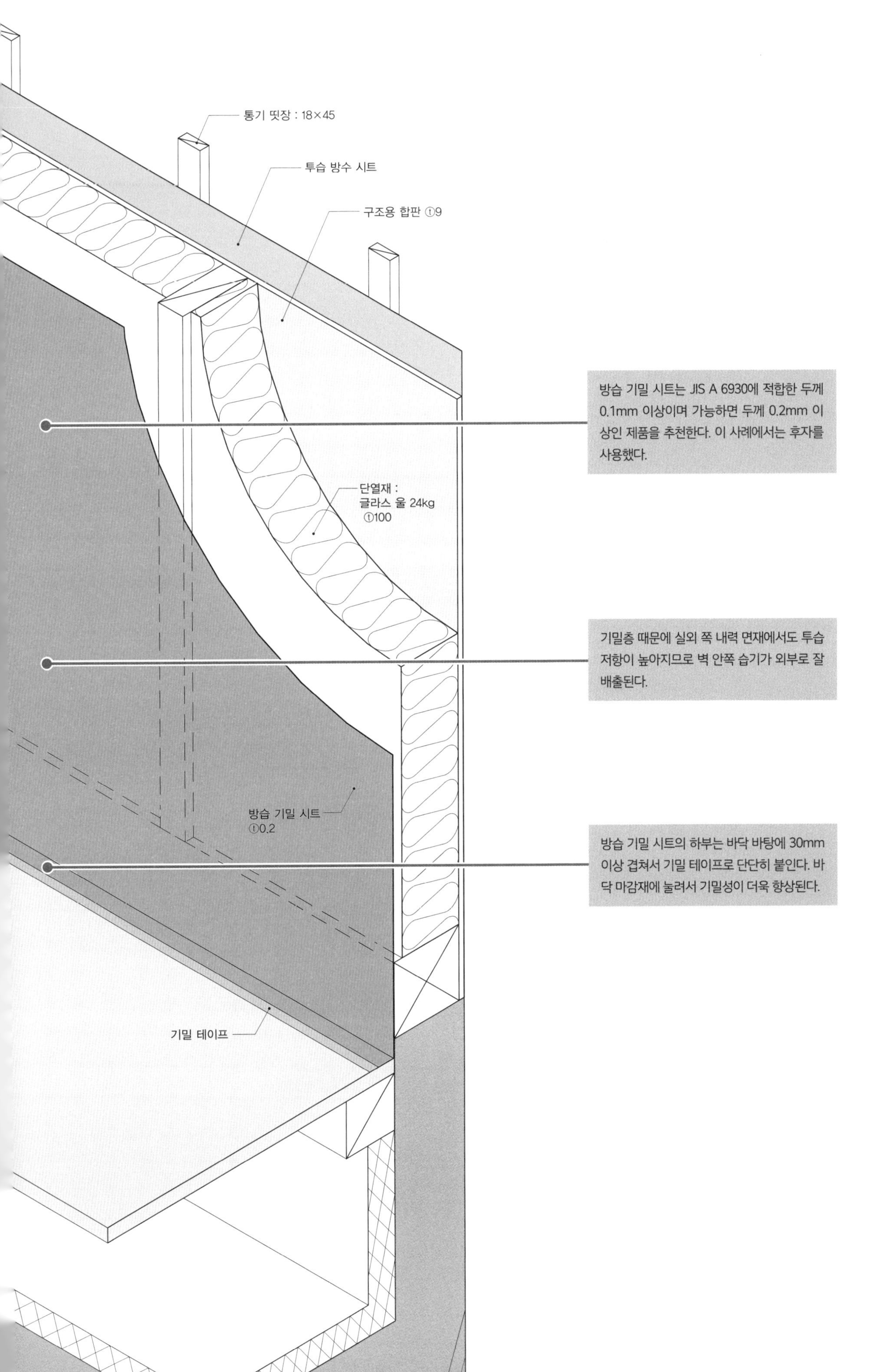
통기 띳장 : 18×45
투습 방수 시트
구조용 합판 ①9
단열재 :
글라스 울 24kg
①100
방습 기밀 시트
①0.2
기밀 테이프

방습 기밀 시트는 JIS A 6930에 적합한 두께 0.1mm 이상이며 가능하면 두께 0.2mm 이상인 제품을 추천한다. 이 사례에서는 후자를 사용했다.

기밀층 때문에 실외 쪽 내력 면재에서도 투습 저항이 높아지므로 벽 안쪽 습기가 외부로 잘 배출된다.

방습 기밀 시트의 하부는 바닥 바탕에 30mm 이상 겹쳐서 기밀 테이프로 단단히 붙인다. 바닥 마감재에 눌려서 기밀성이 더욱 향상된다.

벽 단열 체크리스트

분전반 위치에 주의해야 한다!

기밀층을 연속시키려고 주의해서 설계할 때 분전반의 위치는 맹점이 되기 쉽다. 외벽에 면한 벽면에 분전반을 설치하면 수많은 전기 배선과 배관 때문에 기밀층이 파괴되어 기밀 보장이 어려워지므로 이는 최대한 피해야 한다. 분전반을 외벽 쪽에 설치해야 하는 경우에는 배선이나 배관류가 기밀 시트를 파괴하지 않게 벽을 돌출시키는 등의 아이디어가 필요하다. 또한 도어 포켓을 겸한 벽에 설치하거나 거실 등 눈에 띄는 장소, 손이 닿지 않는 장소에 설치하는 것도 가능하면 피해야 한다.

필자는 보통 닫힌 창고방 등에 분전반을 설치할 때가 많은데 이 사례에서는 적당한 공간이 없어서 눈에 잘 띄지 않는 서재 뒤쪽에 설치했다.

냉장고
주방
통로
식당
거실
현관
복도
분전반
서재
우드덱
4,200
1,800
5,850
1,650

1층 평면도 [S=1 : 100]

봉투에 든 글라스 울과 봉투가 없는 글라스 울

봉투에 들어 있고 가장자리가 있는 글라스 울을 사용할 경우에도 기본은 봉투가 없는 글라스 울을 시공할 때(위 사진)와 똑같다. 가장자리끼리 겹치는 부분을 30mm 이상 잡아서 태커를 사용해 샛기둥에 고정한다.

봉투가 없는 글라스 울을 기둥, 샛기둥 사이에 빈틈없이 충전하고 그 위에 방습 기밀 시트를 붙인 모습. 글라스 울이 빵빵하게 붙은 상태에서 시공하는 것이 좋다.

マットエース
430
マットエース
430
マットエース
430

봉투에 든 글라스 울을 크게 잘라서 창대나 상인방과 같은 좁은 부분에 시공할 경우 그 위에 방습 기밀 시트를 빈틈없이 붙여야 해서 두 번 손이 간다. 이런 장소에서는 봉투가 없는 글라스 울이 시공하기 수월하다.

17

2~4 month

설비

단열 공사 다음으로 급배수 설비와 전기 설비의 매립 공사가 시작된다. 인계한 후에 트러블이 생기지 않게 물매와 배관 경로를 확인하여 기능과 디자인을 함께 고려해야 한다.

성능과 디자인을 함께 고려해서 감리한다

급배수관은 소정의 물매가 확보되고 구부러지는 부분이 적으며 별다른 무리가 없는 배관 경로를 확인한다. 설계자는 노출 배관을 피하고 싶은 나머지 자신도 모르게 무리한 배관 경로를 설정하기 쉽다. 그럴 경우 나중에 문제가 생겨서 대응에 쫓길 확률이 높아진다. 현장 설비업자의 의견을 들어가며 디자인과 기능의 균형이 골고루 잡힌 해결책을 마련해야 한다(80쪽 A 참조).

전기 설비 배선에서는 콘센트와 스위치가 놓이는 위치에 박스를 설치한다. 벽면의 브래킷 위치에도 배선이 나오는데 이 위치에 위화감이 없는지, 기둥 등 바탕과의 간섭은 없는지 현장에서도 확인한다. 조명기구의 위치와 높이가 도면상에서는 균형 있게 보여도 광원이 눈에 들어오거나 기구가 통행을 방해하는 등 미처 생각하지 못하는 부분도 있다. 조명이 달린 모습을 현장에서 연상하며 문제점이 없는지 정밀 조사하는 것이 중요하다.

욕실 공법의 경우 유닛 배스, 하프 유닛 배스, 재래공법으로 크게 나눌 수 있다. 디자인과 성능 면에서 각각 장단점이 있으므로 플랜과 건축주의 취향, 예산에 알맞은 선택을 해야 한다(80쪽 B 참조). [세키모토]

현장에 참여하는 사람들

현장 감독

전기업자

Bath

유닛 배스 제조업자

수도업자

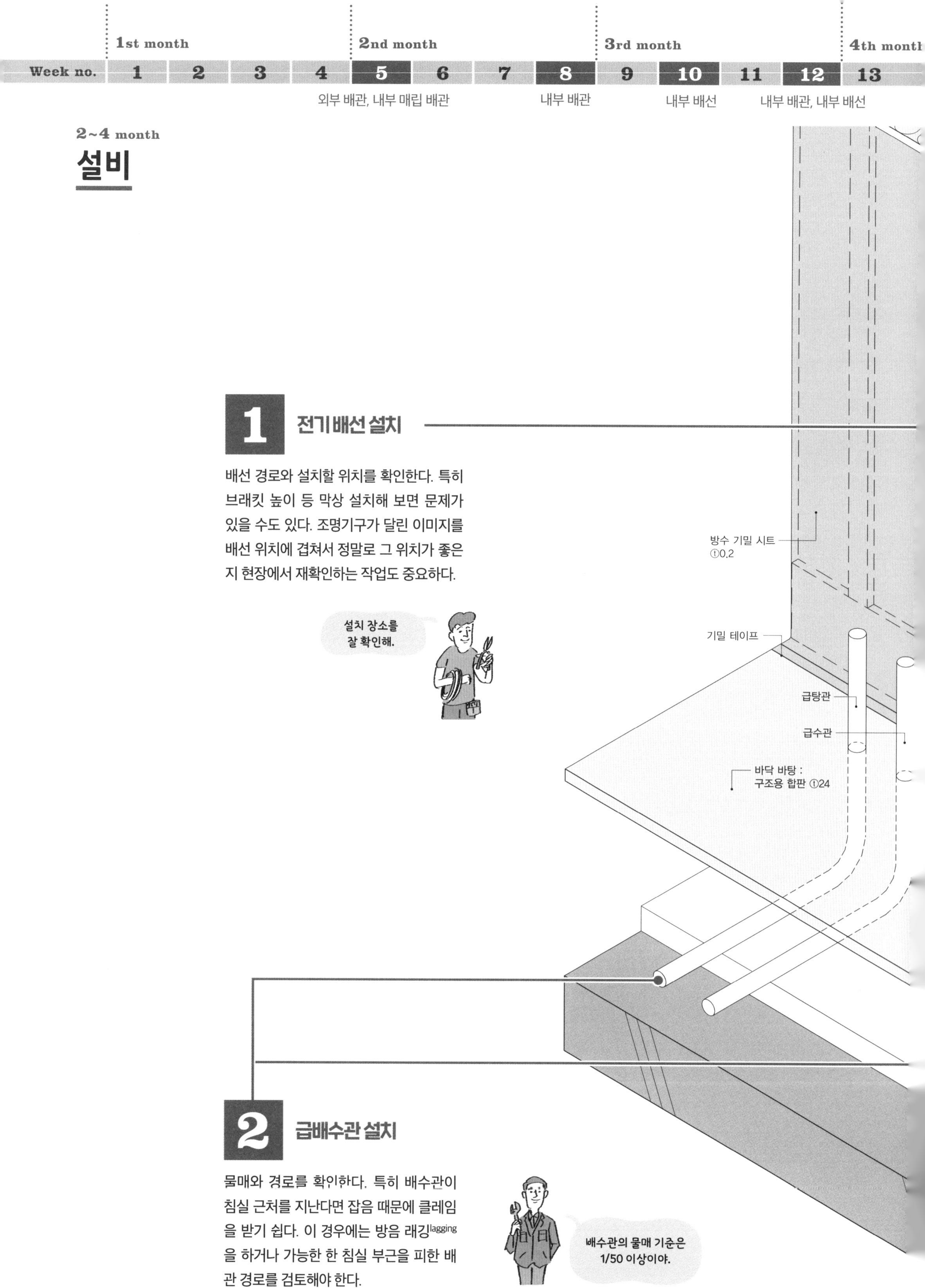
1st month
2nd month
3rd month
4th month
Week no. 1 2 3 4 5 6 7 8 9 10 11 12 13
외부 배관, 내부 매립 배관
내부 배관
내부 배선
내부 배관, 내부 배선
방수 기밀 시트 ①0.2
기밀 테이프
급탕관
급수관
바닥 바탕 : 구조용 합판 ①24
설치 장소를 잘 확인해.
배수관의 물매 기준은 1/50 이상이야.

2~4 month

설비

1 전기 배선 설치

배선 경로와 설치할 위치를 확인한다. 특히 브래킷 높이 등 막상 설치해 보면 문제가 있을 수도 있다. 조명기구가 달린 이미지를 배선 위치에 겹쳐서 정말로 그 위치가 좋은지 현장에서 재확인하는 작업도 중요하다.

2 급배수관 설치

물매와 경로를 확인한다. 특히 배수관이 침실 근처를 지난다면 잡음 때문에 클레임을 받기 쉽다. 이 경우에는 방음 래깅lagging을 하거나 가능한 한 침실 부근을 피한 배관 경로를 검토해야 한다.

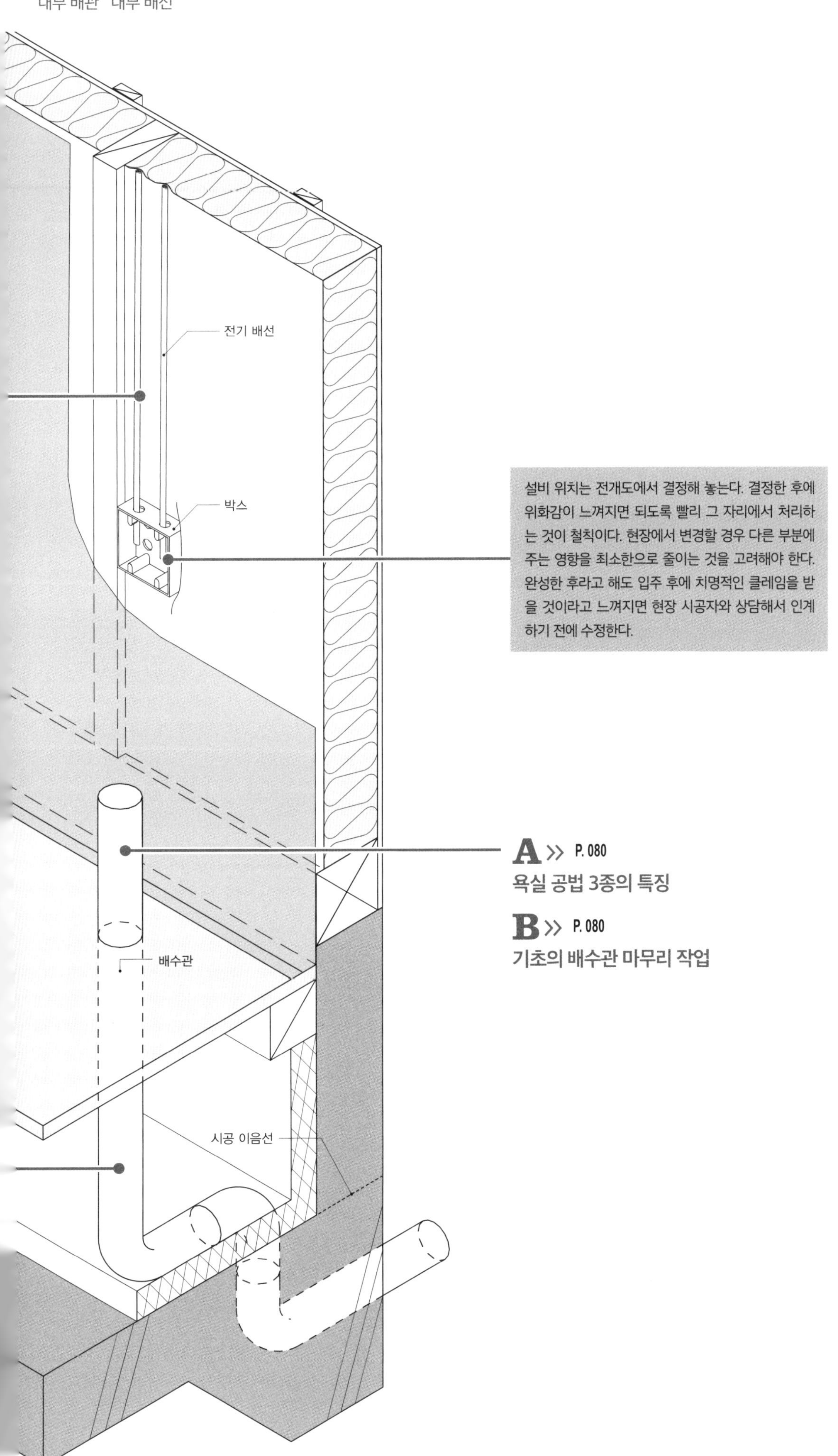
전기 배선
박스
배수관
시공 이음선

설비 위치는 전개도에서 결정해 놓는다. 결정한 후에 위화감이 느껴지면 되도록 빨리 그 자리에서 처리하는 것이 철칙이다. 현장에서 변경할 경우 다른 부분에 주는 영향을 최소한으로 줄이는 것을 고려해야 한다. 완성한 후라고 해도 입주 후에 치명적인 클레임을 받을 것이라고 느껴지면 현장 시공자와 상담해서 인계하기 전에 수정한다.

A >> P. 080
욕실 공법 3종의 특징

B >> P. 080
기초의 배수관 마무리 작업

설비 체크리스트

이 사례는 2층 욕실의
하프 유닛이야.
Bath

A 욕실 공법 3종의 특징

이 사례에서는 2층 이상의 욕실이고 규격대로 마감할 수 있는 평면 모양이었기에 하프 유닛 배스를 사용했다. 허리 위쪽에는 타일과 판재를 조합해서 유지 관리성을 확보하며 여유롭게 쉴 수 있는 디자인의 욕실로 만들었다(122쪽 참조).

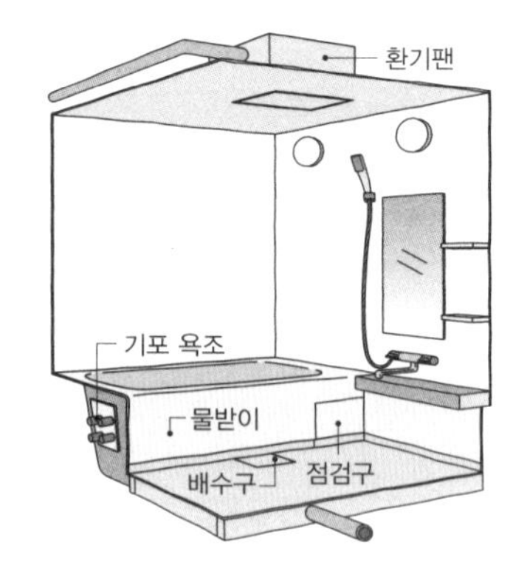
환기팬
기포 욕조
물받이
배수구
점검구

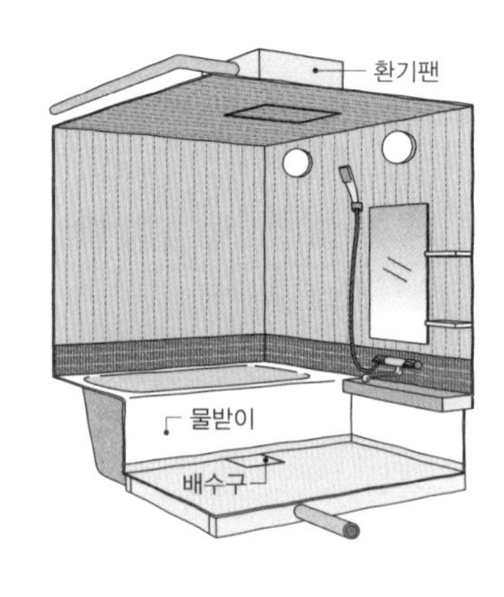
환기팬
물받이
배수구

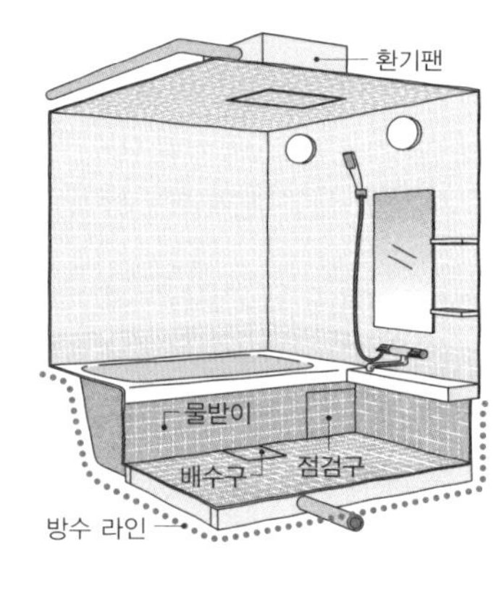
환기팬
물받이
배수구
점검구
방수 라인

유닛 배스

유닛 배스는 시공성이 가장 좋고 곰팡이나 오염 방지에도 뛰어나며 누수 위험도 적다는 큰 이점이 있다. 그래서 위층에 욕실을 계획하거나 유지 관리성을 고려하고 싶을 때, 욕실에 대한 건축주의 디자인적 우선도가 낮을 때는 유닛 배스를 사용하는 사례도 많다. 다만 치수 제한이 있고 공업 제품의 이미지가 강해서 따뜻한 느낌이 부족하다는 결점이 있다.

하프 유닛 배스

하프 유닛 배스는 유닛 배스의 장점인 시공 용이성, 낮은 누수 위험도를 유지하면서도 허리 위쪽의 마감이나 창호, 수전 장식 등을 자유롭게 선택할 수 있어서 재래공법의 자유도와 유닛 배스의 합리성을 겸비하는 공법이다. 결점으로는 유닛 배스와 마찬가지로 규격 치수가 제한되어 있고 바닥이나 욕조 마감 등이 자유롭지 못한 점을 들 수 있다.

재래공법

재래공법은 방수만 확실히 해 놓으면 마감이나 치수를 포함해서 거의 모든 부분을 자유롭게 설계할 수 있다. 욕실 디자인에 우선도를 두거나 계획상 이유로 규격 유닛을 넣을 수 없는 경우, 외부와 하나로 연결되는 욕실을 만들고 싶은 경우 등에 뛰어난 공법이라고 할 수 있다. 단점은 방수 공사에 주의해야 하는 점과 유지 관리성이 좋다고는 할 수 없기에 건축주의 이해가 필요하다.

B 기초의 배수관 마무리 작업

외부에 노출시키지 않도록 마무리할 때는 물의 유입을 최대한 피하기 위해서 시공 이음선보다 아래쪽으로 지나가게 해.

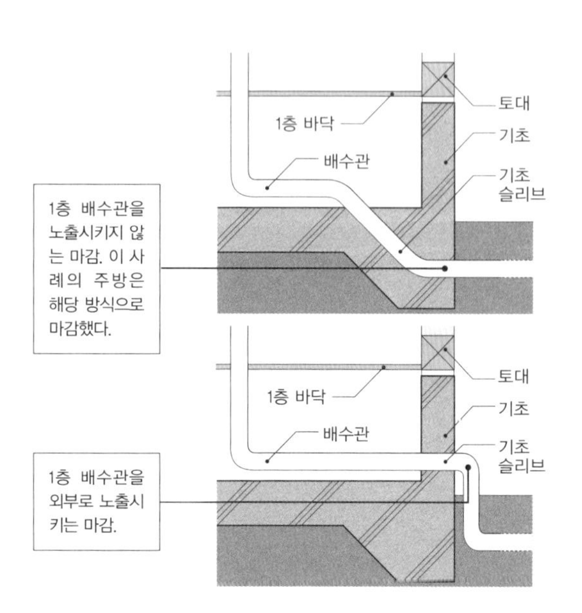
토대
기초
기초 슬리브
1층 바닥
배수관
1층 배수관을 노출시키지 않는 마감. 이 사례의 주방은 해당 방식으로 마감했다.
토대
기초
기초 슬리브
1층 바닥
배수관
1층 배수관을 외부로 노출시키는 마감.

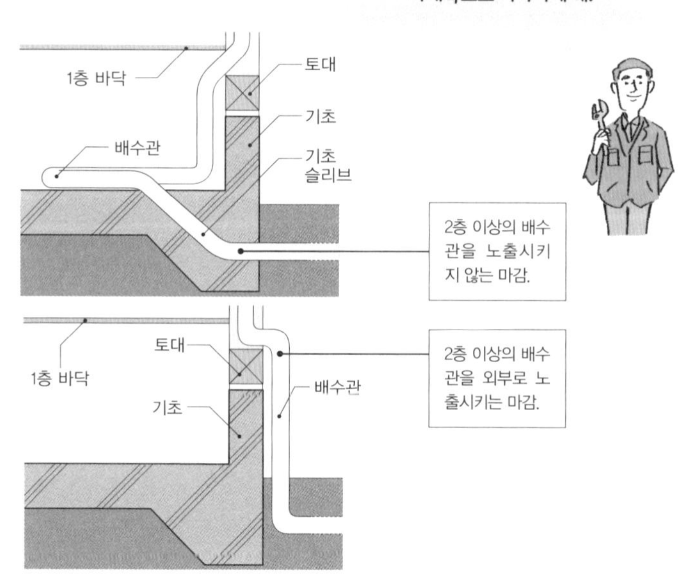
토대
기초
기초 슬리브
1층 바닥
배수관
2층 이상의 배수관을 노출시키지 않는 마감.
토대
기초
1층 바닥
배수관
2층 이상의 배수관을 외부로 노출시키는 마감.

18

4~5 month

외벽 바탕

외벽 바탕은 모르타르 양생 기간까지 포함하면 공사 과정이 약 2주 반 정도 걸린다. 바탕 시공에는 여러 가지 방법이 있으므로 각각의 장단점을 알고 적합한 바탕을 선택해서 깔끔하게 마무리하도록 한다.

균열을 방지해서 깔끔하게 마무리한다

습식 외벽 바탕에는 졸대나 금속제 라스를 사용하거나 라스컷(NODA 제품) 등 라스가 필요 없는 바탕재를 사용하는 방법 등이 있다(84쪽 A 참조). 일반적으로 졸대 바탕은 균열이 잘 생기지 않는다고 하는데 시공에 조금 시간이 걸리고 바탕도 두꺼워지므로 새시 마감 등에 주의해야 한다. 필자는 금속제 라스를 사용하며 라스 바탕판을 생략할 수 있는 라스 공법을 사용한다. 시공의 합리화, 공정 간소화, 통기층 확보뿐만 아니라 바탕 두께를 얇게 줄일 수 있는 이점이 있다.

그 다음 모르타르 바탕 시공에 들어간다. 밑칠, 덧칠 과정을 거치는데 새시 주변에 실링할 경우에는 시공 순서에도 신경 써야 한다. [세키모토]

현장에 참여하는 사람들

현장 감독

단열재 제조업자

목수

4~5 month

외벽 바탕

1 외벽 바탕재를 시공한다

습식 외벽 바탕을 통기 띳장 위에 깐다. 여러 가지 패턴이 있으므로 마감이나 공사 과정 등과 함께 생각한다.

어떤 걸로 하겠어?

모르타르 바탕에 유리섬유망을 병용하면 균열이 잘 생기지 않는다. 모르타르 밑칠 후에 유리섬유망을 깔고 그 위에 모르타르를 덧칠한다.

외벽 아래쪽에는 보통 물끊기가 들어가는데 이번에는 물끊기를 넣지 않고 미장용 패킹을 사용해서 깔끔하게 마무리했다(86쪽 참조).

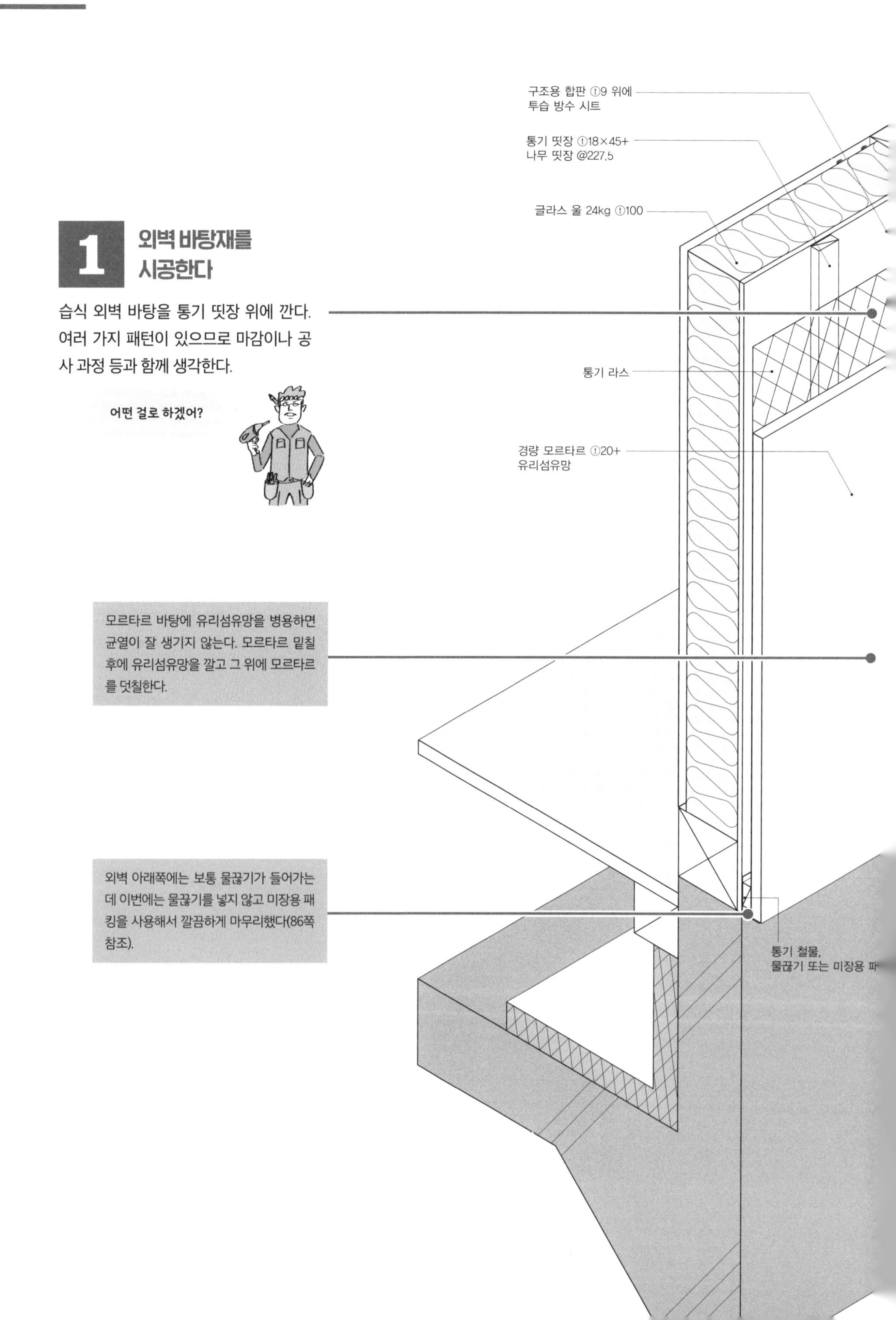
구조용 합판 ⓣ9 위에
투습 방수 시트
통기 띳장 ⓣ18×45+
나무 띳장 @227.5
글라스 울 24kg ⓣ100
통기 라스
경량 모르타르 ⓣ20+
유리섬유망
통기 철물,
물끊기 또는 미장용 파

5th month 6th month 7th month

14 15 16 17 18 19 20 21 22 23 24 25 26

라스 깔기, 밑칠 + 양생 기간 덧칠 + 양생 기간

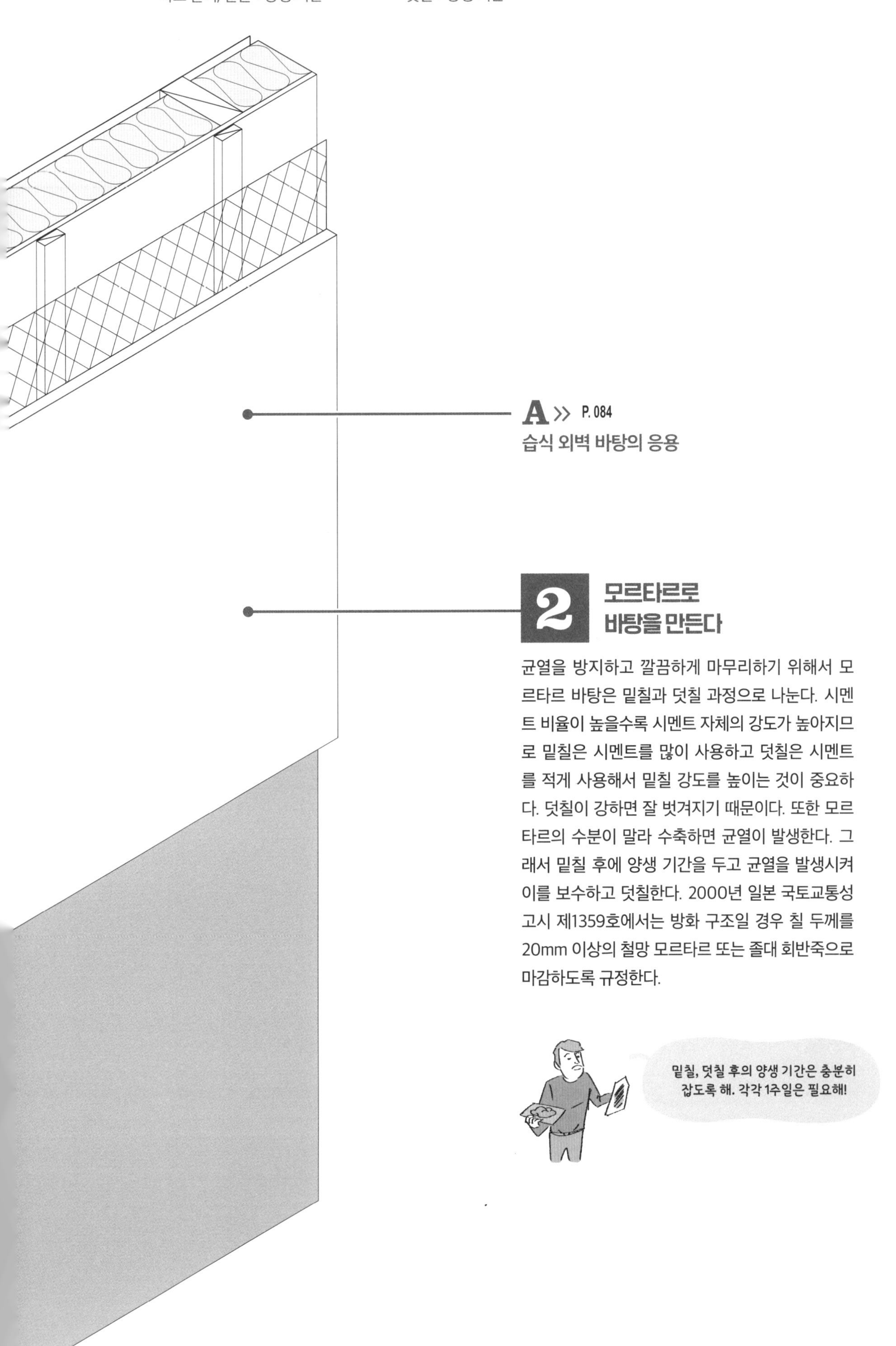

A ›› P. 084
습식 외벽 바탕의 응용

2 모르타르로 바탕을 만든다

균열을 방지하고 깔끔하게 마무리하기 위해서 모르타르 바탕은 밑칠과 덧칠 과정으로 나눈다. 시멘트 비율이 높을수록 시멘트 자체의 강도가 높아지므로 밑칠은 시멘트를 많이 사용하고 덧칠은 시멘트를 적게 사용해서 밑칠 강도를 높이는 것이 중요하다. 덧칠이 강하면 잘 벗겨지기 때문이다. 또한 모르타르의 수분이 말라 수축하면 균열이 발생한다. 그래서 밑칠 후에 양생 기간을 두고 균열을 발생시켜 이를 보수하고 덧칠한다. 2000년 일본 국토교통성 고시 제1359호에서는 방화 구조일 경우 칠 두께를 20mm 이상의 철망 모르타르 또는 졸대 회반죽으로 마감하도록 규정한다.

밑칠, 덧칠 후의 양생 기간은 충분히
잡도록 해. 각각 1주일은 필요해!

외벽 바탕 체크리스트

습식 외벽 바탕의 응용

① 졸대 바탕

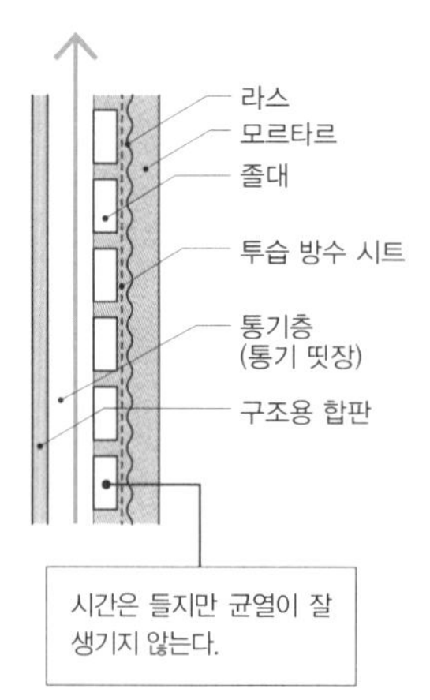
라스
모르타르
졸대
투습 방수 시트
통기층
(통기 띳장)
구조용 합판
시간은 들지만 균열이 잘 생기지 않는다.

가장 일반적인 바탕. 통기 띳장 위에 졸대, 아스팔트 펠트, 라스 순서로 깔고 모르타르를 칠한다.

② 통기 라스 바탕

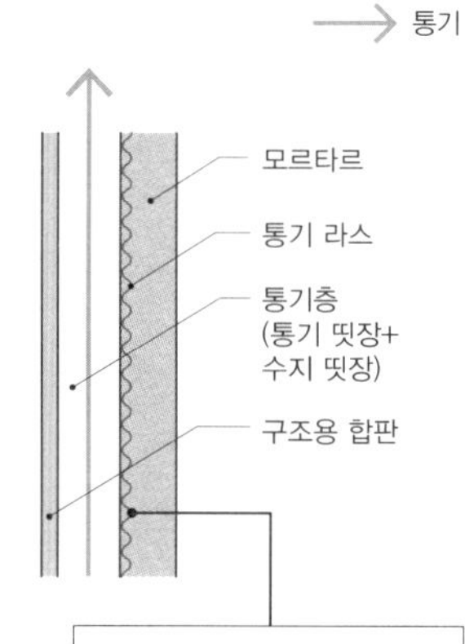
통기
모르타르
통기 라스
통기층
(통기 띳장+
수지 띳장)
구조용 합판
기존의 라스 공법을 개량한 바탕. 라스와 방수지를 결합했기 때문에 방수 보드가 필요 없고 시공 시간을 줄여 가며 통기를 확보할 수 있다.

통기 띳장 사이에 227.5mm 간격으로 수지 띳장(이 사례에서는 나무 띳장)을 추가하고 그 위에 방수지와 결합한 통기 라스를 깐 뒤 모르타르를 칠한다.

③ 라스 바탕

② 이외의 라스 바탕은 구조용 합판 위에 투습 방수 시트와 라스를 깔고 모르타르를 칠하는(통기 없음) 방법과 통기 띳장 위에 방수 보드 등을 까는(통기 확보) 방법이 있다.

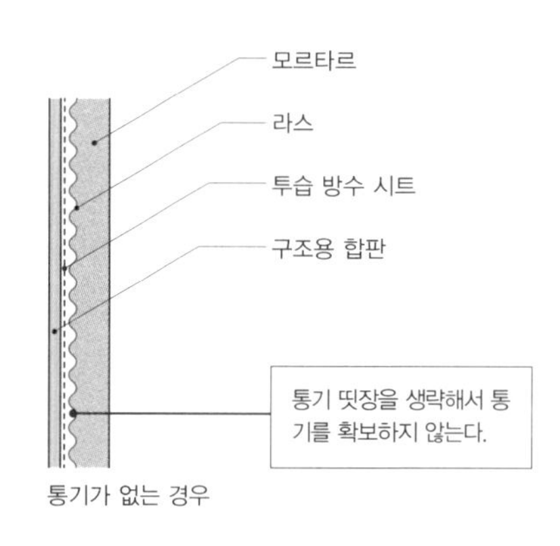
모르타르
라스
투습 방수 시트
구조용 합판
통기 띳장을 생략해서 통기를 확보하지 않는다.
통기가 없는 경우

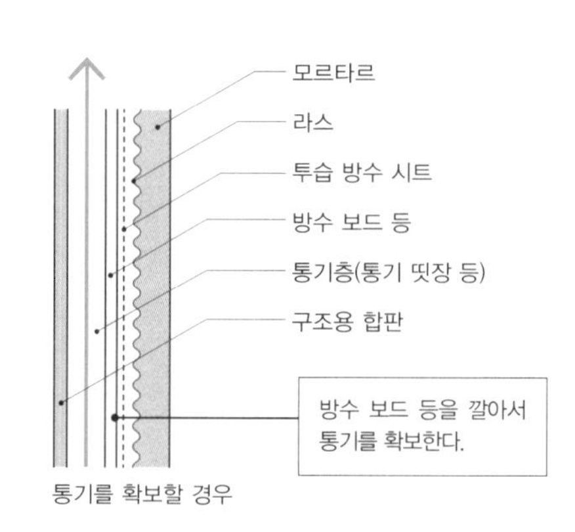
모르타르
라스
투습 방수 시트
방수 보드 등
통기층(통기 띳장 등)
구조용 합판
방수 보드 등을 깔아서 통기를 확보한다.
통기를 확보할 경우

모르타르 마감 방법

왼쪽 : 모르타르 바탕을 밑칠한 상태. 새시 둘레에 실링을 할 경우에는 밑칠을 한 후에 실링을 하고 그 위에 덧칠로 마무리하면 겉에서 실링이 보이지 않아 깔끔하게 마무리된다.
오른쪽 : 모르타르 바탕을 덧칠한 상태.

19

5~6 month

외벽 마감

습식 외벽 마감은 미장과 블라스팅 마감으로 크게 나뉜다. 여기서는 비용상의 이유로 필자가 선택할 때가 많은 블라스팅 마감을 중심으로 설명한다.

세부까지 아름답게 마무리한다

블라스팅 마감의 도료 색은 제조사에 의뢰하여 사전에 샘플을 만들고 상량할 때 건축주와 공유한다. 똑같은 도료라도 색조 차이가 생길 수 있으므로 외벽 마감 후에 위화감이 느껴지지 않도록 시공 전에도 샘플을 발주하여 색을 확인해야 한다.

습식 마감에서는 끝부분, 특히 외벽 끝부분의 마감이 중요하다. 필자는 외벽 끝부분에 물끊기를 하지 않고 미장용 몰딩재 등을 이용해 날카롭게 마감한다(88쪽 A 참조). 블라스팅 마감의 경우에는 마스킹도 아름답게 마무리하는 포인트가 된다(88쪽 B 참조).

판금 마감은 외벽의 돌출 모서리 부분이나 창문 주변의 마감 등 주의할 점이 많다. 판금 기사와 미리 협의해서 상세 사항을 분명히 하자. [세키모토]

현장에 참여하는 사람들

목수

현장 감독

판금 기사

미장이
페인트공

5~6 month

외벽 마감

1 색을 확인한다

설계 시점에서 설계자는 블라스팅 도료의 색 샘플을 제조사에 주문해 검토한다. 블라스팅 도료의 색이 결정되면 현장에서도 반드시 똑같은 색 번호로 제조사에 샘플 작성을 의뢰한다. 지정한 색 번호가 똑같더라도 생산 수량이 다르면 미묘한 차이가 생길 수 있기 때문이다. 시공 전에 해당 색의 변화를 잘 확인하도록 한다.

색 변화는 없어?

2 블라스팅을 한다

블라스팅을 할 때는 얼룩지지 않도록 균일하게 뿌린다. 외벽 아래쪽이나 발판 자리, 마스킹 등 깔끔한 마감의 포인트가 되는 부분을 파악해 놓는다. 협소지 등에서 이웃집과의 간격을 충분히 확보하지 못할 경우, 발판도 외벽에 빠듯하게 세워야 하기 때문에 블라스팅건을 쏠 때 발판 자리의 얼룩이 외벽에 남기 쉽다. 특히 커다란 면을 뿌릴 경우 잘 보이는 면은 현장과 문제의식을 공유해 놓지 않으면 심각한 클레임으로 이어질 우려가 있으니 주의해야 한다.

양생 기간을 포함해서
이틀 정도로 끝내도록 해.

전등, 전화 인입

처마 홈통

외벽 :
블라스팅 마감
유리섬유망
경량 모르타르 ⓣ20
통기 라스
통기 띳장 ⓣ18×45
투습 방수 시트
구조용 합판 ⓣ9
글라스 울 24kg ⓣ100

세로 홈통

3 발판 해체 전 체크

발판을 해체하기 전에 지붕이 나온 곳이나 벽과의 접합 부분, 새시 둘레 외에도 외벽에 흠집이나 오염이 없는지, 세로 홈통, 처마 홈통이 구부러지지 않았는지, 벤트캡 설치를 잊지 않았는지 등 발판을 제거하면 작업하지 못하는 부분의 시공 상황을 확인한다. 발판을 해체한 후 노출 배관 등의 설비 설치에 착수한다.

지붕 둘레 등 외부 발판을
제거하면 확인하지 못하게
되는 부분을 알아 두자.

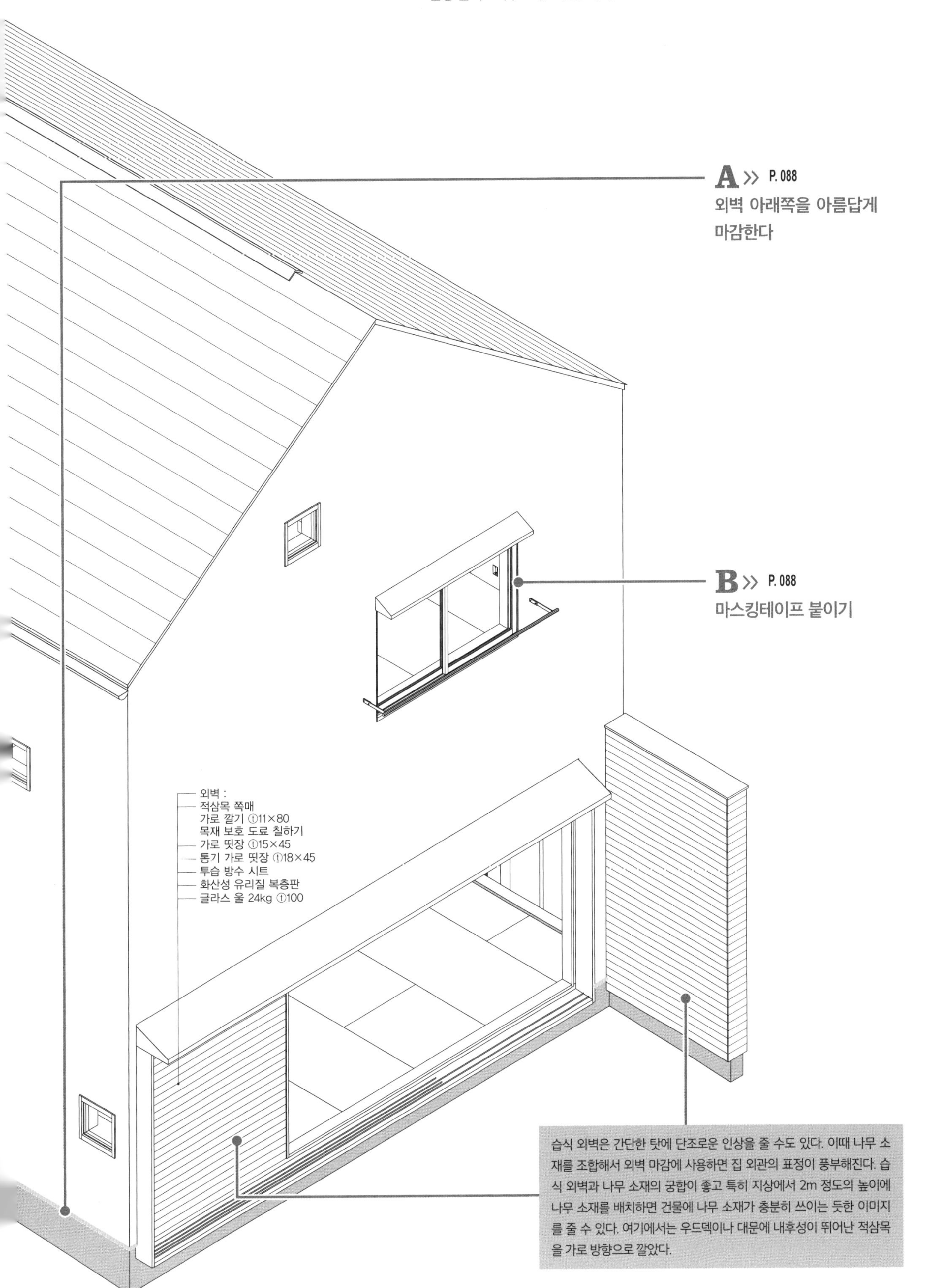

A» P. 088
외벽 아래쪽을 아름답게 마감한다
B» P. 088
마스킹테이프 붙이기
외벽 :
적삼목 쪽매
가로 깔기 ⓣ11×80
목재 보호 도료 칠하기
가로 띳장 ⓣ15×45
통기 가로 띳장 ⓣ18×45
투습 방수 시트
화산성 유리질 복층판
글라스 울 24kg ⓣ100

습식 외벽은 간단한 탓에 단조로운 인상을 줄 수도 있다. 이때 나무 소재를 조합해서 외벽 마감에 사용하면 집 외관의 표정이 풍부해진다. 습식 외벽과 나무 소재의 궁합이 좋고 특히 지상에서 2m 정도의 높이에 나무 소재를 배치하면 건물에 나무 소재가 충분히 쓰이는 듯한 이미지를 줄 수 있다. 여기에서는 우드덱이나 대문에 내후성이 뛰어난 적삼목을 가로 방향으로 깔았다.

외벽 마감 체크리스트

A 외벽 아래쪽을 아름답게 마감한다

습식으로 마감한 외벽 아래쪽은 미장용 패킹(미장용 물끊기 부재)을 이용해 물끊기를 하지 않고 마무리해서 시원스러운 인상을 준다.

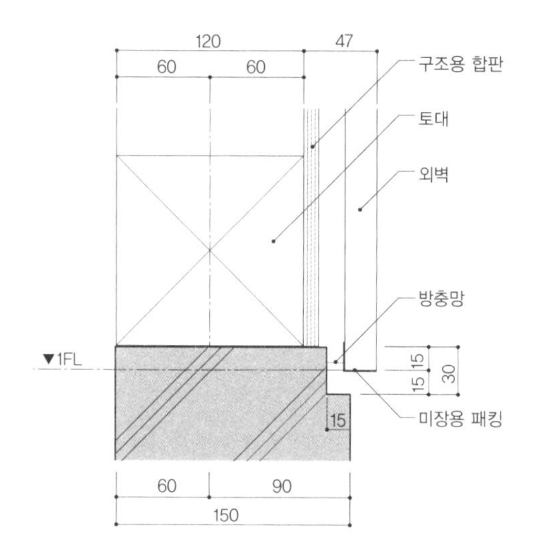
120
47
60
60
구조용 합판
토대
외벽
방충망
▼1FL
15
15
30
15
미장용 패킹
60
90
150

외벽 아래쪽 마감 [S=1 : 5]

B 마스킹테이프 붙이기

새시 둘레나 판금과의 접합부는 마스킹에 신경을 써서 블라스팅 도료가 삐져나오지 않게 한다. 마스킹테이프는 외벽 정면에만 붙이는 경우가 많으므로 들어간 모서리 부분은 되접어서 붙이는 등 수고를 들이면 예쁘게 완성된다.

새시 둘레는 마스킹테이프를 붙여서 양생한다.

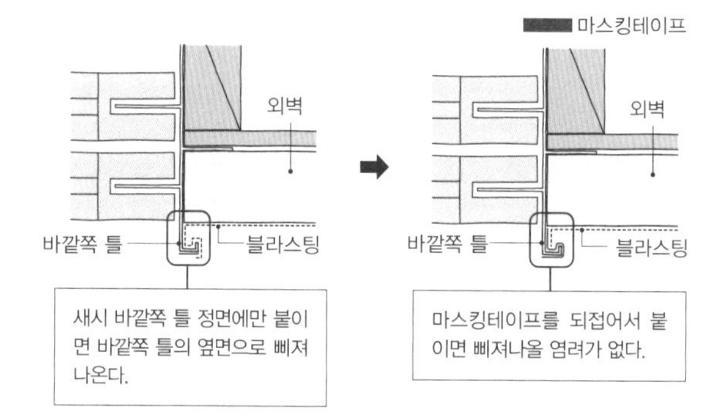
마스킹테이프
외벽
바깥쪽 틀
블라스팅
새시 바깥쪽 틀 정면에만 붙이면 바깥쪽 틀의 옆면으로 삐져나온다.
외벽
바깥쪽 틀
블라스팅
마스킹테이프를 되접어서 붙이면 삐져나올 염려가 없다.

블라스팅과 나무의 조합

남쪽 정면. 전체는 백색 계열의 블라스팅으로 마감했는데 일부를 나무로 마감해서 우드덱을 포함한 건물 외관이 조화로운 인상을 준다. [사신 : 신사와 잇페이]

20

3rd month

바닥 마감

바닥 마감 시공 시기는 마감재 종류에 따라 조금 다르지만 바닥재는 지붕, 외벽 바탕, 내부 바탕을 시공한 후에 즉시 진행할 때가 많다. 바닥재는 어디부터 까느냐가 중요하다.

바닥재는 처음이 중요하다

바닥재를 깔 때는 어디서부터 시작할지 현장 작업자와 확인한다(92쪽 A 참조). 제작 가구 등을 바닥재의 작업폭(※1)으로 결정하는 경우에는 이를 따르는 것 외에도 방 입구 부분에 자잘한 조각이 들어가지 않게 하는 등 디자인과 균형을 맞춰서 임기응변으로 판단한다.

바닥재가 규격품(※2)일 경우에는 짧은 쪽의 이음매를 이웃하는 판재끼리 번갈아서 엇갈리게 깔 것인지, 되는대로 깔 것인지 판단해야 한다(92쪽 B 참조). 재료 낭비는 후자가 적지만 마감은 전자가 아름답다. 이 사례에서는 번갈아 엇갈리게 깔아서 아름다운 디자인을 추구했다. [세키모토]

현장에 참여하는 사람들

현장 감독

목수

※1. 바닥재를 겹쳐서 사용했을 때 겹치는 부분을 제외하고 실제로 쓸 수 있는 부분의 폭. ※2. 시중에서 판매하는 일반적인 규격의 제품.

3rd month

바닥 마감

깔기 시작하는 부분을 지시한다

1층은 거실, 식당의 출입구가 되는 벽면(이 그림에서는 앞부분)을 시작 부분으로 했다. 방에 들어갈 때 바닥이 갑자기 조각으로 시작되면 인상이 좋지 않기 때문이다. 벽과 바닥의 접합이 눈에 띄는 부분도 최대한 작은 조각을 드러내지 않게 한다. 가구와 카운터 아래쪽으로 들어가는 부분의 바닥재는 별로 눈에 띄지 않으므로 그곳을 조정 부위로 하는 경우가 많다.

아름답게 마무리해!

바닥재를 깐다

까는 방법 등에 따라 시공 기간에 차이가 있지만 3일 정도면 완료한다. 계단처럼 바닥 마감보다 먼저 바닥에 고정되는 것이 있는 경우 해당 부분의 바닥재를 어디와 맞출지 검토한다.

나한테 맡겨!

B >> P. 092
계단 둘레를 까는 방법

바닥재가 현장에 도착하면 짐을 남김없이 풀어서 발주한 대로 왔는지 직접 보고 확인해야 한다. 발주한 것과 다른 것이 납품되는 일도 드물게 있기 때문이다. 설계자는 계속 현장에 있는 것이 아니므로 다음에 현장에 왔을 때는 바닥이 다 깔려서 이미 양생 중인 경우도 꽤 많다. 준공 직전에 알아차리는 등 최악의 사태에 빠지지 않도록 늘 꼼꼼하게 확인해서 사고를 미연에 방지해야 한다.

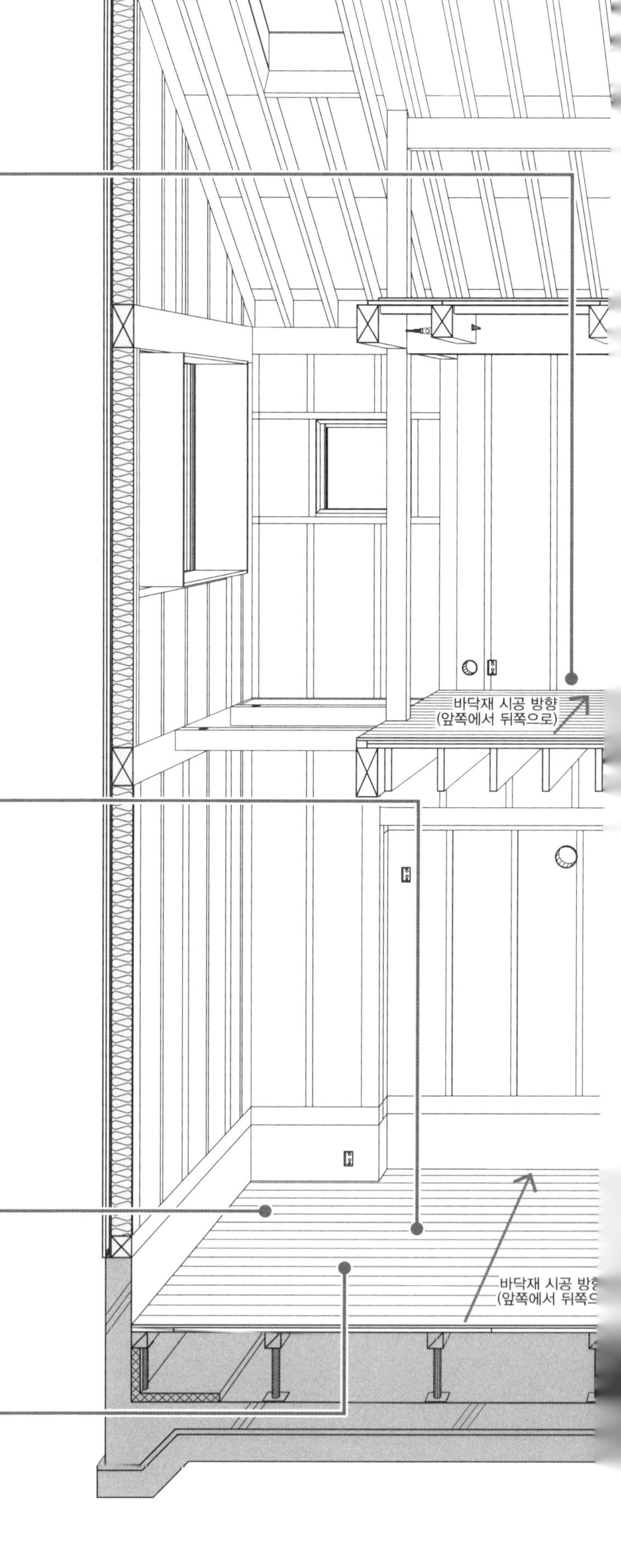
바닥재 시공 방향
(앞쪽에서 뒤쪽으로)
바닥재 시공 방향
(앞쪽에서 뒤쪽으

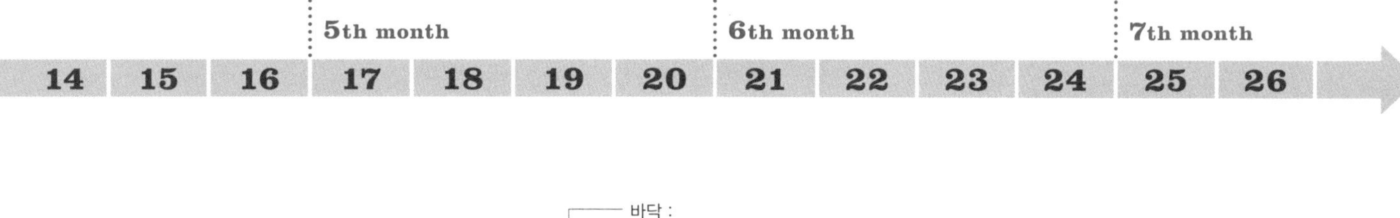
5th month
6th month
7th month
14
15
16
17
18
19
20
21
22
23
24
25
26

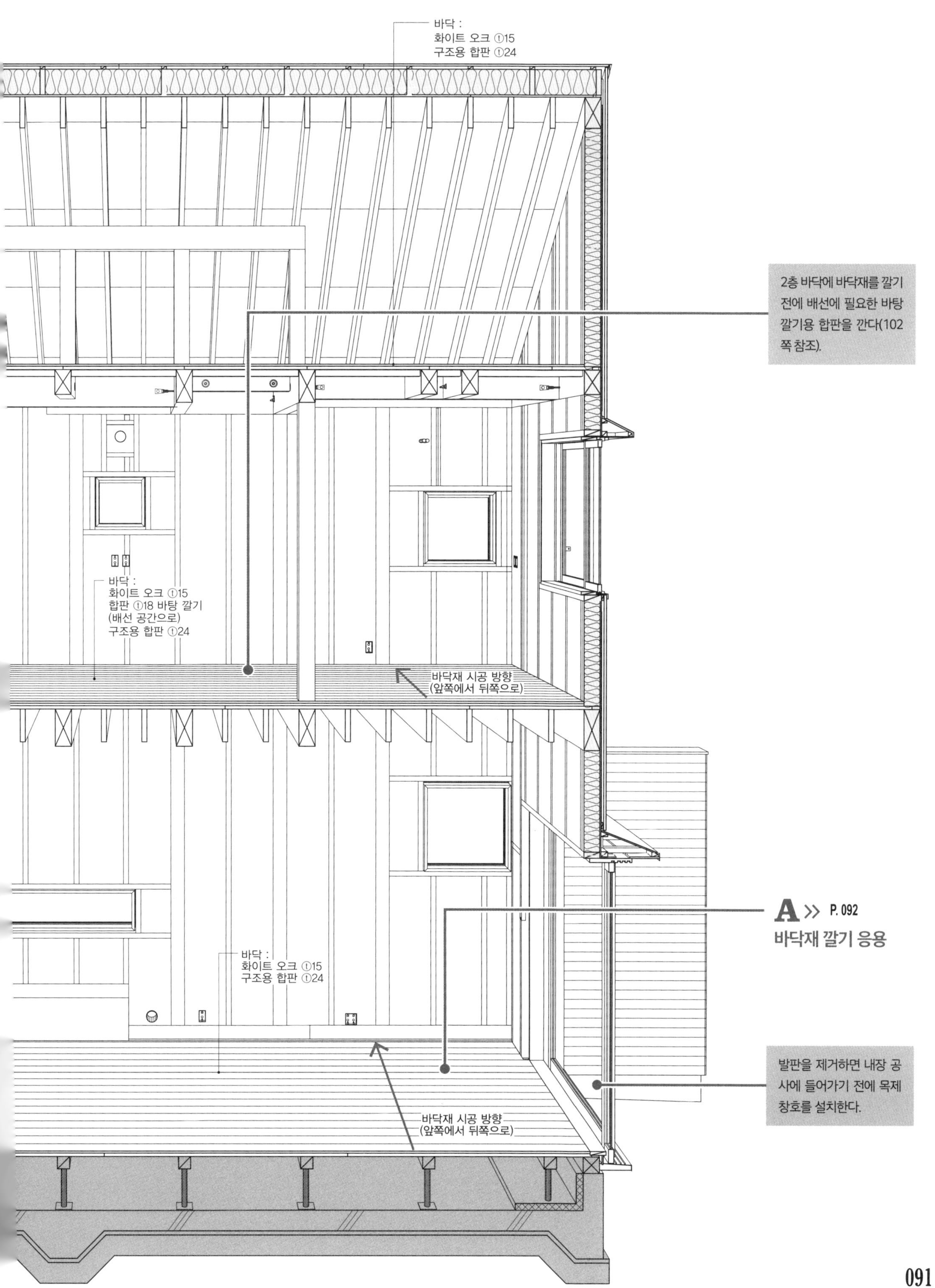
바닥 :
화이트 오크 ①15
구조용 합판 ①24
바닥 :
화이트 오크 ①15
합판 ①18 바탕 깔기
(배선 공간으로)
구조용 합판 ①24
바닥재 시공 방향
(앞쪽에서 뒤쪽으로)
바닥 :
화이트 오크 ①15
구조용 합판 ①24
바닥재 시공 방향
(앞쪽에서 뒤쪽으로)

2층 바닥에 바닥재를 깔기 전에 배선에 필요한 바탕 깔기용 합판을 깐다(102쪽 참조).

A >> P. 092
바닥재 깔기 응용

발판을 제거하면 내장 공사에 들어가기 전에 목제 창호를 설치한다.

바닥 마감 체크리스트

바닥재 깔기 응용

번갈아 가며 엇갈리게 깔 것인지(왼쪽), 무작위로 깔 것인지(오른쪽), 똑같은 바닥재로 마감해도 까는 방법에 따라 인상이 달라진다. 필자는 번갈아 가며 엇갈리게 깐다. 유니 조인트품(※3)은 무작위라도 좋다.

번갈아 가며 엇갈리게 깐 사례. 한 장 간격으로 짧은 쪽의 이음매 위치가 가지런하다.

무작위로 깐 사례. 짧은 방향의 이음매 위치가 불규칙하다. 유니 조인트품이라도 똑같이 마무리된다.

계단 둘레를 까는 방법

계단 옆판은 바닥 마감 이전에 고정했기 때문에 바닥 마감은 오른쪽의 두 가지 방법으로 생각할 수 있다.

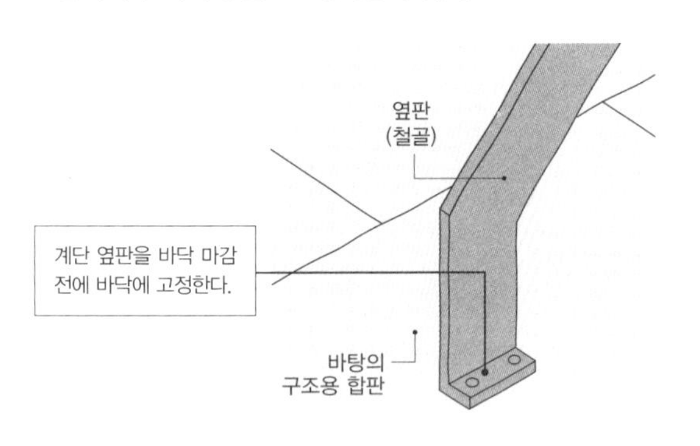
옆판
(철골)
계단 옆판을 바닥 마감 전에 바닥에 고정한다.
바탕의
구조용 합판

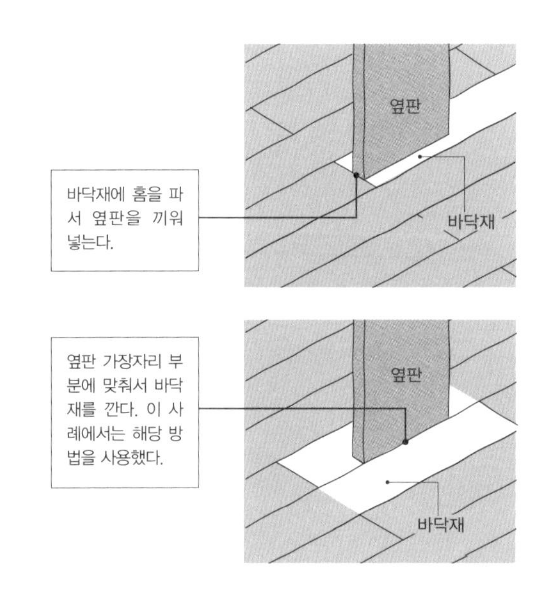
옆판
바닥재에 홈을 파서 옆판을 끼워 넣는다.
바닥재
옆판
옆판 가장자리 부분에 맞춰서 바닥재를 깐다. 이 사례에서는 해당 방법을 사용했다.
바닥재

바닥을 마감할 때 바닥재를 까는 시작점을 도면에 지시해 놓는다

1층 거실, 식당과 계단. 바닥 마감은 사진 가운데의 벽을 시작으로 깔았다. [사진 : 신자와 잇페이]

※3. 세로 방향으로 여러 장을 맞붙여서 표준 치수로 삼은 제품.

21

3rd month

계단

계단을 설치하는 시기는 바닥 마감과 거의 같다. 디딤판은 정해진 치수로 프리컷되어 납품될 때가 많으므로 시공도에서 치수와 마무리 작업을 잘 확인한다.

디자인과 강도를 함께 살리려면?

계단 시공도에서는 먼저 올라가는 위치, 디딤판 치수와 각 부분의 마감을 확인하는 것이 중요하다. 루터로 미끄러짐 방지 가공을 하는 경우 그 치수도 확인한다.

이 사례에서는 철제 플랫 바(9×125mm)를 이용한 철골 옆판을 일부에 사용했다. 철골을 사용하면 더 얇고 날카롭게 마감할 수 있고 또 디자인을 강조할 수도 있다. 설치할 때는 끝부분이 보이지 않도록 시공 순서를 사전에 확인해야 한다(94쪽 참조). 예로는 별로 많지 않지만 철골에 무게가 있는 경우에는 콘크리트 바탕(기초 타설 전에 계획)에 설치하는 방법도 있으므로 제작 기간을 더해 선행해서 계획해야 한다.

또한 나선 계단의 경우 디딤판이 예각이 되는 부분은 강도상의 이유에서 마감에 소정의 여분 치수가 필요하다. 예각이 되는 부분의 고정 치수를 충분히 확보할 수 있는지 목수에게 확인하는 것도 중요한 감리 포인트다(96쪽 C 참조). [세키모토]

현장에 참여하는 사람들

현장 감독

목수

3rd month

계단

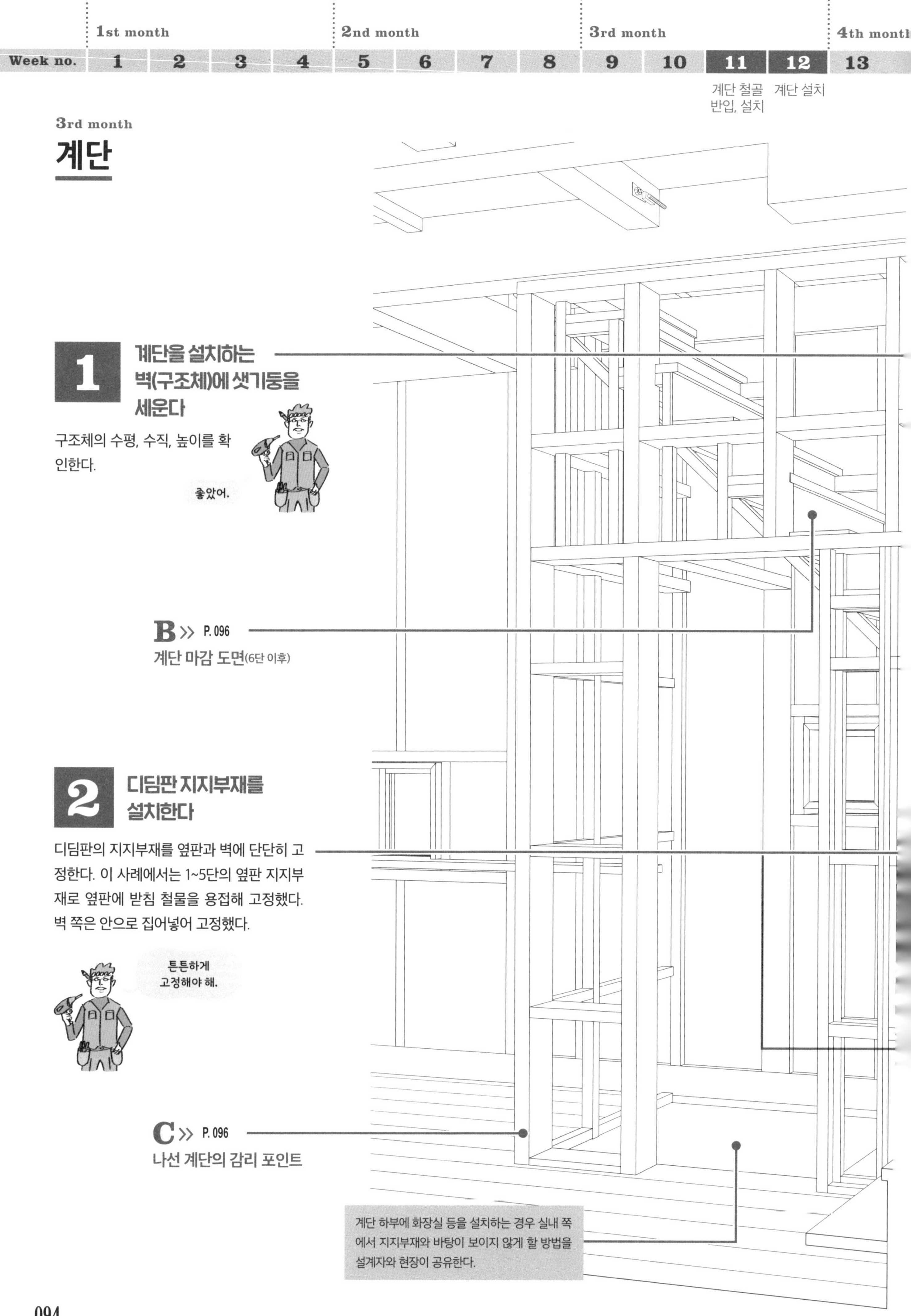

1 계단을 설치하는 벽(구조체)에 샛기둥을 세운다

구조체의 수평, 수직, 높이를 확인한다.

좋았어.

B >> P. 096
계단 마감 도면(6단 이후)

2 디딤판 지지부재를 설치한다

디딤판의 지지부재를 옆판과 벽에 단단히 고정한다. 이 사례에서는 1~5단의 옆판 지지부재로 옆판에 받침 철물을 용접해 고정했다. 벽 쪽은 안으로 집어넣어 고정했다.

튼튼하게
고정해야 해.

C >> P. 096
나선 계단의 감리 포인트

계단 하부에 화장실 등을 설치하는 경우 실내 쪽에서 지지부재와 바탕이 보이지 않게 할 방법을 설계자와 현장이 공유한다.

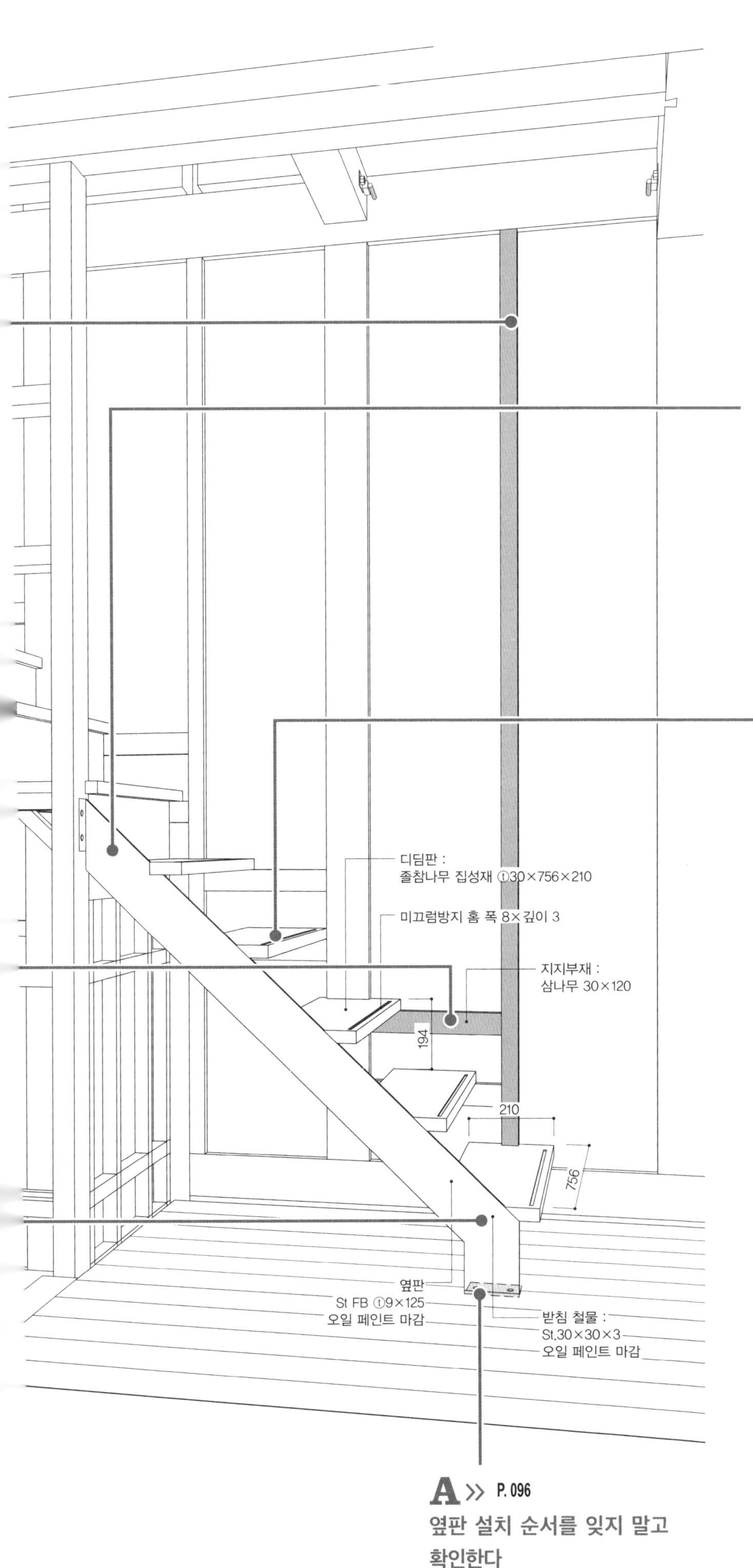
디딤판 :
졸참나무 집성재 ①30×756×210
미끄럼방지 홈 폭 8×깊이 3
지지부재 :
삼나무 30×120
194
210
756
옆판
St FB ①9×125
오일 페인트 마감
받침 철물 :
St.30×30×3
오일 페인트 마감

3 옆판을 설치한다

이 사례에서는 1~5단의 복도 쪽 옆판에 철골을 사용했다. 옆판의 바닥 고정 부분은 바닥재 밑에 넣어서 가려야 하기 때문에 여기까지의 과정은 바닥 마감(90쪽 참조)보다 먼저 실시한다.

바탕 보강, 바닥 고정 부분의 마감도 확인하자.

4 아랫단에서 윗단 순서로 디딤판을 설치한다

디딤판을 디딤판 지지부재에 나사로 고정한다. 기둥, 샛기둥과 겹치는 부분은 디딤판을 파낸다. 그 다음 챌판을 설치하는데 하단에서 상단 순서로 설치한다. 필자는 철골 옆판을 사용할 경우 챌판이 없는 계단으로 만들 때가 많다. 이 사례에서도 철골을 사용한 1~5단은 챌판을 생략했다.

강도를 확보해!

5 난간용 바탕을 설치한다

기둥, 샛기둥에 난간용 바탕을 설치하고 그 위에 벽 바탕(석고보드)을 깐다. 난간은 전체 공사 과정의 마지막에 설치할 때가 많다. 마감 도장은 내부 창호 도장과 같은 시기에 한다.

계단 설치는 하루 만에 완료!

A >> P. 096
옆판 설치 순서를 잊지 말고 확인한다

계단 체크리스트

옆판 설치 순서를 잊지 말고 확인한다

옆판의 바닥 고정 부분을 가리려면 바닥 마감(90쪽 참조)보다 먼저 고정해야 한다. 설치 시공 순서도 사전에 확인한다.

계단 마감 도면(6단 이후)

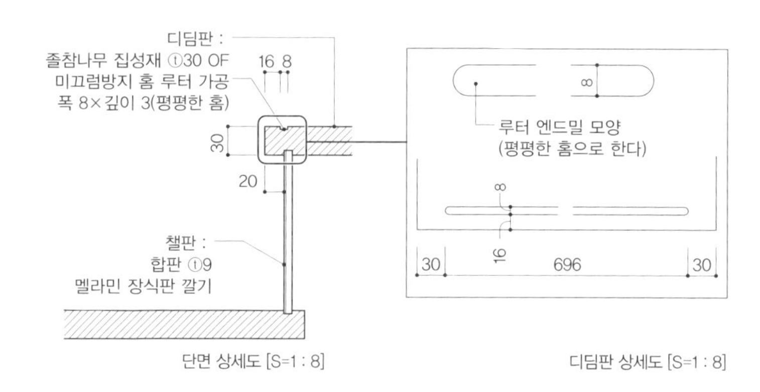
디딤판 :
졸참나무 집성재 ⓣ30 OF
미끄럼방지 홈 루터 가공
폭 8×깊이 3(평평한 홈)
16 8
30
20
챌판 :
합판 ⓣ9
멜라민 장식판 깔기
루터 엔드밀 모양
(평평한 홈으로 한다)
8
8
16
30
696
30

단면 상세도 [S=1 : 8]

디딤판 상세도 [S=1 : 8]

나선 계단의 감리 포인트

다른 사례지만 나선 계단일 경우 강도를 확보하기 위해서 디딤판을 예각으로 설치하는 부분의 마감이나 고정 부분의 치수를 잘 확인해야 한다.

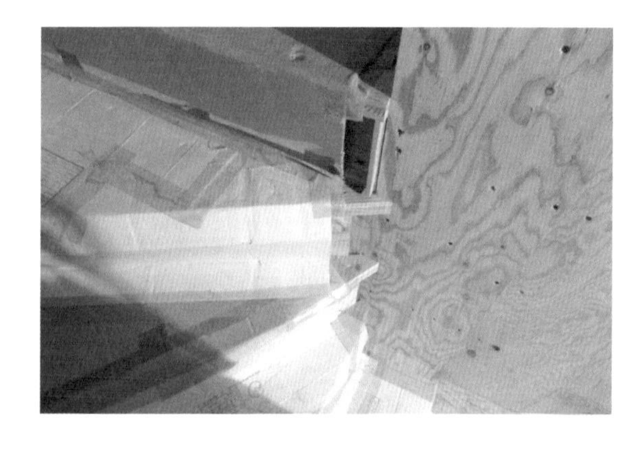

5단까지는 철골 + 목조 계단

1층 계단 부분. 1~5단의 디딤판에 철골을 사용해서 챌판이 없는 계단으로 만들었다.

22

4~5 month

내부 나무틀, 걸레받이

내부 나무틀은 칸막이벽을 설치할 때 함께 만든다. 걸레받이는 모양에 따라 시공 시기가 달라지므로 주의한다. 돌출 걸레받이는 칸막이벽을 설치할 때, 붙이는 걸레받이는 석고보드 설치 후에 시공한다.

나무틀과 걸레받이는 공통적인 규칙을 만든다

창문이나 창호 주변 나무틀의 경우 가까운 곳에서는 각 요소가 가지런히 연속해서 보이도록 하고, 먼 곳에서는 숨겨야 할 것을 숨겨서 공간에 위화감 없이 녹아들게 하면 좋다(100쪽 A, B 참조). 한편 지나치게 섬세하게 마감하면 세월의 흐름에 따라 결함이 생기기 쉬우므로 주의해야 한다.

공사 현장에서는 각 부분의 마감에서 혼란이 생기기 쉽다. 틀 주변에서는 벽과의 단차(※)나 정면 폭 치수, 코너 마감에서는 연귀, 수직재 돌출 등에 일정한 공통 규칙을 정해 놓으면 좋다(100쪽 C 참조).

걸레받이는 벽 하단을 보호하는 역할 외에도 벽 마감과 바닥과의 시공 정밀도를 조정하는 역할도 한다. 마감은 걸레받이 위에 석고보드를 올리는 '돌출 걸레받이'가 일반적이지만 석고보드를 바닥까지 늘려서 깔고 그 위에 얇은 걸레받이를 부착하는 '붙이는 걸레받이'도 있다. 전자의 경우 틈새가 잘 생기지 않고 강도도 높지만 시공은 후자가 편하고 비용도 절감할 수 있다. 필자는 임기응변으로 선택한다(100쪽 B 참조). [세키모토]

현장에 참여하는 사람들

현장 감독

목수

※ 틀 등의 내장재 표면과 벽면과의 차.

4~5 month

내부 나무틀, 걸레받이

치마벽 바탕을 짠다

작업 순서는 ① 치마벽의 위치, 높이를 주변의 들보와 장선, 구조용 합판, 기둥 및 샛기둥에 먹매김한다. ② 들보, 장선에 달대 30×30을 300mm 간격으로 나사를 박아 고정한다. ③ 달대를 하부 받침재에 나사로 고정한다.

내부 나무틀은 틀 가공에 약 하루, 설치 및 조정에 약 하루, 걸레받이 설치에 약 하루가 걸려.

2 칸막이벽 바탕을 짠다

작업 순서는 ① 칸막이벽 위치를 주변의 들보와 장선, 구조용 합판, 기둥 및 샛기둥에 먹매김한다. ② 위아래에 샛기둥 받침재 30×120을 나사로 고정하고 샛기둥 30×120을 455mm 간격으로 나사를 박아 고정한다. ③ 보드를 위아래에 깔 경우에는 가로 띳장 30×120을 610mm 간격으로 샛기둥 사이에 걸쳐서 나사를 박아 고정한다.

창호용 나무틀도 이때 설치해.

C >> P. 100
문 버팀쇠는 기둥에 고정한다

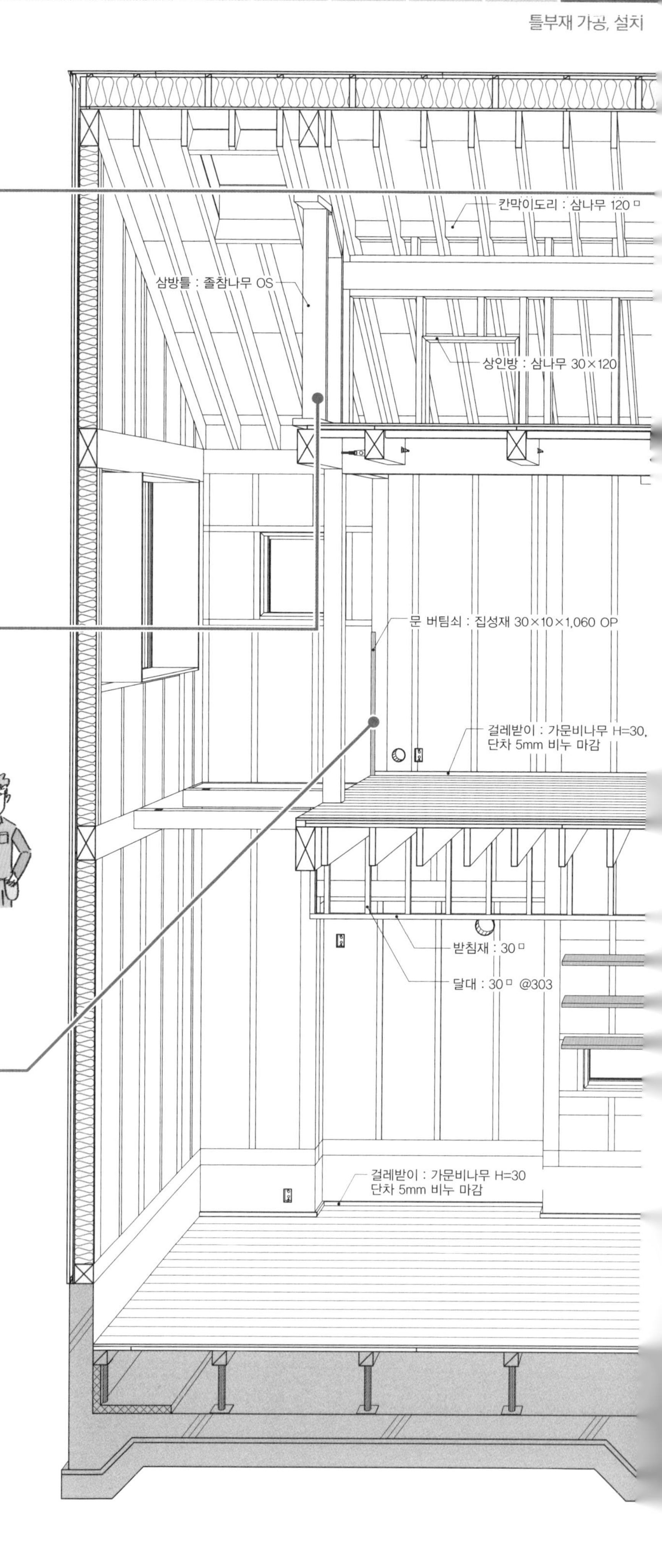
칸막이도리 : 삼나무 120 ㅁ
삼방틀 : 졸참나무 OS
상인방 : 삼나무 30×120
문 버팀쇠 : 집성재 30×10×1,060 OP
걸레받이 : 가문비나무 H=30,
단차 5mm 비누 마감
받침재 : 30 ㅁ
달대 : 30 ㅁ @303
걸레받이 : 가문비나무 H=30
단차 5mm 비누 마감

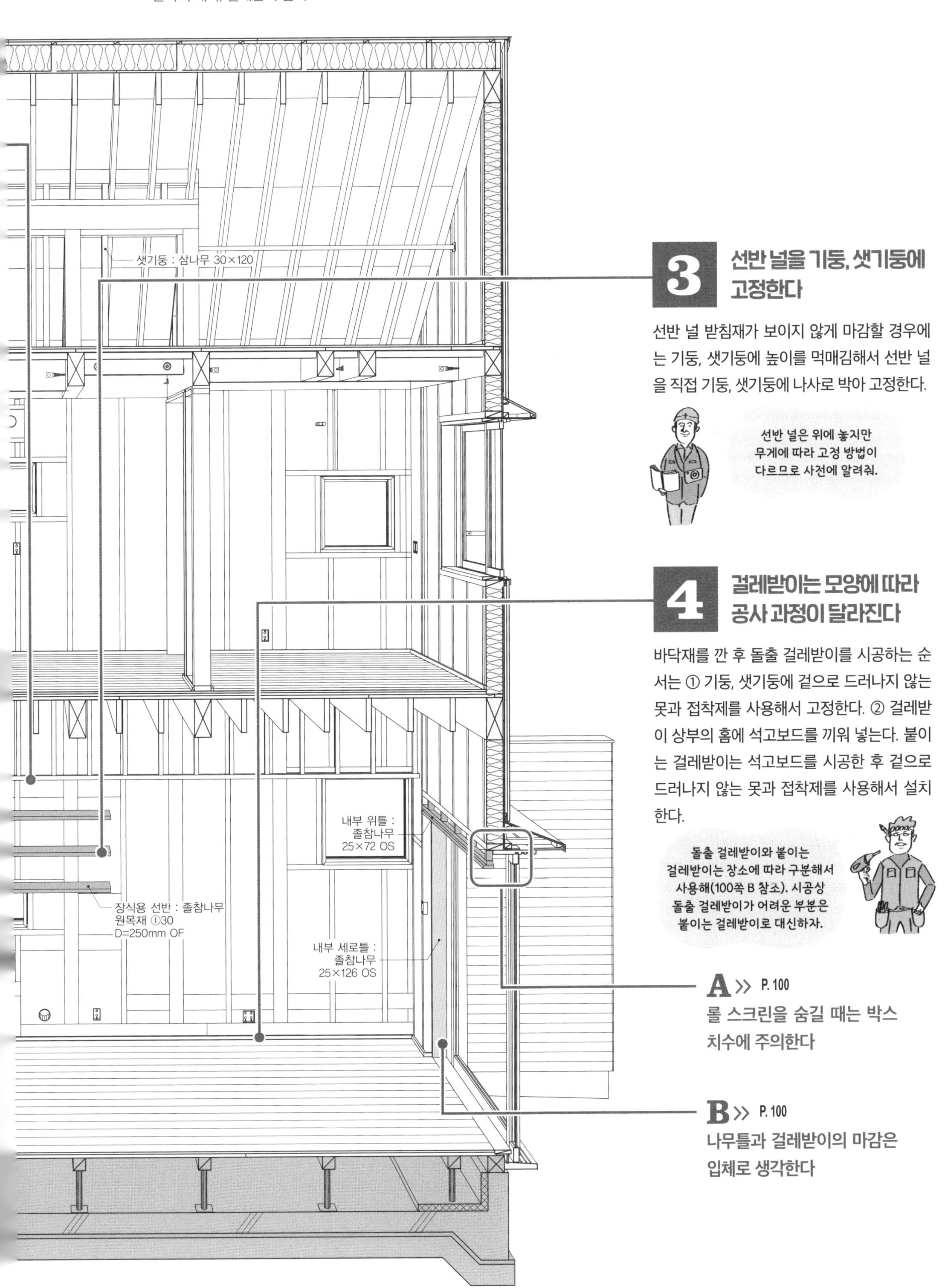
샛기둥 : 삼나무 30×120
내부 위틀 : 졸참나무 25×72 OS
장식용 선반 : 졸참나무 원목재 ①30 D=250mm OF
내부 세로틀 : 졸참나무 25×126 OS

3 선반 널을 기둥, 샛기둥에 고정한다

선반 널 받침재가 보이지 않게 마감할 경우에는 기둥, 샛기둥에 높이를 먹매김해서 선반 널을 직접 기둥, 샛기둥에 나사로 박아 고정한다.

선반 널은 위에 놓지만 무게에 따라 고정 방법이 다르므로 사전에 알려줘.

4 걸레받이는 모양에 따라 공사 과정이 달라진다

바닥재를 깐 후 돌출 걸레받이를 시공하는 순서는 ① 기둥, 샛기둥에 겉으로 드러나지 않는 못과 접착제를 사용해서 고정한다. ② 걸레받이 상부의 홈에 석고보드를 끼워 넣는다. 붙이는 걸레받이는 석고보드를 시공한 후 겉으로 드러나지 않는 못과 접착제를 사용해서 설치한다.

돌출 걸레받이와 붙이는 걸레받이는 장소에 따라 구분해서 사용해(100쪽 B 참조). 시공상 돌출 걸레받이가 어려운 부분은 붙이는 걸레받이로 대신하자.

A » P. 100
롤 스크린을 숨길 때는 박스 치수에 주의한다

B » P. 100
나무틀과 걸레받이의 마감은 입체로 생각한다

내부 나무틀, 걸레받이 체크리스트

A 롤 스크린을 숨길 때는 박스 치수에 주의한다

롤 스크린이나 블라인드, 커튼레일 등을 박스로 숨길 경우 사용하는 종류에 따라 박스의 필요 치수가 다르다. 그래서 사용하는 종류를 사전에 결정해 놓는다.

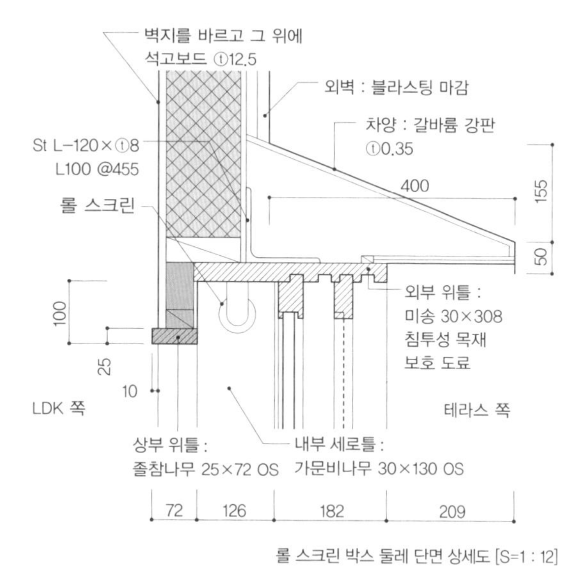
벽지를 바르고 그 위에
석고보드 ⓣ12.5
외벽 : 블라스팅 마감
차양 : 갈바륨 강판
ⓣ0.35
St L-120×ⓣ8
L100 @455
롤 스크린
400
155
50
100
25
10
외부 위틀 :
미송 30×308
침투성 목재
보호 도료
LDK 쪽
테라스 쪽
상부 위틀 :
졸참나무 25×72 OS
내부 세로틀 :
가문비나무 30×130 OS
72
126
182
209

롤 스크린 박스 둘레 단면 상세도 [S=1 : 12]

B 나무틀과 걸레받이의 마감은 입체로 생각한다

벽지를 바른 벽에 틀받이를 만들 경우 나무틀을 깔끔하게 보여주기 위해서 하부의 걸레받이도 나무틀까지 연결한다. 감아 넣는 부분에는 돌출 걸레받이를 설치하기 어렵기 때문에 붙이는 걸레받이로 하면 시공성이 좋다.

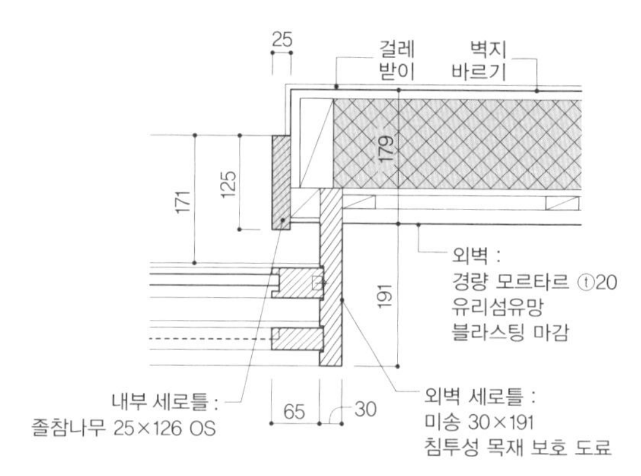
25
걸레
받이
벽지
바르기
179
171
125
외벽 :
경량 모르타르 ⓣ20
유리섬유망
블라스팅 마감
191
내부 세로틀 :
졸참나무 25×126 OS
65
30
외벽 세로틀 :
미송 30×191
침투성 목재 보호 도료

창호 나무틀 둘레 평면 상세도 [S=1 : 12]

C 문 버팀쇠는 기둥에 고정한다

이동식 허리벽은 보드를 깐 후에 설치한다. 문 버팀쇠를 벽 쪽에 설치할 경우에는 버팀쇠에 상당한 힘이 가해지기 때문에 보드를 깔기 전에 기둥에 나사를 박아 고정해 놓으면 좋다. 여기에서는 걸레받이와 폭, 단차를 맞춰서 깔끔하게 보여줬다.

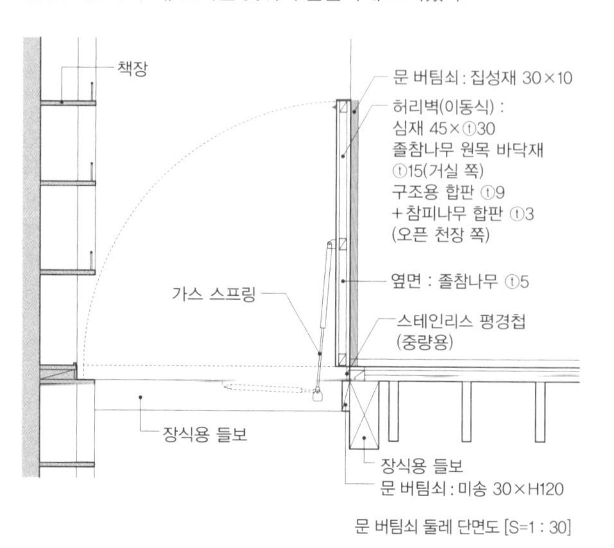
책장
문 버팀쇠 : 집성재 30×10
허리벽(이동식) :
심재 45×ⓣ30
졸참나무 원목 바닥재
ⓣ15(거실 쪽)
구조용 합판 ⓣ9
+참피나무 합판 ⓣ3
(오픈 천장 쪽)
옆면 : 졸참나무 ⓣ5
가스 스프링
스테인리스 평경첩
(중량용)
장식용 들보
장식용 들보
문 버팀쇠 : 미송 30×H120

문 버팀쇠 둘레 단면도 [S=1 : 30]

벽지를 바른 벽에 틀받이를 만든다

남쪽 소제창의 나무틀은 벽지를 바른 벽에 틀받이를 만들어서 깔끔하게 보여줬다.

23

4th month

천장 바탕

반자틀을 조립하는 방법은 반자틀받이 밑에 수직으로 교차해서 반자틀을 배치하는 방법과 반자틀받이와 반자틀의 높이를 맞추는 방법(우물반자)이 있다. 후자의 경우 높이를 억제할 수 있지만 시공하는 데 시간과 수고가 든다.

합판 천장은 레이아웃 도면이 필요하다

천장에 석고보드를 깔 경우에는 퍼티로 표면을 평평하고 매끄럽게 마무리하기 때문에 천장 평면도에 보드 레이아웃을 기재하지 않아도 된다. 그러나 참피나무 합판 등을 사용하는 합판 천장일 경우에는 접합부가 보이므로 레이아웃이 필요하다. 현장에서는 그 레이아웃에 따라 반자틀을 조립하므로 합판 규격에 맞춘 합리적인 레이아웃을 생각하면 좋다. 또한 조명기구나 환기팬 등의 배치 계획은 접합부의 반자틀을 고려해서 진행해야 한다(104쪽 B 참조).

천장 높이를 확보하기 위해서 천장 안쪽을 어디까지 낮출 것인지는 설계자가 고민하는 부분이다. 대들보가 있는 경우 그 들보 아래에 닿을 정도까지 천장을 올리고 싶어지는데 보드 한 장 분량(9.5mm 정도)이면 시공 난이도가 현저하게 높아진다. 들보 바닥에서 천장 마감까지를 50mm 정도 확보하면 어떻게든 시공할 수 있다. 천장 매립형 에어컨의 냉매관이나 환기팬 통풍관, 위층의 배관 등을 들보와 반자틀받이 사이에 통과시킬 수 있는지 사전에 검증해 놓지 않으면 현장에 들어간 후 강제적으로 크게 변경하게 되니 주의해야 한다. [세키모토]

현장에 참여하는 사람들

현장 감독

목수

4th month

천장 바탕

3 달대를 설치한다

달대를 910mm 간격으로 설치한다. 달대를 고정하는 들보 등의 지지부재가 없는 경우에는 달대받이를 위층 바닥 바탕재의 구조용 합판 등에 못을 박아 설치해서 달대의 지지부재로 삼는다. 달대, 달대받이는 일반적으로 단면의 크기가 30×40mm인 목재를 사용한다.

여기에서는
들보에 나사를
박아서 달대를 고정해.

1 반자틀의 수평을 잡는다

천장 주변의 기둥, 샛기둥에 반자틀 높이를 먹매김한다.

반자틀은 천장의
석고보드나 합판을
고정하기 위한 바탕재야.

2 가장자리 반자틀을 기둥, 샛기둥에 설치한다

반자틀 주위의 가장자리 반자틀을 기둥과 샛기둥에 못을 박아 설치한다. 가장자리 반자틀과 반자틀은 일반적으로 단면의 크기가 30×40mm인 목재를 사용한다.

반자틀 중에서 벽 옆에
있는 것을 가장자리
반자틀이라고 해.
천장 바탕의 공사 기간은
이틀 정도가 걸려.

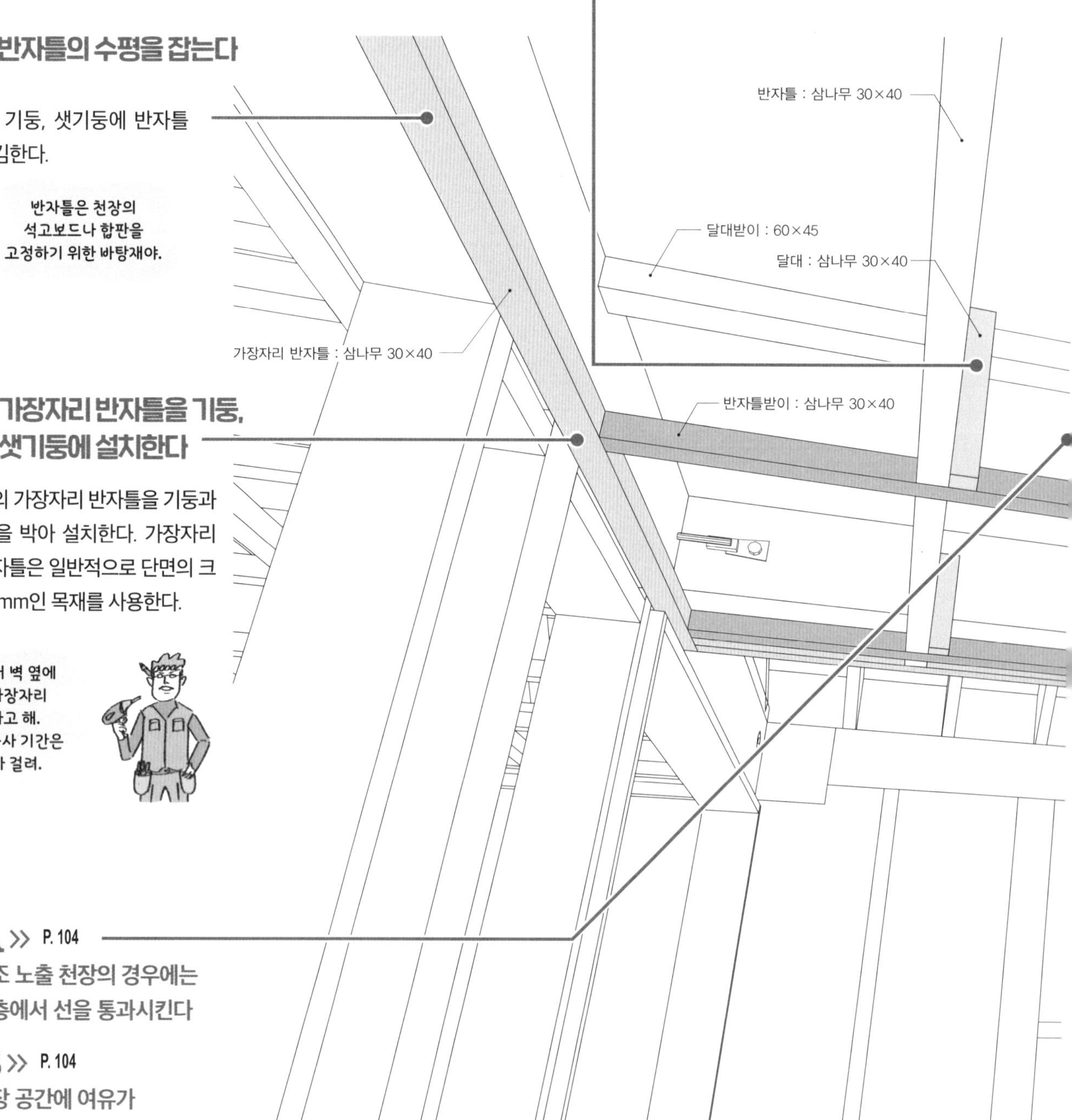
반자틀 : 삼나무 30×40
달대받이 : 60×45
달대 : 삼나무 30×40
가장자리 반자틀 : 삼나무 30×40
반자틀받이 : 삼나무 30×40

A >> P. 104
구조 노출 천장의 경우에는 위층에서 선을 통과시킨다

B >> P. 104
천장 공간에 여유가 있는 경우

4 반자틀받이, 반자틀을 설치한다

천장 공간에 여유가 없다면 천장 높이를 확보하기 위해 반자틀받이와 반자틀의 높이를 맞춘다(우물반자). 그럴 경우의 순서는 ① 가장자리 반자틀과 높이를 맞춰서 반자틀받이를 걸치고 못을 박는다. 반자틀받이는 910mm 간격으로 설치한다. ② 반자틀받이와 수직으로 교차하는 반자틀은 반자틀받이와 높이를 맞춰서 455mm 간격으로 못을 박아 고정한다. 천장 공간의 높이에 여유가 있는 경우에는 반자틀받이 하부에 반자틀을 수직으로 교차시켜서 설치한다. 전자는 시공 시간이 걸리기 때문에 장소별로 구분해서 사용하면 좋다.

우물반자를 만드는 방법으로는 가장자리 반자틀과 반자틀을 함께 깎아내서 짜는 방법, 반자틀받이 사이에 반자틀을 끼워 넣어서 못을 박아 고정하는 방법이 있어.

5 달대에 반자틀을 고정한다

천장 높이에 맞춰 조정해 가며 3의 달대에 4의 반자틀을 고정한다. 천장이 수평으로 보이도록 가운데 부분의 반자틀 높이를 10mm 정도 높여서 달대에 못을 박아 고정한다.

천장 높이를 확인해!

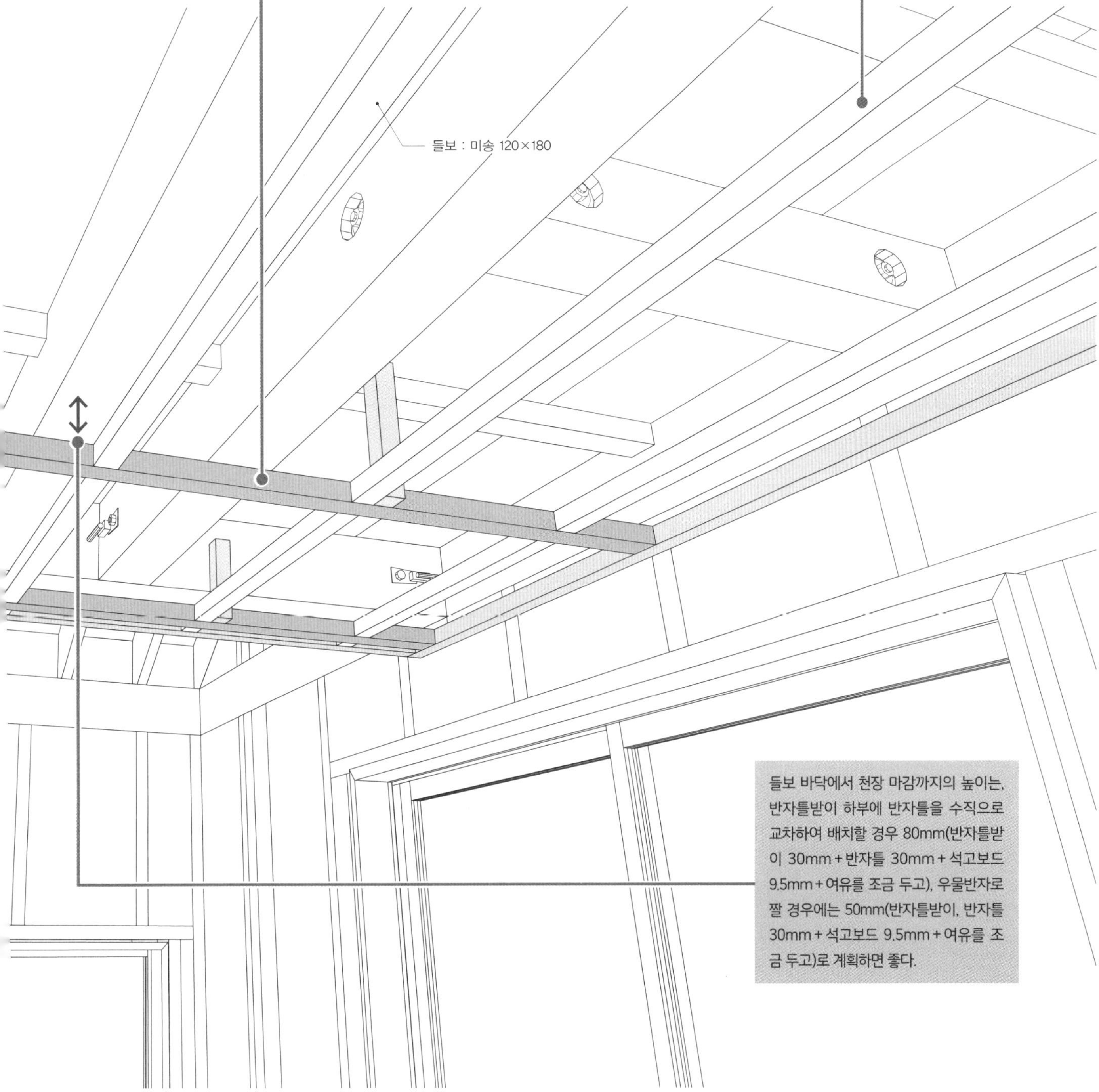

들보 : 미송 120×180

들보 바닥에서 천장 마감까지의 높이는, 반자틀받이 하부에 반자틀을 수직으로 교차하여 배치할 경우 80mm(반자틀받이 30mm + 반자틀 30mm + 석고보드 9.5mm + 여유를 조금 두고), 우물반자로 짤 경우에는 50mm(반자틀받이, 반자틀 30mm + 석고보드 9.5mm + 여유를 조금 두고)로 계획하면 좋다.

천장 바탕 체크리스트

A 구조 노출 천장의 경우에는 위층에서 선을 통과시킨다

배관 외 조명용 전기 배선도 천장 공간으로 지나가게 한다. 구조 노출 천장의 경우 올려다봤을 때 배선이 보이기 때문에 위층 바닥재 밑에 합판을 바탕에 깔고 합판 사이의 틈새로 배선하면 좋다(90쪽 참조). 조명 위치에 바탕재 합판에 구멍을 뚫어서 조명을 설치하면 깔끔해 보인다.

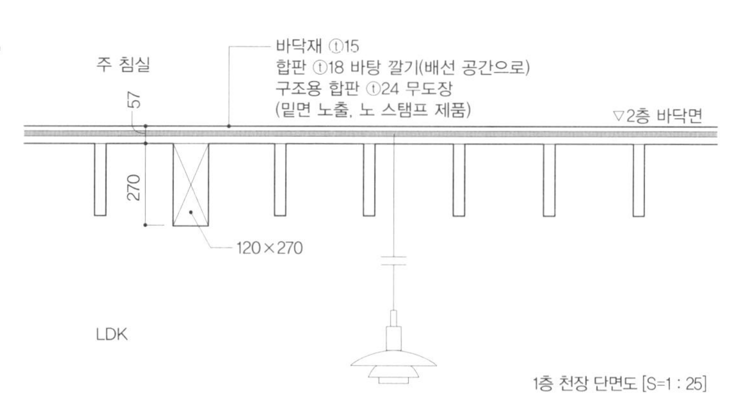
주 침실
바닥재 ⓣ15
합판 ⓣ18 바탕 깔기(배선 공간으로)
구조용 합판 ⓣ24 무도장
(밑면 노출, 노 스탬프 제품)
▽2층 바닥면
57
270
120×270
LDK
1층 천장 단면도 [S=1 : 25]

B 천장 공간에 여유가 있는 경우

천장 공간에 여유가 있는 경우에는 반자틀받이 밑에 수직으로 교차해서 반자틀을 배치한다. 그럴 경우 순서는 ① 가장자리 반자틀 위에 반자틀받이를 걸쳐서 못을 박는다. ② 반자틀받이는 910mm 간격으로 설치한다. ③ 반자틀받이와 수직으로 교차하는 반자틀은 가장자리 반자틀과 높이를 맞춰서 455mm 간격으로 못을 박아 고정한다.

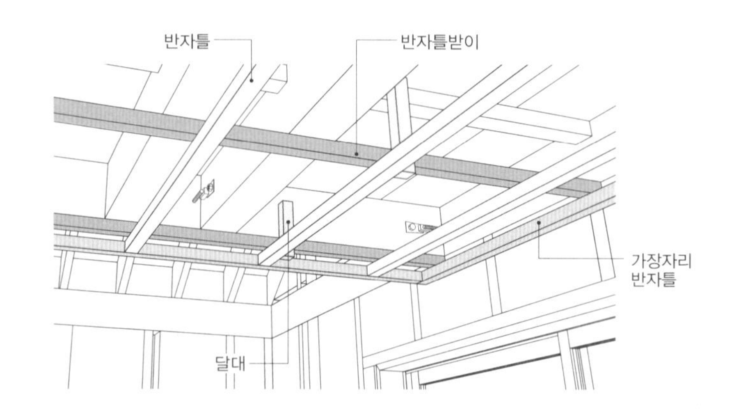
반자틀
반자틀받이
가장자리 반자틀
달대

천장 공간에 여유가 있느냐 없느냐로 계획이 달라진다

천장 공간에 배관을 지나게 할 경우에는 배수 물매와 보온 래킹racking(※)을 포함한 높이로 실시 설계 때 계획해 놓는다.

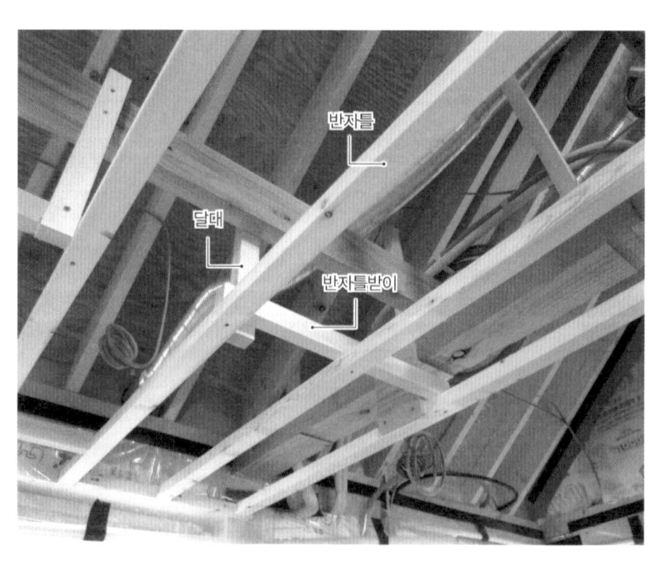
반자틀
달대
반자틀받이

천장 공간에 여유가 있는 부분의 천장 바탕. 들보에 달대를 고정하고 반자틀받이를 설치한 다음 그 밑에 수직으로 교차해서 반자틀을 설치한다.

※ 보온, 보냉의 목적으로 급수관, 급탕관, 냉매 배관 등을 단열재로 덮고 알루미늄, 스테인리스, 강판 + 도장재 등을 사용해 감는 것.

24

3~5 month

내부 벽 공사

석고보드 등의 내부 벽재는 기둥, 샛기둥, 가로 띳장에 못, 나사로 고정한다. 고시 사양 내력벽으로 할 경우에는 나사를 사용하지 않고 못으로 고정하므로 주의해야 한다.

도장과 미장은 이중으로 작업한다

내부 벽재는 석고보드로 조립하는 경우가 많다. 벽지 등을 바를 때는 두께 12.5mm의 석고보드 한 장을 깐다. 도장이나 미장을 마감할 경우에는 보드의 움직임에 마감재가 잘 따르지 못해서 균열이 발생하기 쉽다. 이때 두께 9.5mm의 석고보드 두 장을 깔면 결함을 방지할 수 있다. 두 장을 깔 경우 위에 까는 석고보드는 바탕 석고보드의 움직임을 분산하기 위해서 바탕 보드와 접합 위치를 어긋나게 해서 지그재그로 깐다. 석고보드를 까는 일은 목수의 작업이지만 퍼티를 훑어서 평평하고 매끄러운 바탕을 만드는 일은 각 마감공의 작업이다 (118쪽 참조). 바탕 마감이 고르지 않으면 벽지 등의 마감재를 발랐을 때 눈에 띄므로 주의해야 한다.

주방이나 세면실 주변은 물의 영향을 받기 때문에 방수 보드를 사용한다. 가스레인지 주변에는 내화성이 좋은 불연 석고보드나 규산칼슘보드 등을 바탕에 사용한다. 사용 부위에 알맞은 보드를 구분해서 사용한다 (108쪽 A 참조).

[세키모토]

현장에 참여하는 사람들

현장 감독

목수

3~5 month

내부 벽 공사

1 석고보드는 위층에서부터 깐다

석고보드는 작업하기 쉽게 위층에서부터 깔기 시작해서 기둥, 샛기둥, 가로 띳장에 못과 나사를 박아 고정한다. 벽지를 바를 경우 보통 보드는 한 장을 깐다. 일반적인 실내 벽재의 고정 간격은 보드 주변부가 200mm 이하, 가운데는 300mm 이하, 고시 사양 내력벽의 경우에는 주변부와 가운데 모두 150mm 이하다. 또한 성령 준내화 사양일 경우에는 주변부와 가운데 모두 한 장이 150mm 이하, 두 장이 200mm 이하다.

내력벽은 못으로만 고정하며
이때 나사는 사용할 수 없어. 구조 강도가
떨어지는 탓에 못 머리가 보드에
깊이 박히는 것에도 주의하자.

2 석고보드를 이중으로 할 경우

도장이나 미장으로 마감할 경우의 순서는 다음과 같다. ① 석고보드를 이중으로 깐다. ② 바탕 석고보드에 무기질 계열 또는 초산비닐 수지 계열 접착제를 100~300mm 간격으로 떨어뜨려 붙이고 스테이플 등으로 두 번째 보드를 임시로 고정한 뒤 나사를 박아 고정한다. ③ 두 번째 석고보드는 바탕 보드와 접합 위치를 어긋나게 해서 깐다. ④ 문이나 창문의 코너 부분에 보드의 모서리가 있으면 여닫을 때의 진동으로 균열이 잘 생기므로 모서리는 피해서 보드를 배치한다.

내부벽에 보드를 깔 때는
구조 노출 천장이면 시간이 걸리니까
2~3주 정도로 잡아.

B >> P. 108
고정식 책장을
깔끔하게 보여준다

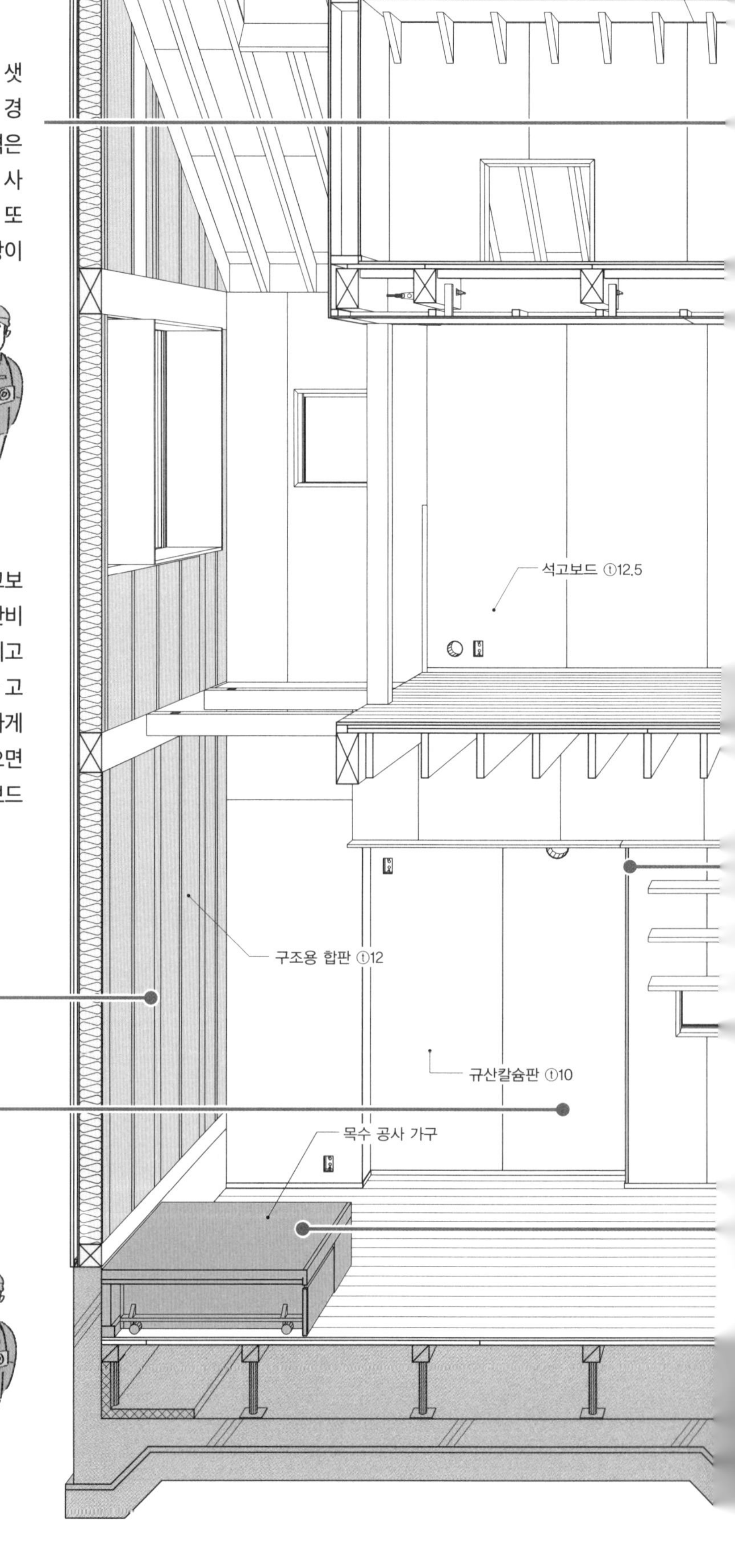
석고보드 ⓣ12.5
구조용 합판 ⓣ12
규산칼슘판 ⓣ10
목수 공사 가구

3 가스레인지 주위는 불연재를 사용한다

가스레인지 주위는 불연 석고보드나 규산칼슘보드 등을 바탕에 깐다. 이 사례에서는 인덕션 히터를 사용했기 때문에 건축확인 신청상으로는 내장 제한을 적용받지 않지만 열의 간접적인 착화를 고려해서 두께 10mm의 규산칼슘판을 사용했다.

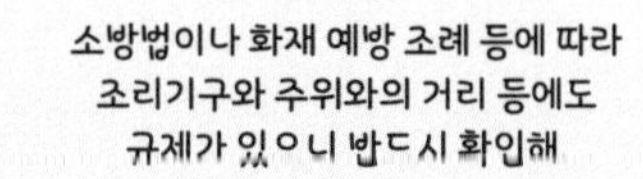
소방법이나 화재 예방 조례 등에 따라
조리기구와 주위와의 거리 등에도
규제가 있으니 반드시 확인해

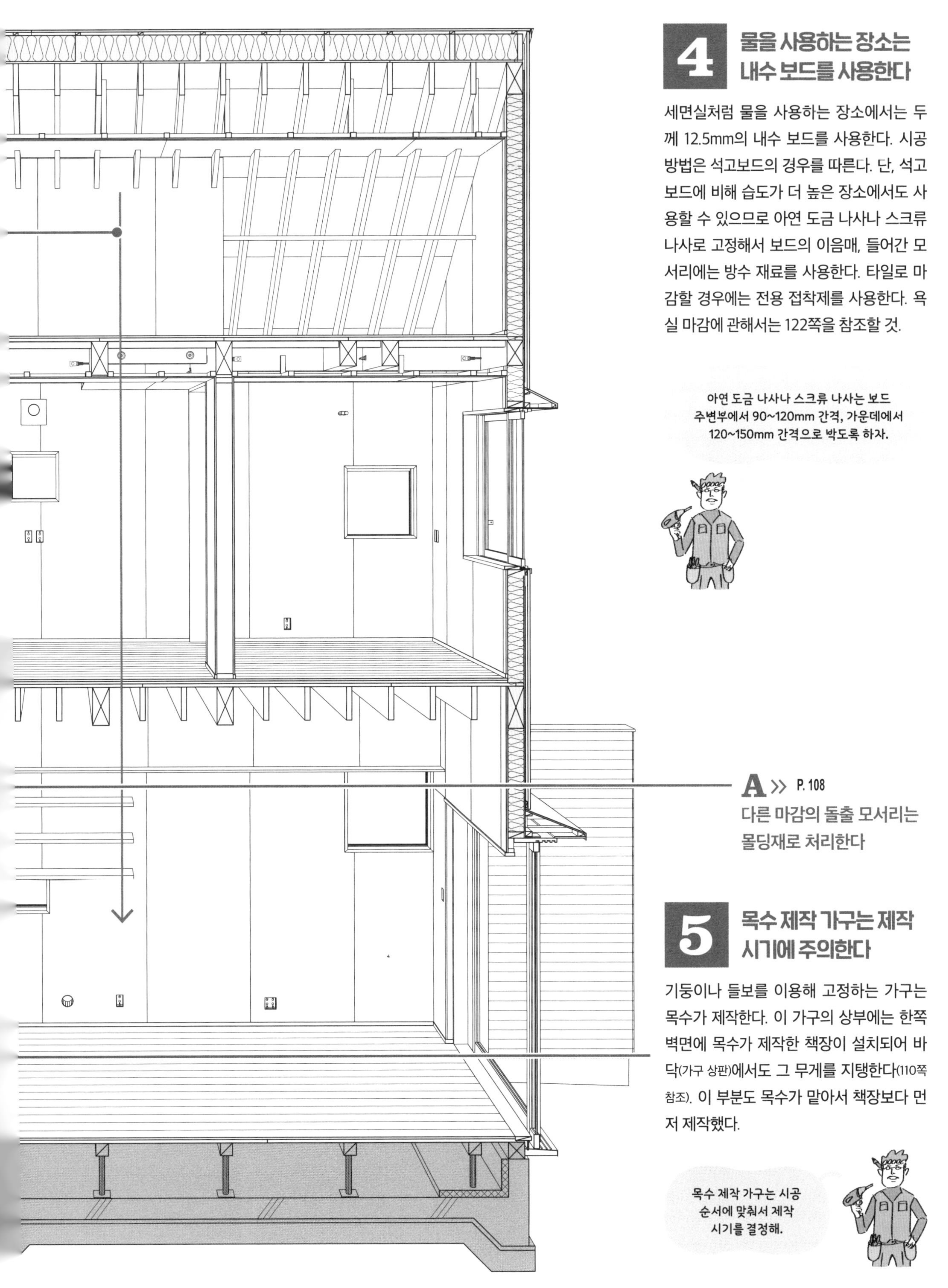

4 물을 사용하는 장소는 내수 보드를 사용한다

세면실처럼 물을 사용하는 장소에서는 두께 12.5mm의 내수 보드를 사용한다. 시공 방법은 석고보드의 경우를 따른다. 단, 석고보드에 비해 습도가 더 높은 장소에서도 사용할 수 있으므로 아연 도금 나사나 스크류 나사로 고정해서 보드의 이음매, 들어간 모서리에는 방수 재료를 사용한다. 타일로 마감할 경우에는 전용 접착제를 사용한다. 욕실 마감에 관해서는 122쪽을 참조할 것.

아연 도금 나사나 스크류 나사는 보드 주변부에서 90~120mm 간격, 가운데에서 120~150mm 간격으로 박도록 하자.

A >> P. 108
다른 마감의 돌출 모서리는 몰딩재로 처리한다

5 목수 제작 가구는 제작 시기에 주의한다

기둥이나 들보를 이용해 고정하는 가구는 목수가 제작한다. 이 가구의 상부에는 한쪽 벽면에 목수가 제작한 책장이 설치되어 바닥(가구 상판)에서도 그 무게를 지탱한다(110쪽 참조). 이 부분도 목수가 맡아서 책장보다 먼저 제작했다.

목수 제작 가구는 시공 순서에 맞춰서 제작 시기를 결정해.

내부 벽 공사 체크리스트

A 다른 마감의 돌출 모서리는 몰딩재로 처리한다

스테인리스판, 타일, 벽지 등의 마감재를 돌출 모서리에서 바꿀 경우 몰딩재를 사용하면 시공성도 좋고 깔끔해 보인다. 이 사례에서는 알루미늄제 L형 철물을 12mm로 잘라서 도장해 사용했다. 옆쪽(거실 쪽)의 타일 마감과 면을 맞추기 위해서 타일을 까는 두께만 3mm 단차를 만들었다.

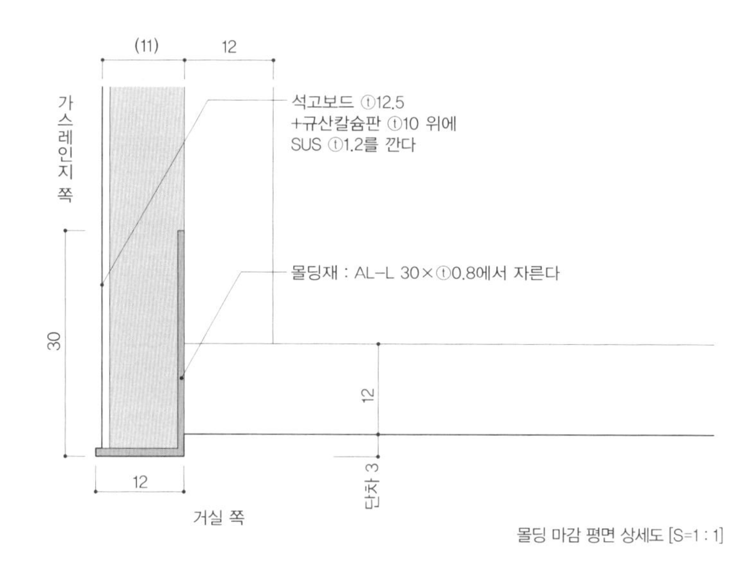
(11)
12
가스레인지 쪽
석고보드 ⓣ12.5
+규산칼슘판 ⓣ10 위에
SUS ⓣ1.2를 깐다
몰딩재 : AL-L 30×ⓣ0.8에서 자른다
30
12
12
단차 3
거실 쪽

몰딩 마감 평면 상세도 [S=1 : 1]

B 고정식 책장을 깔끔하게 보여준다

목수 제작으로 한쪽 벽면에 책장을 만들기 위해 기둥, 샛기둥 사이에 보강용의 두께 12mm짜리 합판을 설치하는 모습. 기둥과 455mm 간격의 샛기둥 부분에 옆판, 칸막이판을 세우고 뒷면의 합판에 선반 널을 고정했다. 목수 제작 가구일 경우 가구공이 제작하는 것보다 설치가 더 빠르다.

석고보드는 세로로 깔 것인가 가로로 깔 것인가

석고보드를 까는 방법은 편리한 시공성으로 판단한다. 가로로 깔 경우에는 가로 띳장이 많이 필요하기 때문에 시공에 시간이 걸린다. 내력벽으로 할 경우에는 세로로 깔아서 위아래의 보드 이음매에 45×105mm 이상의 가로 띳장을 댄다.

25

4~5 month

내부 장식 공사

내부 장식 공사에는 목수가 만드는 목수 설비와 가구공이 만드는 가구 설비가 있다. 목수와 가구공 중 누가 만드느냐에 따라 공사 과정과 마무리 작업이 크게 달라진다. 공사 기간은 도장 작업을 포함해서 약 2주가 걸린다.

목수와 가구공에 따라 만드는 방법이 달라진다

보통 목수는 기둥, 샛기둥과 들보 등의 골조를 이용해 가구를 만든다. 목수는 현장 외에도 작업장 등에서 제작할 때도 있다.

한편 가구 설비의 경우 공장에서 제작한 물건을 설치한다. 접합부가 없는 이동식 가구는 준공 직전에 설치할 때가 많다. 또 가구공이 목수보다 정밀도 높은 가구를 제작할 수 있지만 가격이 올라가기 쉽다.

목수 설비에서 사용하는 부재는 원목판과 집성재와 더불어 럼버코어 합판이 주류다(112쪽 B, C 참조). 각 부재의 고정은 기본적으로 나사를 사용해 고정한다. 그래서 나무 마개를 끼우는 등 나사 머리를 숨길 방법이 필요하다. 선반부터 구조가 단순한 주방까지 폭넓게 제작할 수 있다.

가구공이 만드는 가구는 골조와의 접합이 적은 이동식 가구에 적합하다. 이 사례의 주방 작업대가 이에 해당한다. 가구를 목수 설비와 가구공 설비로 나눌 경우에는 현장의 작업 과정을 생각해서 작업 순서를 정하면 좋다(112쪽 C 참조). [세키모토]

현장에 참여하는 사람들

현장 감독
목수
창호공
가구공

4~5 month

내부 장식 공사

1 목수 설비는 목공사와 동시에 진행한다

목수가 직접 만드는 가구는 목공사를 하는 동안 제작된다. 그래서 가구를 만든 후에 보드를 깔고 선반 널을 벽에 끼워 넣는 등의 마감 순서가 편리하다.

목수가 제작하는 가구라면 벽에 빈틈없이 딱 맞게 넣을 수도 있지. 문만 창호공이 제작할 때도 있어.

A >> P. 112
금속판은 판 두께에 주의한다

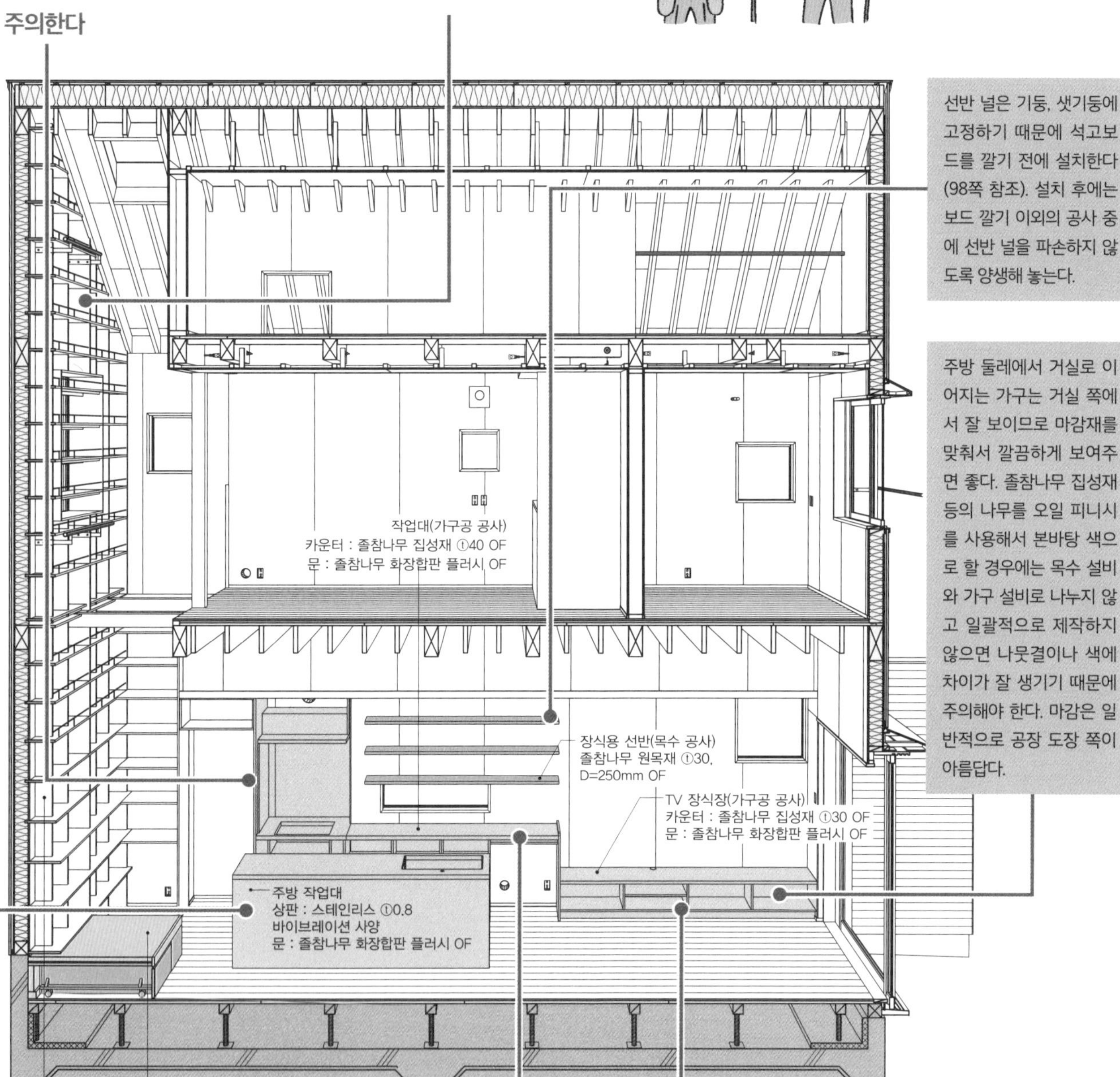
작업대(가구공 공사)
카운터 : 졸참나무 집성재 ⓣ40 OF
문 : 졸참나무 화장합판 플러시 OF
장식용 선반(목수 공사)
졸참나무 원목재 ⓣ30,
D=250mm OF
TV 장식장(가구공 공사)
카운터 : 졸참나무 집성재 ⓣ30 OF
문 : 졸참나무 화장합판 플러시 OF
주방 작업대
상판 : 스테인리스 ⓣ0.8
바이브레이션 사양
문 : 졸참나무 화장합판 플러시 OF
바닥 수납(목수 공사)
상판 : 모르타르 쇠흙손 마감
수납 : 구조용 합판 ⓣ24
책장(목수 공사)
멀리온 : 참피나무 럼버코어 ⓣ24 무도장, 옆면 : 졸참나무 ⓣ4 OF
선반 널 : 참피나무 럼버코어 ⓣ18 무도장, 옆면 : 졸참나무 ⓣ4 OF
낙하 방지 바 : 금속봉 ø6 OP

선반 널은 기둥, 샛기둥에 고정하기 때문에 석고보드를 깔기 전에 설치한다(98쪽 참조). 설치 후에는 보드 깔기 이외의 공사 중에 선반 널을 파손하지 않도록 양생해 놓는다.

주방 둘레에서 거실로 이어지는 가구는 거실 쪽에서 잘 보이므로 마감재를 맞춰서 깔끔하게 보여주면 좋다. 졸참나무 집성재 등의 나무를 오일 피니시를 사용해서 본바탕 색으로 할 경우에는 목수 설비와 가구 설비로 나누지 않고 일괄적으로 제작하지 않으면 나뭇결이나 색에 차이가 잘 생기기 때문에 주의해야 한다. 마감은 일반적으로 공장 도장 쪽이 아름답다.

도장까지 마무리된 상태의 가구일 경우에는 126쪽 단계에서 설치하고 조정한다.

이 사례에서는 석고보드 깔기가 끝난 단계에서 가구를 설치하고 벽 바탕을 처리해 벽지를 발랐다. 벽지를 바른 후에 가구를 설치하면 벽지와 가구 사이에 틈이 생긴다. 벽지를 바르기 전에 가구를 설치하면 틈이 생기는 것을 막을 수 있다.

2 가구 반입 시기를 확인한다

가구공이 만드는 가구는 벽면이나 설비 등과 맞닿는 부분이 있는 경우 석고보드를 모두 설치한 단계에서 반입한다. 주방에 관해서는 126쪽을 참조할 것.

벽면 수납은 가구를 설치한 후에 벽지를 발라.

5th month | 6th month | 7th month

14 15 16 17 18 19 20 21 22 23 24 25 26

목수 설비 가구 설비

3 목수 설비 책장을 만든다

기둥, 샛기둥을 이용하여 각 단마다 옆판, 칸막이판을 설치하고 그 위에 선반 널을 얹어서 고정했다. 안쪽 면은 벽지를 발라 마감하기 위해서 석고보드를 깔았다. 마지막으로 낙하 방지용 금속봉 ø6을 설치했다.

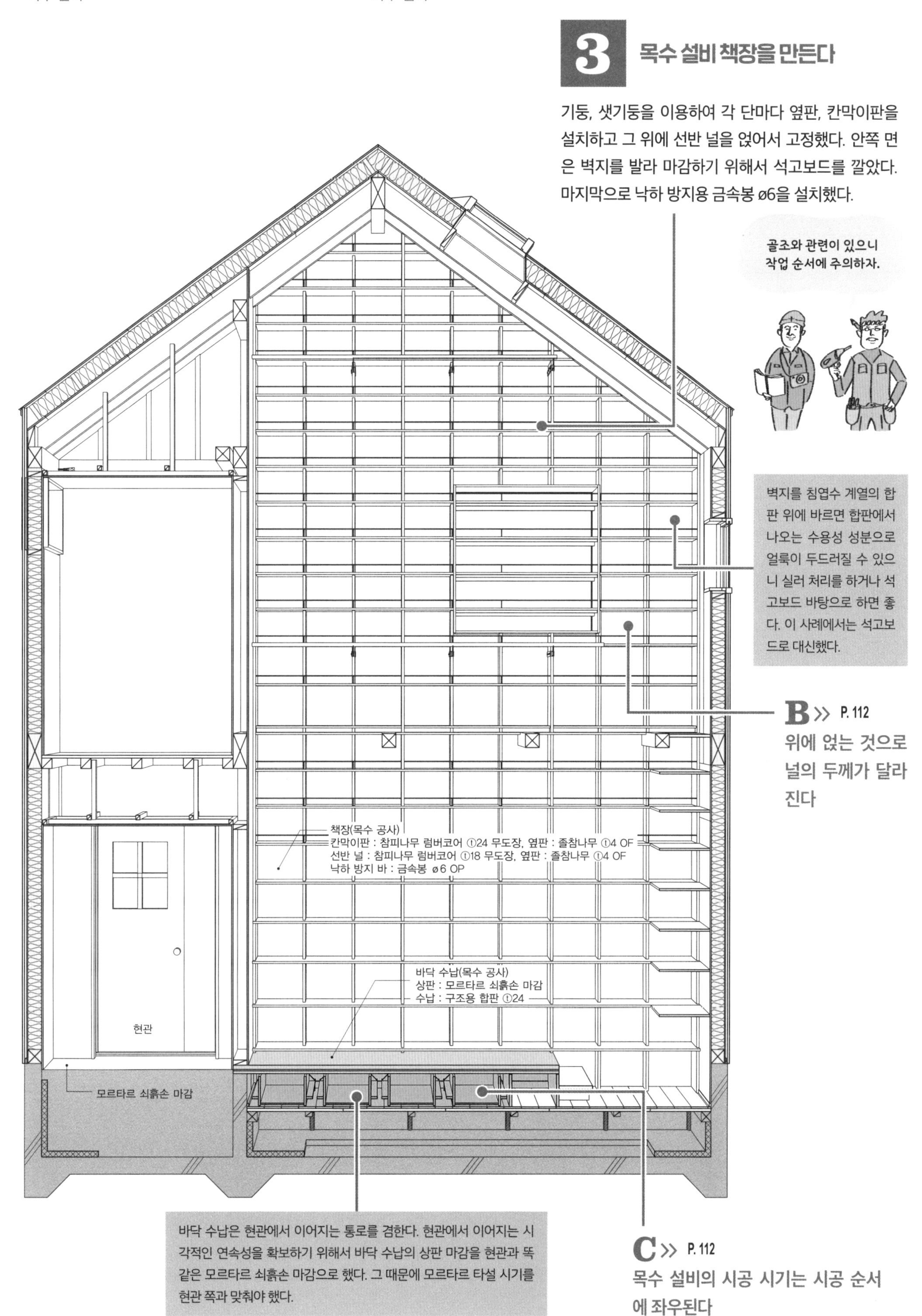

골조와 관련이 있으니 작업 순서에 주의하자.
책장(목수 공사)
칸막이판 : 참피나무 럼버코어 ⓣ24 무도장, 옆판 : 졸참나무 ⓣ4 OF
선반 널 : 참피나무 럼버코어 ⓣ18 무도장, 옆판 : 졸참나무 ⓣ4 OF
낙하 방지 바 : 금속봉 ø6 OP
바닥 수납(목수 공사)
상판 : 모르타르 쇠흙손 마감
수납 : 구조용 합판 ⓣ24
현관
모르타르 쇠흙손 마감

벽지를 침엽수 계열의 합판 위에 바르면 합판에서 나오는 수용성 성분으로 얼룩이 두드러질 수 있으니 실러 처리를 하거나 석고보드 바탕으로 하면 좋다. 이 사례에서는 석고보드로 대신했다.

B >> P. 112

위에 얹는 것으로 널의 두께가 달라진다

바닥 수납은 현관에서 이어지는 통로를 겸한다. 현관에서 이어지는 시각적인 연속성을 확보하기 위해서 바닥 수납의 상판 마감을 현관과 똑같은 모르타르 쇠흙손 마감으로 했다. 그 때문에 모르타르 타설 시기를 현관 쪽과 맞춰야 했다.

C >> P. 112

목수 설비의 시공 시기는 시공 순서에 좌우된다

내부 장식 공사 체크리스트

금속판은 판 두께에 주의한다

기름때 대책으로 인덕션 히터 둘레에 스테인리스판을 깔았다. 스테인리스판 두께가 얇으면 깔 때 울퉁불퉁해지기 쉬우므로 주의한다.

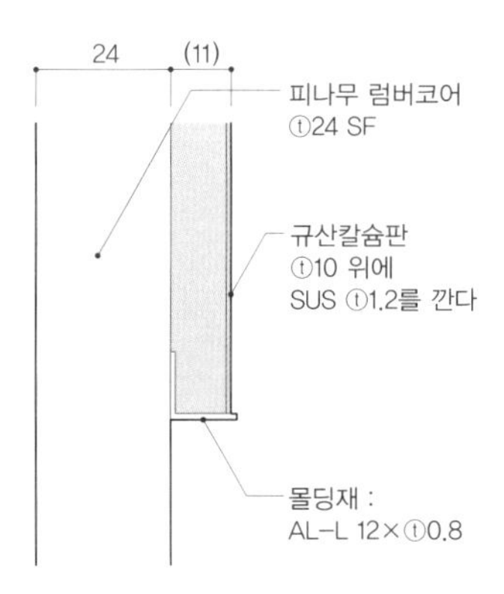
24
(11)
피나무 럼버코어
ⓣ24 SF
규산칼슘판
ⓣ10 위에
SUS ⓣ1.2를 깐다
몰딩재 :
AL-L 12×ⓣ0.8

몰딩재 마감 도면 [S=1 : 2]

위에 얹는 것으로 널의 두께가 달라진다

옆판, 칸막이판에 두께 24mm의 참피나무 럼버코어, 선반 널에 두께 18mm의 참피나무 럼버코어를 사용했다. 오른쪽 사진은 L형 나무 보강재를 넣어서 선반 널을 보강한 모습.

목수 설비의 시공 시기는 시공 순서에 좌우된다

한쪽 벽면의 책장은 기둥이나 샛기둥, 구조용 합판으로 보강한 벽으로 지지한 다음 하부의 바닥 수납 위에 올렸다. 그래서 책장 작업 공사가 시작되기 전에 바닥 수납을 설치했다. 서랍은 단순한 구조였기 때문에 목수 설비로 제작했다.

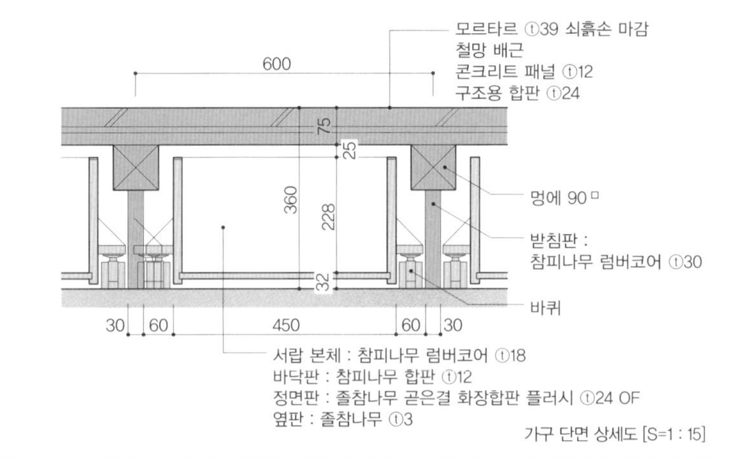
모르타르 ⓣ39 쇠흙손 마감
철망 배근
콘크리트 패널 ⓣ12
구조용 합판 ⓣ24
600
75
25
360
228
32
멍에 90□
받침판 :
참피나무 럼버코어 ⓣ30
바퀴
30
60
450
60
30
서랍 본체 : 참피나무 럼버코어 ⓣ18
바닥판 : 참피나무 합판 ⓣ12
정면판 : 졸참나무 곧은결 화장합판 플러시 ⓣ24 OF
옆판 : 졸참나무 ⓣ3

가구 단면 상세도 [S=1 : 15]

목수 설비와 가구 설비의 구분

목수 설비와 가구 설비의 각 장점을 살려서 정면의 책장은 목수가 제작하고, 오른쪽 주방 주변은 가구공이 제작했다.

26

5~6 month

천장 마감

벽과 마찬가지로 석고보드를 깔고 바탕을 처리한 후 각종 마무리 작업을 한다. 일반적으로 석고보드는 천장부터 먼저 깔지만 천장과 벽 안으로 들어간 모서리의 몰딩 모양에 따라 벽부터 붙이므로 주의해야 한다.

몰딩재로 날카롭게 보여준다

공간을 깔끔하게 보여주기 위해서 필자는 천장 마감을 벽과 같은 방법으로 할 때가 많다(116쪽 A 참조) 한편 천장에만 널빤지를 깔면 공간에 강조 효과를 줄 수 있다.

천장과 벽이 만나는 부분의 들어간 모서리는 몰딩재 CP-910(SOKEN 제품) 등을 사용해(116쪽 B, D 참조) 접합부에 틈새를 만들어서 붙인다. 이 방법은 천장과 벽을 구분해서 공간이 날카롭게 보이는 시각적 효과가 있을 뿐만 아니라 바탕에 매달린 천장의 진동을 흡수해서 균열이나 틈새가 잘 생기지 않게 한다는 장점이 있다.

시중에서 판매하는 몰딩재의 틈새 폭은 3~12mm 정도이며 필자는 나무틀의 단차(10mm)와 합쳐서 10mm 짜리를 사용한다(116쪽 D 참조). [세키모토]

현장에
참여하는
사람들
현장 감독
목수
도장공
내장공

5~6 month

천장 마감

1 석고보드를 깐다

벽지를 바를 경우 일반적으로 석고보드는 한 장을 깐다. 방의 가장자리에서부터 나사를 박아 반자틀에 고정한다. 일반부의 고정 간격은 주변부가 150mm 이하, 가운데는 200mm 이하, 성령 준내화 사양의 경우 첫 번째 보드는 주변부와 가운데 모두 300mm 이하, 두 번째 보드 주변부는 150mm 이하, 가운데는 200mm 이하다. 겹쳐서 깔 경우에는 보드의 줄눈이 같은 위치가 되지 않게 한다. 시공 방법은 벽과 동일하다(102쪽 참조).

천장 마감의 공사 기간은 벽지를 바를 경우 하루 정도 걸려.

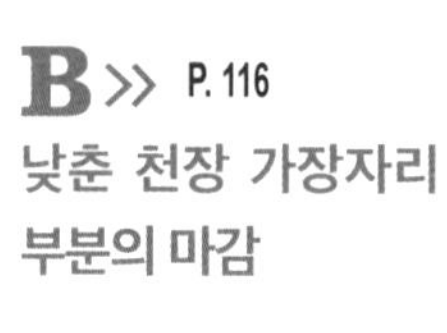

B >> P. 116
낮춘 천장 가장자리 부분의 마감

C >> P. 116
구조 노출 천장의 경우에는 배관, 배선 경로도 검토해야 한다

조명 배선

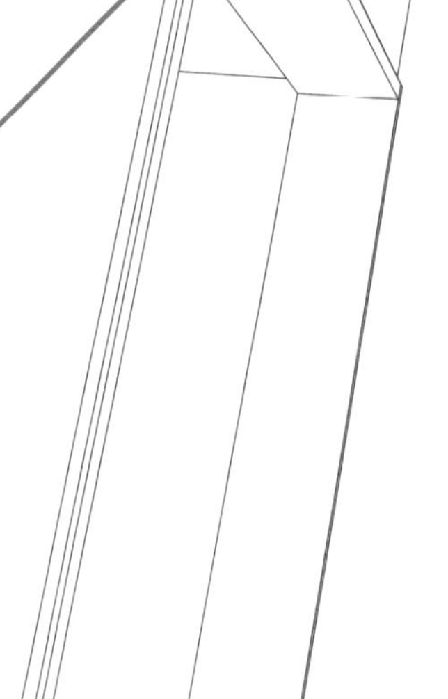
벽지용 천장 몰딩재 틈새 폭 10mm

2 위층 가장자리에서부터 바탕처리를 진행한다

작업 편의성을 위해 위층 천장에서부터 작업을 시작한다. 보드에는 몰딩재를 설치한다. 천장에서 벽의 순서로 바탕을 처리한다. 조인트 테이프나 퍼티 처리의 시공 방법은 벽과 동일하다(118쪽 참조). 바탕 처리는 각 마감과 관련된 기사가 담당한다.

바탕 처리로 아름다운 마감이 결정돼.

3 위층에서부터 벽지를 바른다

바탕 처리와 마찬가지로 천장에서 벽의 순서로 벽지를 바른다. 벽 가장자리에서부터 붙이기 시작하며 시공 방법은 벽과 동일하다(118쪽 참조). 몰딩재 부분에 벽지를 감아 넣는다.

벽지를 감아 넣을 때 벽지가 정착하도록 몰딩재에는 벽지용 프라이머가 필요해.

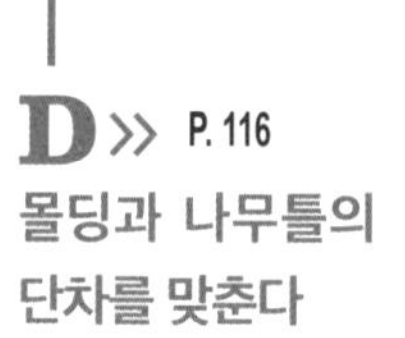

D >> P. 116
몰딩과 나무틀의 단차를 맞춘다

이 사례에서는 오픈 천장에 인접하는 장식용 들보와 구조용 합판의 천장을 무도장 처리했다. 천장을 도장하거나 벽지를 바를 경우 그 작업이 끝날 때까지 내부 발판을 해체하지 못하기 때문에 오픈 천장 아래쪽의 가구 설치가 어려워지는 등 다른 작업과의 균형도 검토해야 한다.

A >> P. 116

미장 마감의 경우

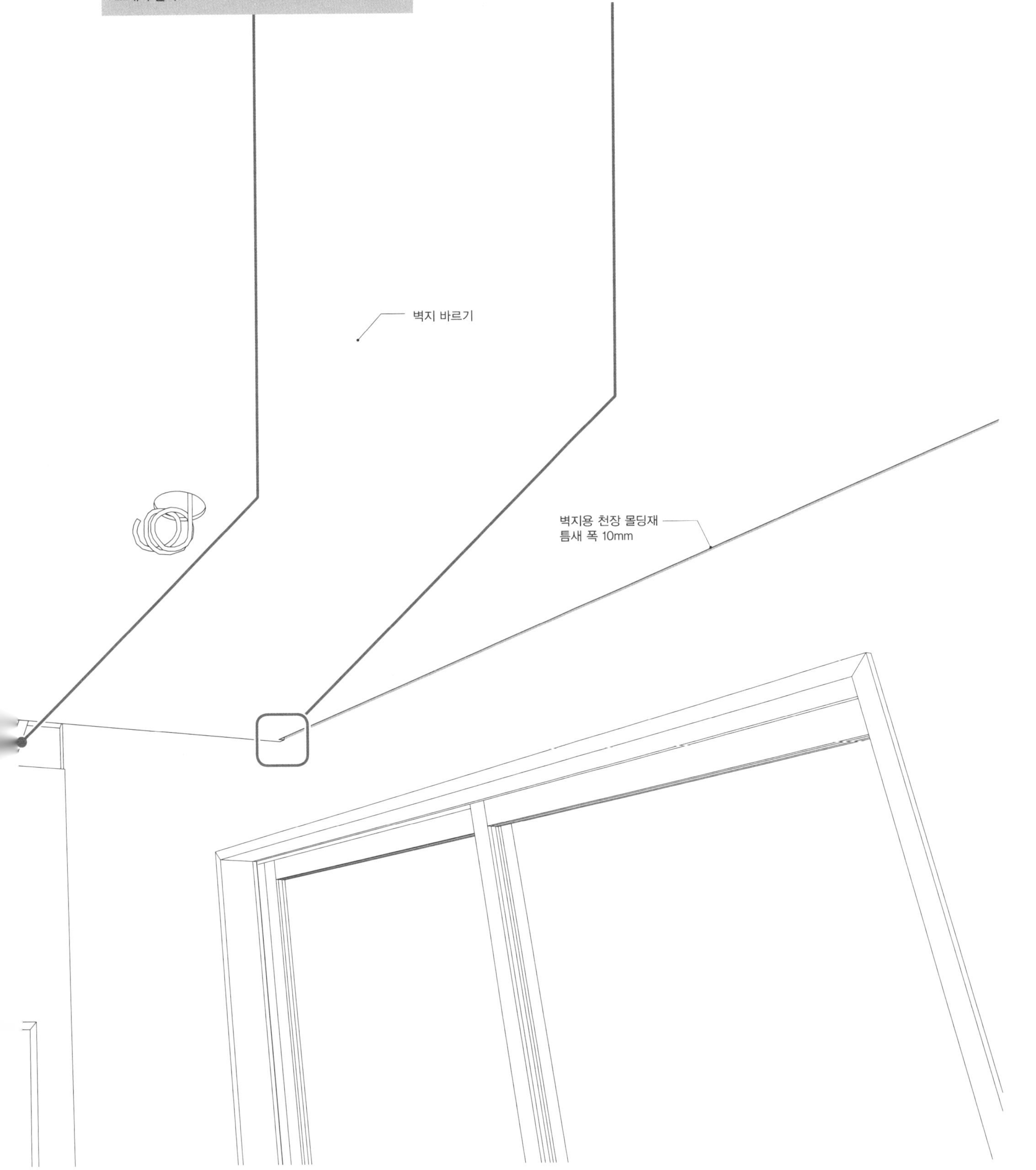

벽지 바르기

벽지용 천장 몰딩재
틈새 폭 10mm

천장 마감 체크리스트

A 미장 마감의 경우

석고보드의 이음매를 퍼티로 처리한 후 얼룩 방지 실러를 도포한다. 롤러나 스프레이건, 흙손으로 여러 번 겹쳐 발라서 마감한다. 사진은 다른 사례로, 천연 페인트 채프웰chaffwall을 칠한 모습.

B 낮춘 천장 가장자리 부분의 마감

벽과 천장이 만나는 부분에 틈새를 만들면 그 부분에 그림자가 생겨서 날카로운 인상을 준다. 틈새를 만들 때는 염화비닐 소재의 몰딩재를 사용하면 좋다(D 참조). 하지만 이 경우 움푹 들어간 부분은 오픈 천장 쪽에서는 결함으로 보이기 때문에 숨겨야 한다. 이 사례에서는 틈새 가장자리를 길이 15mm 정도의 나뭇조각으로 막았다.

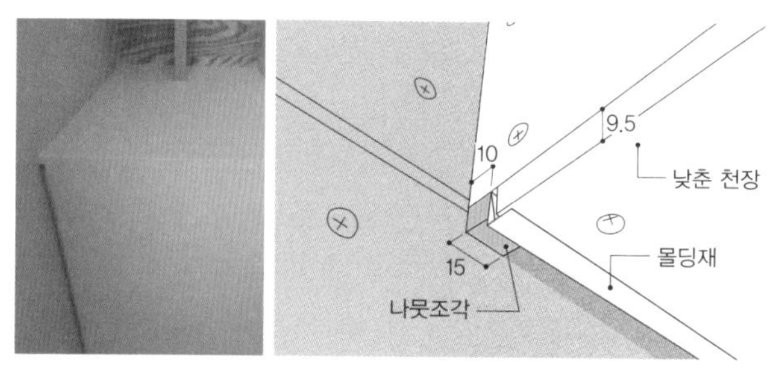
9.5
10
낮춘 천장
몰딩재
15
나뭇조각

W10×L15×D10mm의 나뭇조각을 벽지와 같은 색으로 칠한다.

C 구조 노출 천장의 경우에는 배관, 배선 경로도 검토해야 한다

구조 노출 천장의 경우 배관이나 배선은 밑에서 올려다보면 보인다. 배선은 104쪽처럼 처리할 수 있다. 이 사례에서는 일부 배관이 노출됐는데 장식용 들보와 장식용 장선 사이에 숨기듯 들보, 장선 사이의 천장을 낮춰서 배관했다. 배수관의 경우 방음을 위해서 배관 둘레를 글라스 울로 충전한다.

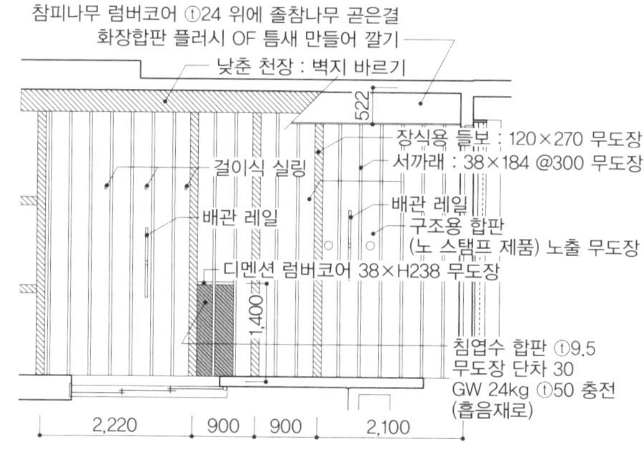
참피나무 럼버코어 ⓣ24 위에 졸참나무 곧은결
화장합판 플러시 OF 틈새 만들어 깔기
낮춘 천장 : 벽지 바르기
522
장식용 들보 : 120×270 무도장
서까래 : 38×184 @300 무도장
걸이식 실링
배관 레일
배관 레일
구조용 합판
(노 스탬프 제품) 노출 무도장
디멘션 럼버코어 38×H238 무도장
1,400
침엽수 합판 ⓣ9.5
무도장 단차 30
GW 24kg ⓣ50 충전
(흡음재로)
2,220
900
900
2,100

1층 천장 평면도 [S=1 : 120]

D 몰딩과 나무틀의 단차를 맞춘다

천장 몰딩재의 틈새 폭을 나무틀의 단차(벽면에서 나온 부분)에 맞추면 라인이 가지런해져서 깔끔해 보인다. 이 사례에서는 10mm로 맞췄다.

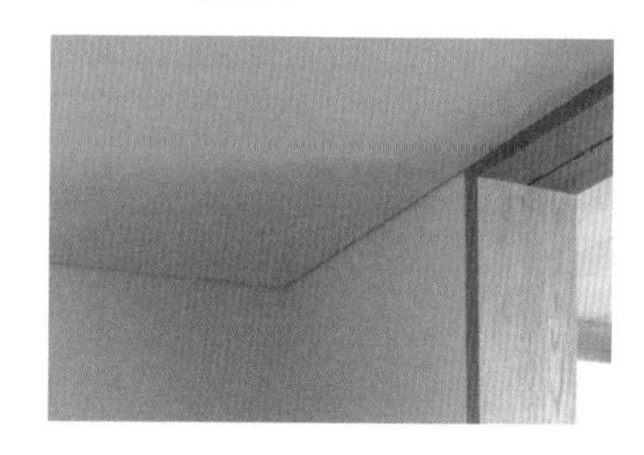

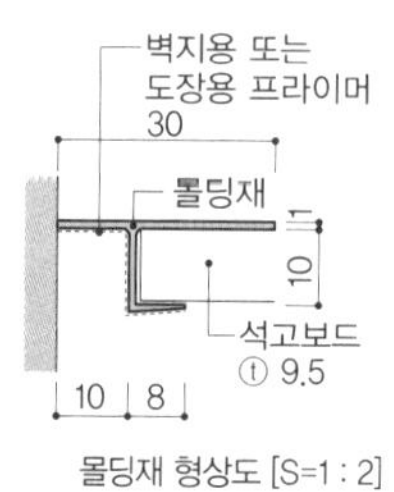
벽지용 또는
도장용 프라이머
30
몰딩재
11
10
석고보드
ⓣ 9.5
10
8

몰딩재 형상도 [S=1 : 2]

벽지를 바른 천장과 본바탕으로 마감한 들보

침실에서 오픈 천장의 책장을 본 모습. 정면의 이동식 난간벽을 내리면 바닥이 된다. 천장과 벽에는 흰 벽지를 발랐고 들보는 본바탕 그대로 마감했다.

[사진 : 신자와 잇페이]

27

6th month

내부 벽 마감

바탕의 석고보드를 깔고 나면 접합부 테이프 붙이기, 퍼티 바르기 등의 바탕 처리 과정에 들어간다. 이런 작업은 그 후의 각 마무리 작업공이 실시한다.

벽지와 도장의 장점과 단점

벽지의 질감에는 다양한 종류가 있다. 도장 마감과 거의 구분되지 않는 것도 있으며, 벽지를 바르는 데 시간이 들지만 일반적으로 도장보다 저렴한 가격으로 마무리할 수 있다. 또한 오염을 쉽게 없앨 수 있거나 곰팡이 방지, 습도 조절, 탈취에 유용한 기능성 벽지도 매력적이다. 한편 벽지의 단점으로는 이음매의 틈이 잘 생긴다는 점이 있다.

도장의 장점은 자유롭게 색을 섞을 수 있고 이음매 없이 한 면을 칠할 수 있다는 점이다. 반면 바탕에 따라 균열이 생기기 쉽고 오염을 없애기 어렵다는 결점도 있다(120쪽 A 참조). 단, 주의해도 균열이 생길 수 있으니 사전에 건축주에게 설명해야 한다.

참피나무 합판 등의 합판 마감은 도장하지 않을 경우에만 벽지를 바르는 것보다 가격이 저렴해진다. 하지만 오일 도장을 하면 벽지를 바르는 것보다 비싸고 시간도 들기 때문에 감촉이 좋아서 바르는 것인지, 예산을 절약하고 싶은 것인지 등 어떤 취지로 사용할지 정리해서 선택해야 한다. [세키모토]

현장에
참여하는
사람들
현장 감독
미장이
내장공
타일공
도장공

6th month

내부 벽 마감

1 바탕을 처리한다

석고보드 끝부분에 V자 커팅 등 테이퍼가 있는 경우에는 ① 이음매에 밑칠 퍼티를 메워 넣는다. ② 석고보드의 이음매에 조인트(화이바) 테이프를 붙인다(조인트 테이프를 붙이면 이음매 부분의 퍼티가 잘 갈라지지 않는다). ③ 코너 부분에는 보강재를 사용한다. 작업은 천장에서 벽의 순서로 위층에서부터 진행한다. 바탕 처리는 각 마감 공사에 관련된 기사가 담당한다.

공사 기간은
2주 정도 잡아.
벽지, 도장 등 어떤 경우든지
필요한 작업이야.

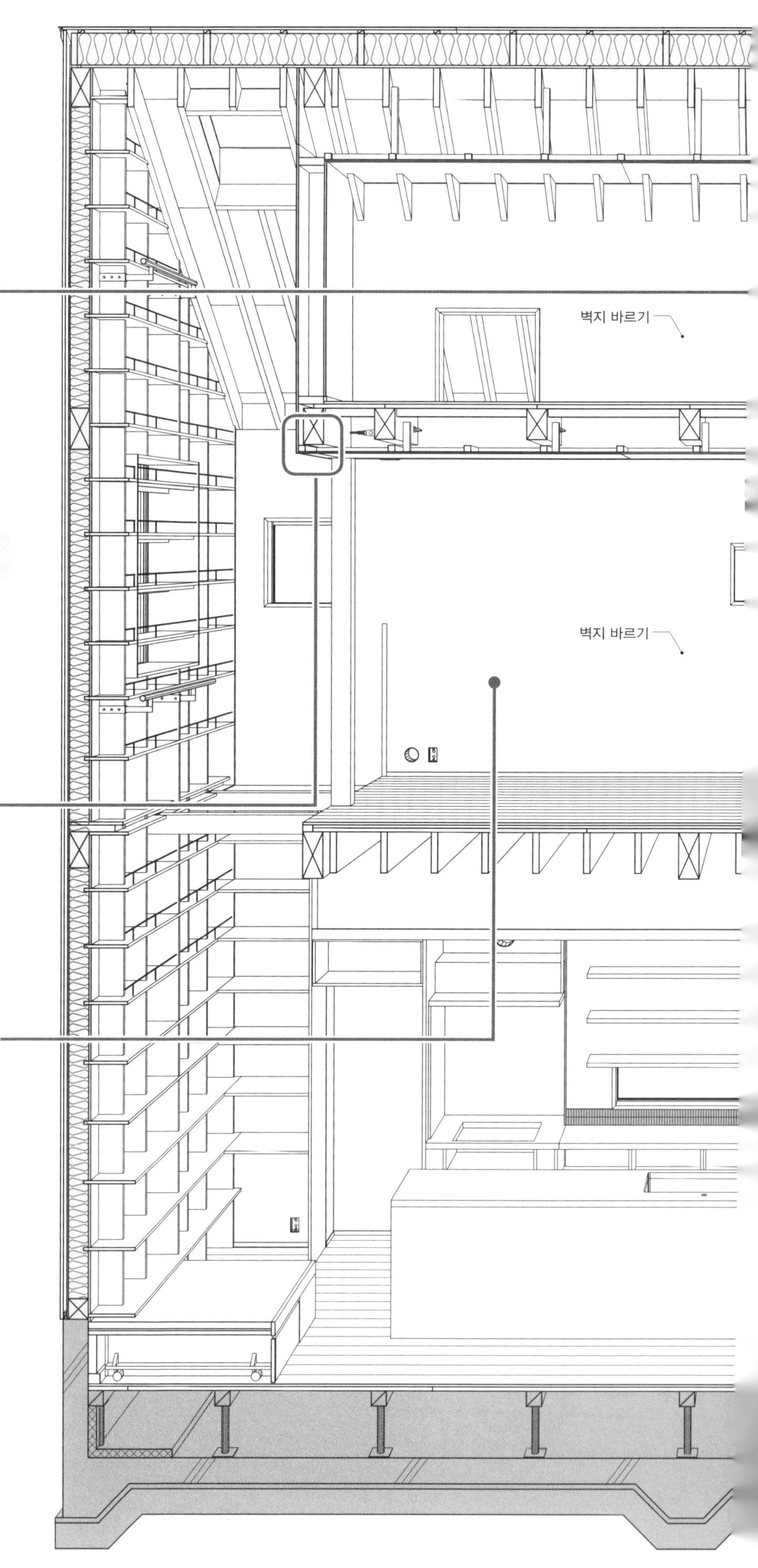
벽지 바르기
벽지 바르기

A >> P. 120
모서리 부분 마감하기

2 퍼티를 처리한다

밑칠한 퍼티를 처리한다. ① 퍼티로 석고보드의 이음매를 평평하고 매끄럽게 만들어서 나사 구멍을 메운다. ② 퍼티를 많이 발라 튀어나온 부분은 사포로 문질러서 깎아낸다. ③ 덧칠한 퍼티를 처리한다. 밑칠 퍼티는 마르면 조금 줄어들어서 움푹 꺼지므로 고르지 못한 면을 다듬어서 얇고 넓게 퍼티를 바른다. ④ 퍼티를 많이 발라 튀어나온 부분은 사포로 문질러서 깎아낸다. 각 작업은 천장에서 벽의 순서로 진행한다.

얇은 벽지나 도장으로 마감할 경우에는
좀 더 평평하고 매끄러운 면으로 마무리하기
위해서 퍼티를 세 번은 처리해야 해.

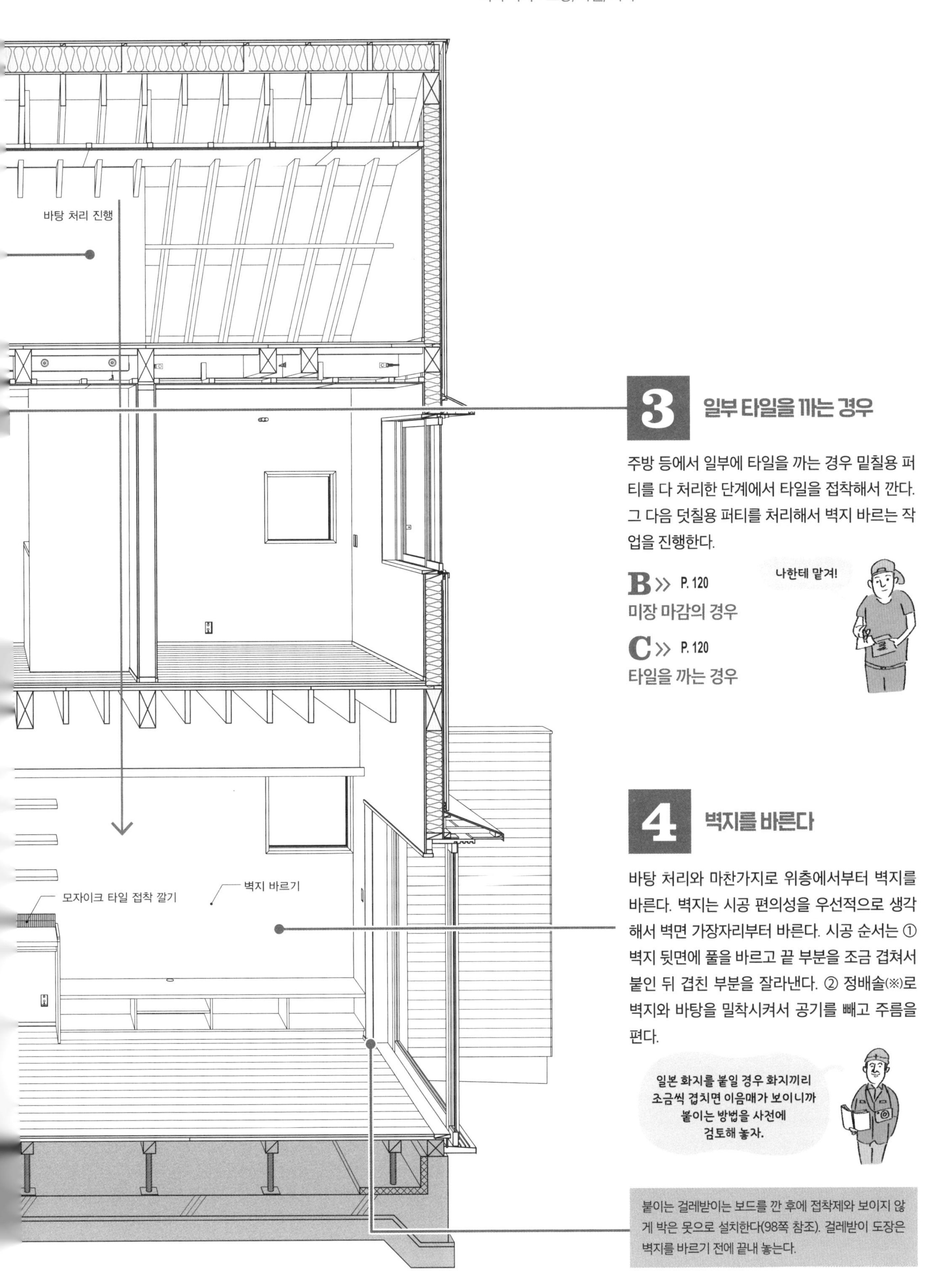
바탕 처리 진행
모자이크 타일 접착 깔기
벽지 바르기
나한테 맡겨!
일본 화지를 붙일 경우 화지끼리 조금씩 겹치면 이음매가 보이니까 붙이는 방법을 사전에 검토해 놓자.

3 일부 타일을 까는 경우

주방 등에서 일부에 타일을 까는 경우 밑칠용 퍼티를 다 처리한 단계에서 타일을 접착해서 깐다. 그 다음 덧칠용 퍼티를 처리해서 벽지 바르는 작업을 진행한다.

B≫ P. 120
미장 마감의 경우

C≫ P. 120
타일을 까는 경우

4 벽지를 바른다

바탕 처리와 마찬가지로 위층에서부터 벽지를 바른다. 벽지는 시공 편의성을 우선적으로 생각해서 벽면 가장자리부터 바른다. 시공 순서는 ① 벽지 뒷면에 풀을 바르고 끝 부분을 조금 겹쳐서 붙인 뒤 겹친 부분을 잘라낸다. ② 정배솔(※)로 벽지와 바탕을 밀착시켜서 공기를 빼고 주름을 편다.

붙이는 걸레받이는 보드를 깐 후에 접착제와 보이지 않게 박은 못으로 설치한다(98쪽 참조). 걸레받이 도장은 벽지를 바르기 전에 끝내 놓는다.

※ 종이나 천 등을 붙일 때 마감에 사용하는 도구.

내부 벽 마감 체크리스트

모서리 부분 마감하기

낮춘 천장의 끝부분이나 벽면 끝부분의 돌출 모서리를 마감하는 방법은 다음과 같은 순서를 따른다. ① 수지제 모서리 보강재를 넣는다. ② 퍼티를 밑칠한다. ③ 퍼티를 덧칠한다. ④ 사포로 문질러서 평평하고 매끄럽게 만든다. 들어간 모서리 부분의 마감 순서는 ① 조인트 테이프를 붙인다. ② 퍼티를 밑칠한다. ③ 퍼티를 덧칠한다. ④ 사포로 문지른다.

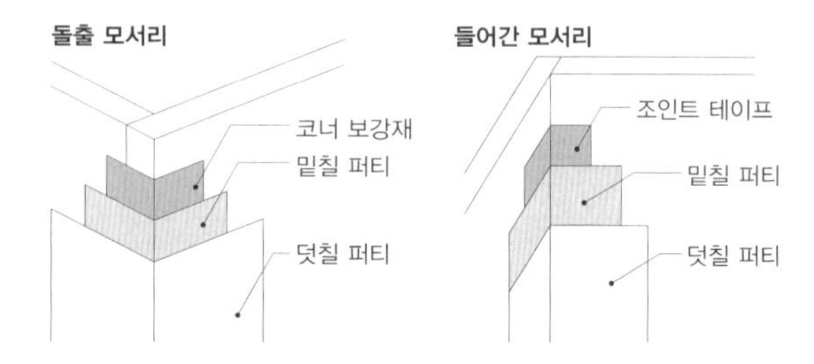
돌출 모서리
코너 보강재
밑칠 퍼티
덧칠 퍼티
들어간 모서리
조인트 테이프
밑칠 퍼티
덧칠 퍼티

타일을 까는 경우

욕실 타일을 까는 방법은 122쪽을 참조한다. 세면실의 경우에는 ① 내수 보드의 이음매에 조인트 테이프를 붙이고, ② 밑칠한 퍼티를 처리한 후 ③ 붙임용 접착제를 톱니 흙손으로 도포해서 ④ 타일을 문질러 넣듯이 쳐서 눌러 붙인다(전면 접착제 바르기). 타일은 시선이 잘 가는 모서리 쪽부터 붙이기 시작해서 개구부 쪽에 남는 부분은 타일을 잘라 메운다. 사진은 다른 사례다.

미장 마감의 경우

시공 순서는 다음과 같다. ① 인접하는 가구 등을 양생한다. ② 석고보드 이음매에 미장 전용 테이프를 붙인다. ③ 밑칠(두께 약 2mm), ④ 덧칠(약 5mm) 후 ⑤ 전용 흙손 등으로 모양을 잡는다. 사진은 다른 사례로, 시라스벽(화산재, 흰모래를 주원료로 하는 건축 자재-옮긴이)으로 마감했다.

내장 마감 순서

벽지 바르기를 끝낸 실내 모습. 내장 마감의 작업 과정은 보통 ① 도장하기, ② 타일 깔기, ③ 벽지 바르기다.

28

5~6 month

욕실 마감

하프 유닛 배스를 설치한 후 허리 위까지 오는 벽 바탕을 조립해서 널빤지로 마감한다. 풀 유닛과 비교해서 디자인성은 높지만 방수를 고려해서 설계해야 한다. 공사 기간은 2~3일.

방수 처리와 편의성이 중요하다

여기에서 소개하는 내용은 필자의 기본적인 마무리 작업이다. 벽에 널빤지를 깔고 하프 유닛 배스와 벽의 접합부에 모자이크 타일을 설치했다. 하프 유닛 배스와 널빤지의 거리를 두어 널빤지가 수분을 흡수해 부식하는 것을 방지한다. 전면에 타일을 까는 것보다 비용이 적게 들며 보기에도 좋다.

결함이 생기기 쉬운 재래공법 벽과의 접합부는 통기를 확보하기 위해서 알루미늄 앵글로 몰딩하고 타일 상부는 물 빠짐을 고려해서 5mm 정도 간격을 벌려 마감한다(124쪽 A 참조). 같은 방법으로 천장과 벽의 접합부도 6mm 정도 간격을 벌려서 통기를 확보하고 널빤지 부식을 방지한다(124쪽 B 참조).

비누나 샴푸를 놓는 덧판이 없는 하프 유닛 배스(※)에서는 액세서리 선반이나 거울이 균형 있게 배치되도록 전개도로 검토한다. 최근에는 건축주가 욕실용 건조대를 요구하는 경우가 많은데 기성품을 그대로 사용한 무미건조한 마감은 피해야 한다. 널빤지를 깔기 전에 브래킷을 절반 정도 매립해 마감하는 내용을 노면에 표시해 놓으면 좋다(124쪽 C 참조). [세키모토]

현장에 참여하는 사람들

현장 감독

타일공 / 창호공

방수업자

Bath

목수

유닛 배스 제조사

※ 제조사에 따라서는 옵션으로 덧판을 설치하는 종류도 있다.

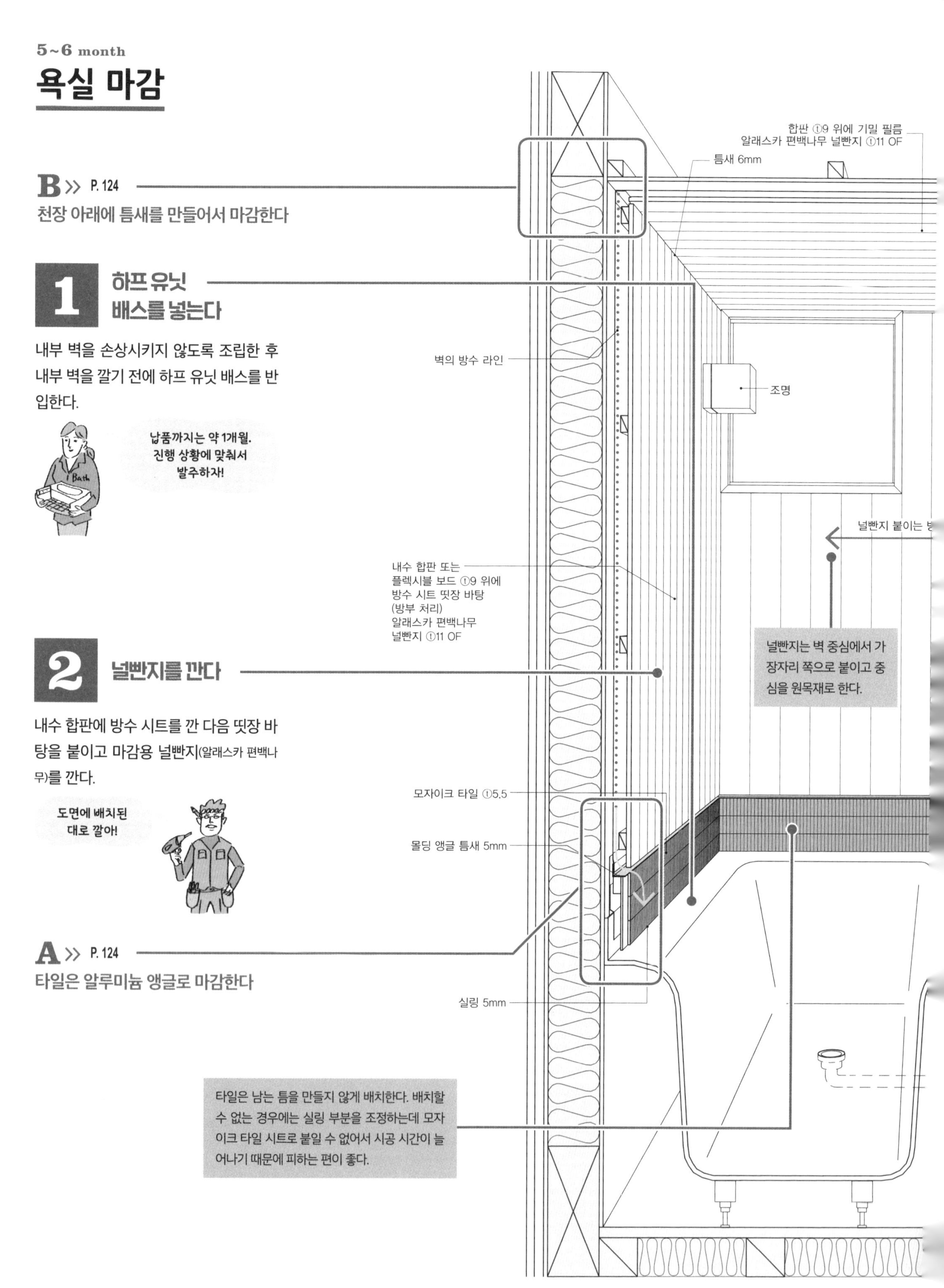
5~6 month
욕실 마감
B ›› P. 124
천장 아래에 틈새를 만들어서 마감한다
1 하프 유닛 배스를 넣는다
내부 벽을 손상시키지 않도록 조립한 후 내부 벽을 깔기 전에 하프 유닛 배스를 반입한다.
납품까지는 약 1개월. 진행 상황에 맞춰서 발주하자!
Bath
2 널빤지를 깐다
내수 합판에 방수 시트를 깐 다음 띳장 바탕을 붙이고 마감용 널빤지(알래스카 편백나무)를 깐다.
도면에 배치된 대로 깔아!
A ›› P. 124
타일은 알루미늄 앵글로 마감한다
합판 ⓣ9 위에 기밀 필름
알래스카 편백나무 널빤지 ⓣ11 OF
틈새 6mm
벽의 방수 라인
조명
널빤지 붙이는 방
내수 합판 또는
플렉시블 보드 ⓣ9 위에
방수 시트 띳장 바탕
(방부 처리)
알래스카 편백나무
널빤지 ⓣ11 OF
널빤지는 벽 중심에서 가장자리 쪽으로 붙이고 중심을 원목재로 한다.
모자이크 타일 ⓣ5.5
몰딩 앵글 틈새 5mm
실링 5mm
타일은 남는 틈을 만들지 않게 배치한다. 배치할 수 없는 경우에는 실링 부분을 조정하는데 모자이크 타일 시트로 붙일 수 없어서 시공 시간이 늘어나기 때문에 피하는 편이 좋다.

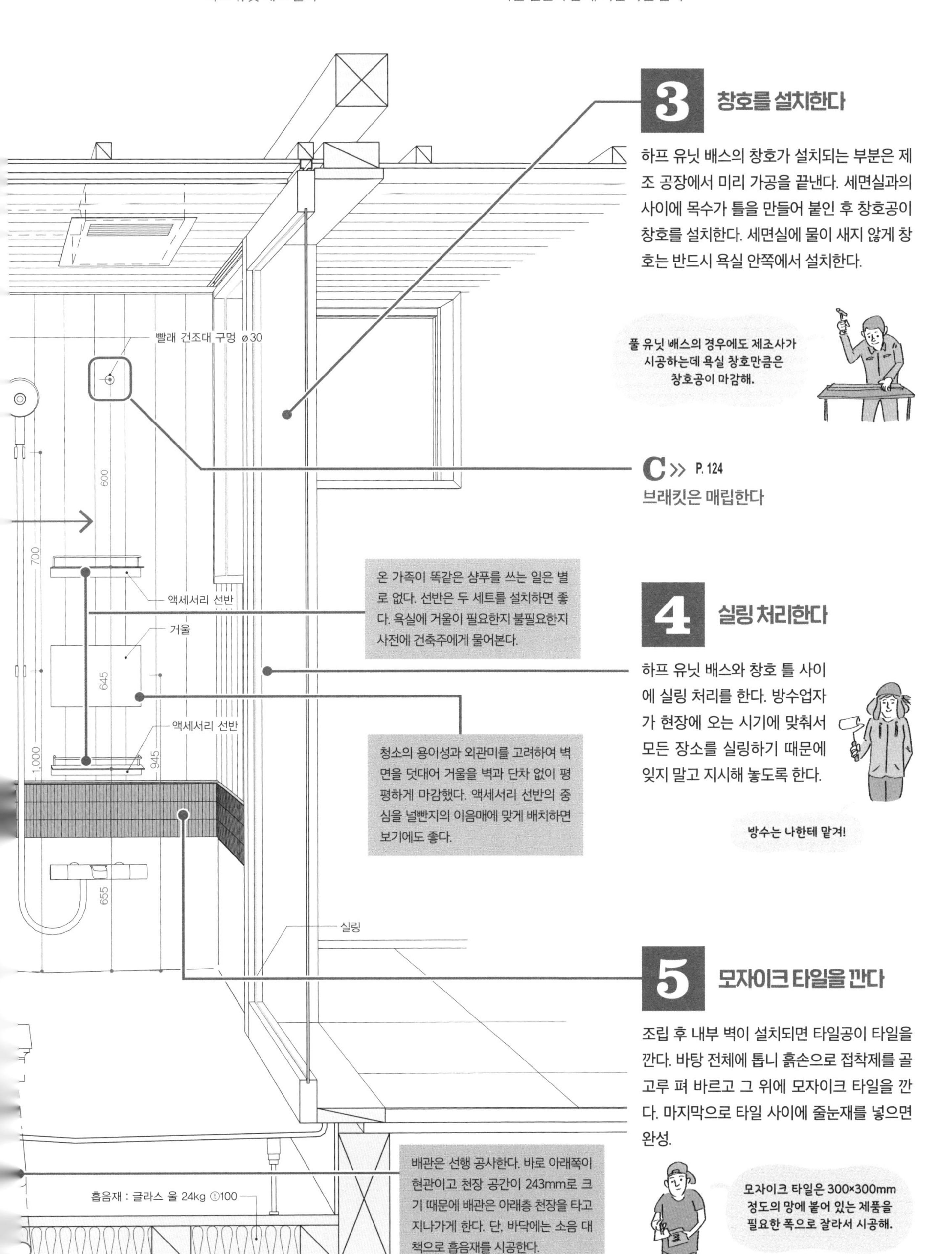
빨래 건조대 구멍 ø30
액세서리 선반
거울
액세서리 선반
600
700
645
1,000
945
655
실링
흡음재 : 글라스 울 24kg ⓣ100
온 가족이 똑같은 샴푸를 쓰는 일은 별로 없다. 선반은 두 세트를 설치하면 좋다. 욕실에 거울이 필요한지 불필요한지 사전에 건축주에게 물어본다.
청소의 용이성과 외관미를 고려하여 벽면을 덧대어 거울을 벽과 단차 없이 평평하게 마감했다. 액세서리 선반의 중심을 널빤지의 이음매에 맞게 배치하면 보기에도 좋다.
배관은 선행 공사한다. 바로 아래쪽이 현관이고 천장 공간이 243mm로 크기 때문에 배관은 아래층 천장을 타고 지나가게 한다. 단, 바닥에는 소음 대책으로 흡음재를 시공한다.
풀 유닛 배스의 경우에도 제조사가 시공하는데 욕실 창호만큼은 창호공이 마감해.
방수는 나한테 맡겨!
모자이크 타일은 300×300mm 정도의 망에 붙어 있는 제품을 필요한 폭으로 잘라서 시공해.

3 창호를 설치한다

하프 유닛 배스의 창호가 설치되는 부분은 제조 공장에서 미리 가공을 끝낸다. 세면실과의 사이에 목수가 틀을 만들어 붙인 후 창호공이 창호를 설치한다. 세면실에 물이 새지 않게 창호는 반드시 욕실 안쪽에서 설치한다.

C » P. 124
브래킷은 매립한다

4 실링 처리한다

하프 유닛 배스와 창호 틀 사이에 실링 처리를 한다. 방수업자가 현장에 오는 시기에 맞춰서 모든 장소를 실링하기 때문에 잊지 말고 지시해 놓도록 한다.

5 모자이크 타일을 깐다

조립 후 내부 벽이 설치되면 타일공이 타일을 깐다. 바탕 전체에 톱니 흙손으로 접착제를 골고루 펴 바르고 그 위에 모자이크 타일을 깐다. 마지막으로 타일 사이에 줄눈재를 넣으면 완성.

타일은 알루미늄 앵글로 마감한다

타일 상부와 널빤지는 알루미늄 앵글로 몰딩하고 틈새 5mm를 벌려서 마감한다. 방수 시트는 반드시 하프 유닛 배스의 안쪽에 오도록 시공한다.

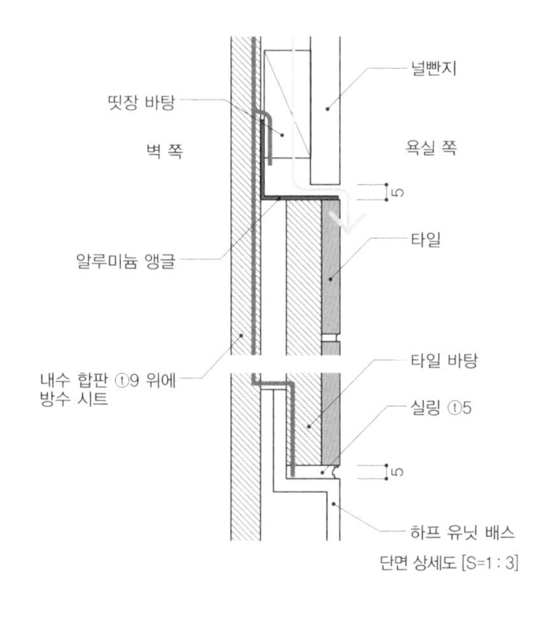
띳장 바탕
벽 쪽
알루미늄 앵글
내수 합판 ⓣ9 위에
방수 시트
널빤지
욕실 쪽
5
타일
타일 바탕
실링 ⓣ5
5
하프 유닛 배스

단면 상세도 [S=1 : 3]

천장 아래에 틈새를 만들어서 마감한다

천장과 벽이 만나는 부분은 틈새 6mm를 벌려서 마감한다. 널빤지는 천장과 벽으로 줄눈이 지나가게 계획해 놓는다.

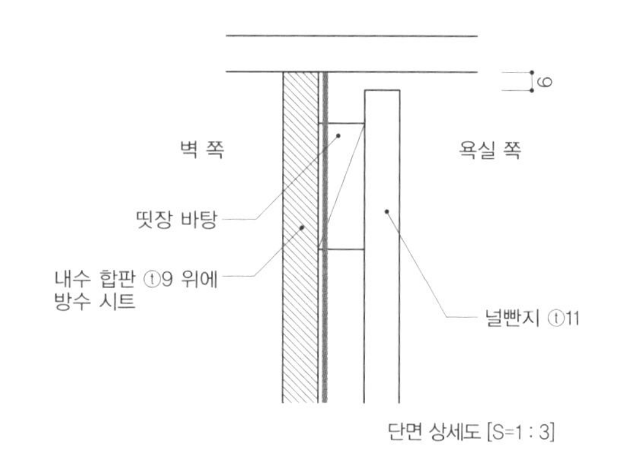
6
벽 쪽
욕실 쪽
띳장 바탕
내수 합판 ⓣ9 위에
방수 시트
널빤지 ⓣ11

단면 상세도 [S=1 : 3]

브래킷은 매립한다

욕실용 빨래 건조대의 끝이 벽 속으로 들어가도록 브래킷을 벽에 22mm 정도 매립한다.

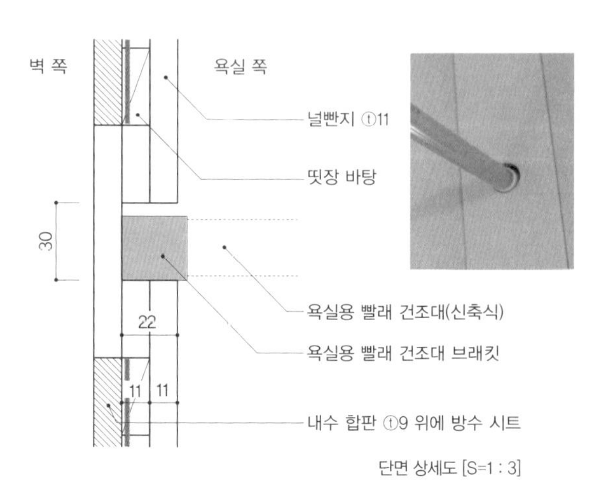
벽 쪽
욕실 쪽
널빤지 ⓣ11
띳장 바탕
30
욕실용 빨래 건조대(신축식)
22
욕실용 빨래 건조대 브래킷
11
11
내수 합판 ⓣ9 위에 방수 시트

단면 상세도 [S=1 : 3]

욕실을 넓게 보여준다

세면실에서 욕실을 본 모습. 칸막이벽 상부에 유리를 부착해 두 공간을 시각적으로 연결해서 넓어 보이게 한다.

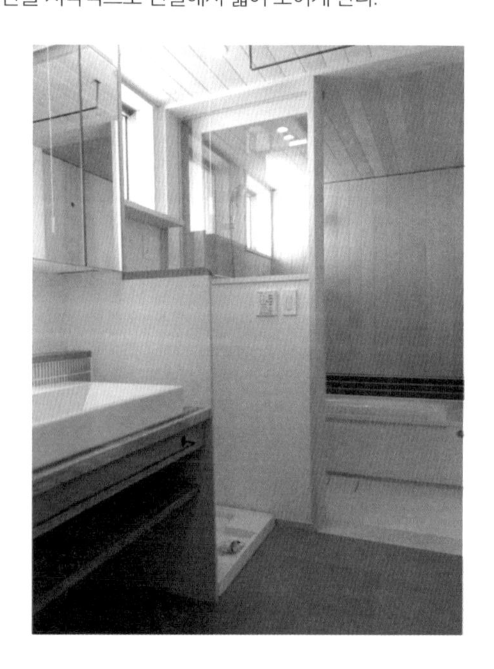

29

4~6 month

내부 창호, 가구

목수가 틀을 만든 후 창호를 설치한다. 그와 동시에 가구를 조정한다. 여기에서는 창호 도면을 읽을 때의 주의점과 주방 가구를 중심으로 설명한다.

내부 창호는 도면 읽기가 중요하다 & 주방은 배관과 세트

창호는 공장에서 제작되므로 제작 과정을 알 수 없다. 공사하는 도중에 수정할 수 없기 때문에 사전 협의가 매우 중요하다. 필자는 창호공이 현장에 치수를 재러 왔을 때 도면을 함께 읽는다. 단차(※1)나 창호 옆면용 판재(※2)의 두께 등은 도면에 기재되어 있지만 이미지를 공유하면 완성도가 높아진다.

가구 공장에는 수많은 가공기가 갖춰져 있어서 마감 정밀도가 높다. 나사를 보이지 않게 가공할 수 있기 때문에 섬세한 가구 제작에 어울린다. 원목판과 집성재는 물론 플러시 패널(속이 빈 구조의 패널)로 제작할 수도 있다. 가구 반입은 110쪽에서 진행하는데 주방의 경우 배치 후에 배관류의 수직부에 맞춰서 조정해야 한다. 식기세척기 배관은 일본 제품이리면 본체의 바로 아래, 외국 제품이라면 본체 옆에서 배관이 올라오므로 제조사를 확인한다(128쪽 A 참조). [세키모토]

현장에 참여하는 사람들

현장 감독

창호공

가구공

※1. 틀 등의 내장재 표면과 벽면과의 차를 나타낸 치수. ※2. 창호의 문설주나 틀에 겹쳐지는 면.

4~6 month

내부 창호, 가구

창호 세트 제작 기간은 약 2주!

1 나무틀의 안치수를 잰다

목수가 설치한 나무틀의 안치수를 전부 잰다. 도면과 실측에서는 ±2mm 정도의 오차가 있으므로 창호는 반드시 실측 치수에 맞춰서 제작한다. 목수가 도어 포켓 치수를 잘못 잴 수도 있으니 주의 깊게 확인한다.

3 창호를 끼워 넣는다

틀에 맞춰서 창호를 자르거나 깎아서 조정하고 나무틀에 창호를 끼워 넣는다.

창호는 현장에서 조정할 것을 염두에 두고 실측 치수보다 조금 크게 만들어 놔.

650
25 25 25 25
650
사방틀 : 가문비나무 OS

옆판(가스레인지 쪽) :
졸참나무 곧은결 화장합판 플러시
⓵24 OF

카운터 :
졸참나무 집성재
⓵40 OF

카운터(이동식) :
졸참나무 집성재
⓵30 OF

2,592
648 648 648 648
650 450
40 650
810
1,478
20

4 가구 설치 장소를 실측한다

가구를 놓을 장소의 치수를 실측한다. 특히 배관과 관련이 있는 주방 가구는 배관 수직부에 맞춰서 배치하도록 준비한다.

배선 위치도 동시에 확인해.

A >> P. 128

주방은 편리성을 고려해서 만든다

사용하는 기자재나 공정이 창호 제작과 겹치기 때문에 가구와 창호를 함께 제작하는 공장도 많아!

2 도면을 맞추어 본다

설계자와 창호공이 함께 도면을 맞춰 보고 생각하지 못한 실수를 방지한다.

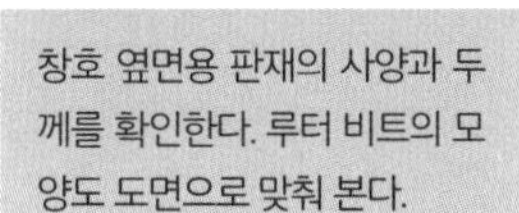

창호 옆면용 판재의 사양과 두께를 확인한다. 루터 비트의 모양도 도면으로 맞춰 본다.

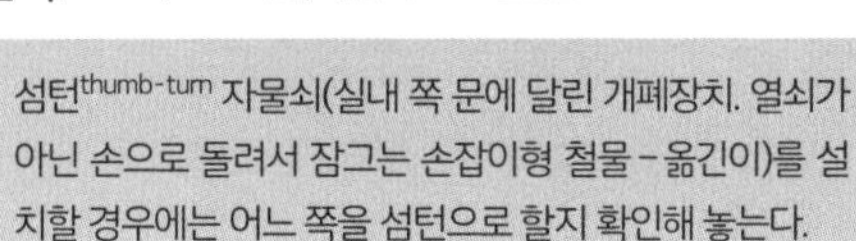

섬턴thumb-turn 자물쇠(실내 쪽 문에 달린 개폐장치. 열쇠가 아닌 손으로 돌려서 잠그는 손잡이형 철물 – 옮긴이)를 설치할 경우에는 어느 쪽을 섬턴으로 할지 확인해 놓는다.

여기서는 나중에 문을 떼어낼 경우를 대비해서 행거 레일 문 앞쪽 150mm 정도를 탈착할 수 있게 만들었다. 일반적인 창호와 달리 세심하게 시공해야 할 경우에는 빠뜨리는 부분이 없도록 확인한다.

욕실과 세면실 사이의 미닫이문에서는 안팎의 서로 다른 위치에 문고리를 설정할 때도 있다. 위치가 다른 경우에는 도면을 맞춰 볼 때 주의해야 한다.

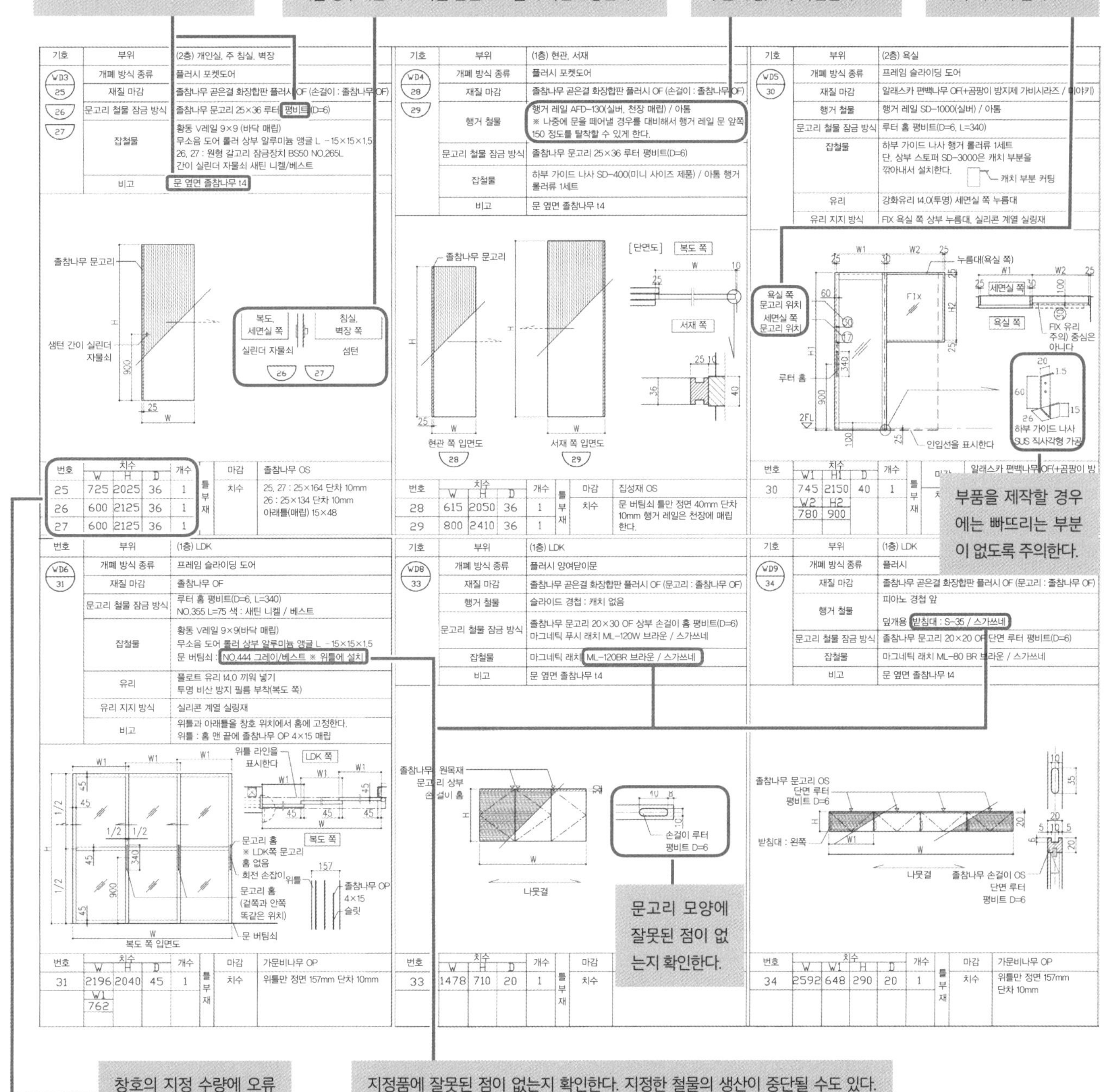

기호	부위	(2층) 개인실, 주 침실, 벽장
WD3 25 / 26 / 27	개폐 방식 종류	플러시 포켓도어
	재질 마감	졸참나무 곧은결 화장합판 플러시 OF (손걸이 : 졸참나무 OF)
	문고리 철물 잠금 방식	졸참나무 문고리 25×36 루터 평비트(D=6)
	잡철물	황동 V레일 9×9 (바닥 매립) 무소음 도어 롤러 상부 알루미늄 앵글 L –15×15×1.5 26, 27 : 원형 갈고리 잠금장치 BS50 NO.265L 간이 실린더 자물쇠 새틴 니켈/베스트
	비고	문 옆면 졸참나무 t4

번호	치수 W	치수 H	치수 D	개수	틀부재	마감	졸참나무 OS
25	725	2025	36	1		치수	25, 27 : 25×164 단차 10mm 26 : 25×134 단차 10mm 아래틀(매립) 15×48
26	600	2125	36	1			
27	600	2125	36	1			

기호	부위	(1층) 현관, 서재
WD4 28 / 29	개폐 방식 종류	플러시 포켓도어
	재질 마감	졸참나무 곧은결 화장합판 플러시 OF (손걸이 : 졸참나무 OF)
	행거 철물	행거 레일 AFD–130(실버, 천장 매립) / 아톰 ※ 나중에 문을 떼어낼 경우를 대비해서 행거 레일 문 앞쪽 150 정도를 탈착할 수 있게 한다.
	문고리 철물 잠금 방식	졸참나무 문고리 25×36 루터 평비트(D=6)
	잡철물	하부 가이드 나사 SD–400(미니 사이즈 제품) / 아톰 행거 롤러류 1세트
	비고	문 옆면 졸참나무 t4

번호	치수 W	치수 H	치수 D	개수	틀부재	마감	집성재 OS
28	615	2050	36	1		치수	문 버팀쇠 틀만 정면 40mm 단차 10mm 행거 레일은 천장에 매립한다.
29	800	2410	36	1			

기호	부위	(2층) 욕실
WD5 30	개폐 방식 종류	프레임 슬라이딩 도어
	재질 마감	알래스카 편백나무 OF(+곰팡이 방지제 가비시라즈 / 미야키)
	행거 철물	행거 레일 SD–1000(실버) / 아톰
	문고리 철물 잠금 방식	루터 홈 평비트(D=6, L=340)
	잡철물	하부 가이드 나사 행거 롤러류 1세트 단, 상부 스토퍼 SD–3000은 캐치 부분을 깎아내서 설치한다. 캐치 부분 커팅
	유리	강화유리 t4.0(투명) 세면실 쪽 누름대
	유리 지지 방식	FIX 욕실 쪽 상부 누름대, 실리콘 계열 실링재

번호	치수 W1 / W2	치수 H1 / H2	치수 D	개수	틀부재	마감	알래스카 편백나무 OF(+곰팡이 방
30	745 / 780	2150 / 900	40	1			

번호	부위	(1층) LDK
WD6 31	개폐 방식 종류	프레임 슬라이딩 도어
	재질 마감	졸참나무 OF
	문고리 철물 잠금 방식	루터 홈 평비트(D=6, L=340) NO.355 L=75 색 : 새틴 니켈 / 베스트
	잡철물	황동 V레일 9×9(바닥 매립) 무소음 도어 롤러 상부 알루미늄 앵글 L –15×15×1.5 문 버팀쇠 : NO.444 그레이/베스트 ※ 위틀에 설치
	유리	플로트 유리 t4.0 끼워 넣기 투명 비산 방지 필름 부착(복도 쪽)
	유리 지지 방식	실리콘 계열 실링재
	비고	위틀과 아래틀을 창호 위치에서 홈에 고정한다. 위틀 : 홈 맨 끝에 졸참나무 OP 4×15 매립

번호	치수 W / W1	치수 H	치수 D	개수	틀부재	마감	가문비나무 OP
31	2196 / 762	2040	45	1		치수	위틀만 정면 157mm 단차 10mm

기호	부위	(1층) LDK
WD8 33	개폐 방식 종류	플러시 양여닫이문
	재질 마감	졸참나무 곧은결 화장합판 플러시 OF (문고리 : 졸참나무 OF)
	행거 철물	슬라이드 경첩 : 캐치 없음
	문고리 철물 잠금 방식	졸참나무 문고리 20×30 OF 상부 손걸이 홈 평비트(D=6) 마그네틱 푸시 래치 ML–120W 브라운 / 스가쓰네
	잡철물	마그네틱 래치 ML–120BR 브라운 / 스가쓰네
	비고	문 옆면 졸참나무 t4

번호	치수 W	치수 H	치수 D	개수	틀부재	마감	
33	1478	710	20	1		치수	

기호	부위	(1층) LDK
WD9 34	개폐 방식 종류	플러시
	재질 마감	졸참나무 곧은결 화장합판 플러시 OF (문고리 : 졸참나무 OF)
	행거 철물	피아노 경첩 앞 덮개용 받침대 : S–35 / 스가쓰네
	문고리 철물 잠금 방식	졸참나무 문고리 20×20 OF 단면 루터 평비트(D=6)
	잡철물	마그네틱 래치 ML–80 BR 브라운 / 스가쓰네
	비고	문 옆면 졸참나무 t4

번호	치수 W	치수 W1	치수 H	치수 D	개수	틀부재	마감	가문비나무 OP
34	2592	648	290	20	1		치수	위틀만 정면 157mm 단차 10mm

졸참나무 문고리
섬턴 간이 실린더 자물쇠
복도, 세면실 쪽
침실, 벽장 쪽
실린더 자물쇠
섬턴
졸참나무 문고리
현관 쪽 입면도
서재 쪽 입면도
[단면도]
복도 쪽
서재 쪽
욕실 쪽 문고리 위치
세면실 쪽 문고리 위치
누름대(욕실 쪽)
세면실 쪽
욕실 쪽
FIX 유리 주의) 중심은 아니다
루터 홈
하부 가이드 나사 SUS 직사각형 가공
인입선을 표시한다
위틀 라인을 표시한다
LDK 쪽
복도 쪽
문고리 홈 ※ LDK쪽 문고리 홈 없음 회전 손잡이
위틀
졸참나무 OP 4×15 슬릿
문고리 홈 (겉쪽과 안쪽 똑같은 위치)
문 버팀쇠
복도 쪽 입면도
졸참나무 원목재 문고리 상부 손걸이 홈
나뭇결
손걸이 루터 평비트 D=6
졸참나무 문고리 OS 단면 루터 평비트 D=6
받침대 : 왼쪽
졸참나무 손걸이 OS 단면 루터 평비트 D=6

부품을 제작할 경우에는 빠뜨리는 부분이 없도록 주의한다.

문고리 모양에 잘못된 점이 없는지 확인한다.

창호의 지정 수량에 오류가 없는지 확인한다.

지정품에 잘못된 점이 없는지 확인한다. 지정한 철물의 생산이 중단될 수도 있다. 구할 수 없는 제품이 있는 경우에는 대체품으로 변경할 것인지 협의한다.

5 가구를 설치한다

가구를 배치하고 서랍을 설치한다. 전기 배선이나 에어컨 배수관을 가구 안에 매립할 경우 현장에서 구멍을 뚫고 그 안에 끌어넣는다.

가구는 공장에서 미리 철물을 달고 분해해서 반입한 뒤 현장에서 다시 한번 조립해.

내부 창호, 가구 체크리스트

주방은 편리성을 고려해서 만든다

수납물이나 사용하는 조리 가전을 고려하여 주방 내부를 계획한다.

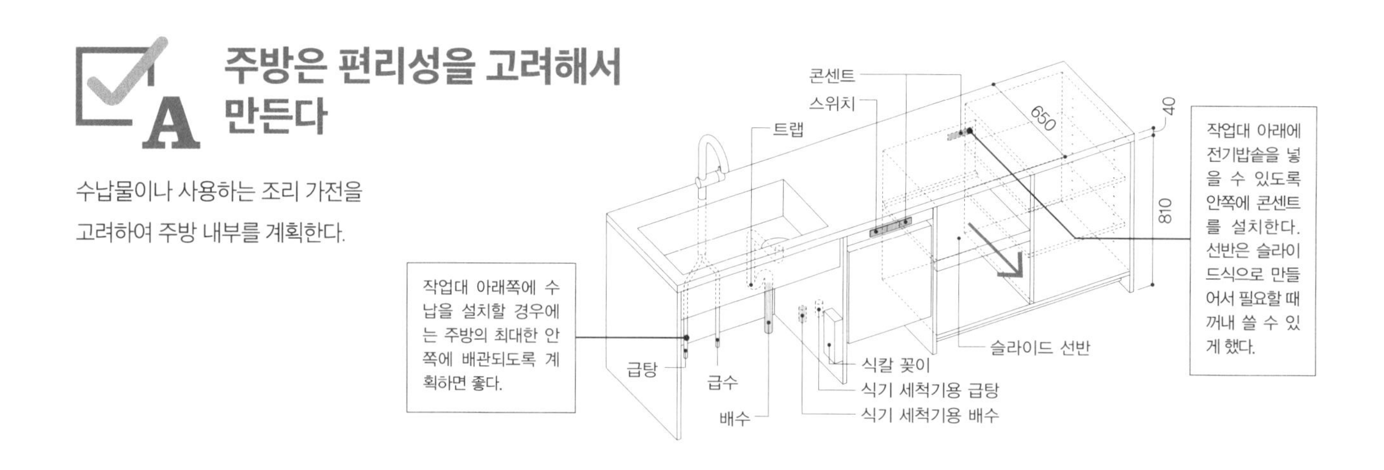
콘센트
스위치
트랩
650
40
810
작업대 아래에 전기밥솥을 넣을 수 있도록 안쪽에 콘센트를 설치한다. 선반은 슬라이드식으로 만들어서 필요할 때 꺼내 쓸 수 있게 했다.
작업대 아래쪽에 수납을 설치할 경우에는 주방의 최대한 안쪽에 배관되도록 계획하면 좋다.
급탕
급수
배수
슬라이드 선반
식칼 꽂이
식기 세척기용 급탕
식기 세척기용 배수

창호와 가구는 공간을 강조하는 포인트가 된다

왼쪽 : 2층에서 다락 창을 본 모습. 다락은 아이의 놀이방으로도 활용한다. 실내 창을 통해서 아이가 노는 모습이 보인다.
오른쪽 : 식당에서 주방을 본 모습. 가구 제작이라면 세부까지 섬세하게 만들어 넣을 수 있다.
[사진 : 신자와 잇페이]

COLUMN 7

창호와 가구는 특정 업자를 이용한다

창호와 가구는 주택의 질을 결정하는 가장 중요한 부분이다. 일상적으로 손이 닿는 곳이고 시선이 가깝다는 점에서 세심하게 살펴 마무리해야 한다. 최근 몇 년 동안 필자는 창호, 가구의 경우 의뢰하는 시공업체가 달라져도 같은 업자를 지정해서 의뢰하고 있다.

지정업자에게 의뢰하는 장점으로는 ① 어느 현장이나 품질이 안정적이고 ② 디테일이나 기술을 축적할 수 있으며 ③ 신뢰 관계를 맺을 수 있다는 점 등을 들 수 있다.

앞에서 말했듯이 창호나 가구는 매일 사용하는 데 견딜 수 있는 강도와 세심한 마감이 필요한 부분이다. 어느 현장에서나 목수의 실력은 그럭저럭 높은 편이다. 그래서 창호, 가구에 안정적인 질을 바랄 수 있으면 금상첨화이며 어떤 주택이든 마감에 불안함이 사라진다. 매번 똑같은 물건 제작을 의뢰하는 동안 정밀도가 점점 높아져서 만약에 실패해도 복구할 수 있다는 점도 크다. 무엇보다 매번 똑같은 업자와 만나며 물건을 만들 수 있다는 것은 역시 기분 좋다.

30

4~6 month

기구 설치

내장 공사가 끝나면 약 이틀 동안 설비 기기를 설치한다. 스위치, 에어컨 등은 공사 마지막 과정에서 드러난다. 균형이 틀어진 인상을 주지 않도록 설계 단계부터 신경을 쓴다.

설비 기기는 위화감 덩어리

벽면에는 각종 스위치, 콘센트, 에어컨과 인터폰을 비롯해 두께가 있는 기기가 여러 대나 설치된다. 설비 기기는 공간의 조화를 흐트러뜨리는 이단아다. 위화감을 조금이라도 줄이면서도 사용하기 좋게 배치하려면 설계 단계에서 모든 설비 기기를 전개도에 구상해 놓아야 한다.

거실 벽면에 노출하는 기기는 최대한 한 군데로 모아서 그 부분에 니치(벽감)를 설치해 기기를 놓는 '장소'를 만들어 놓으면 외관상 드러나는 부조화를 줄일 수 있다(132쪽 A 참조).

에어컨 배치에도 배려와 신중함이 필요하다(132쪽 B 참조). 눈에 띄지 않는 위치와 높이를 검토하자.

또한 작은 설비지만 덮개 달린 환기팬도 두께가 있다. 깊이 50mm 정도의 작은 전용 니치를 설치하면 깔끔하게 마감된다(132쪽 C 참조). [세키모토]

현장에 참여하는 사람들

현장 감독

A C
공조설비업자

전기설비업자

가스회사

4~6 month

기구 설치

실내 공기는 흡기 그릴로 들어가서 환기팬으로 배출된다. 실내 공기를 순환시키려면 배기 위치를 흡기 위치보다 높여서 최대한 떨어뜨려야 한다. 개인실이면 대각 방향에 배치하는 것이 기본이다.

1 에어컨을 설치한다

슬리브 위치가 어긋나면 에어컨 위치도 어긋난다. 에어컨의 표준 슬리브 위치를 도면에 기재해 놓는다.

AC

자정 기능이나 가습 기능이 있는 유형은 배관이 굵어지니 주의해!

B >> P. 132
에어컨 배관 경로를 구조 부재와 간섭시키지 않는다

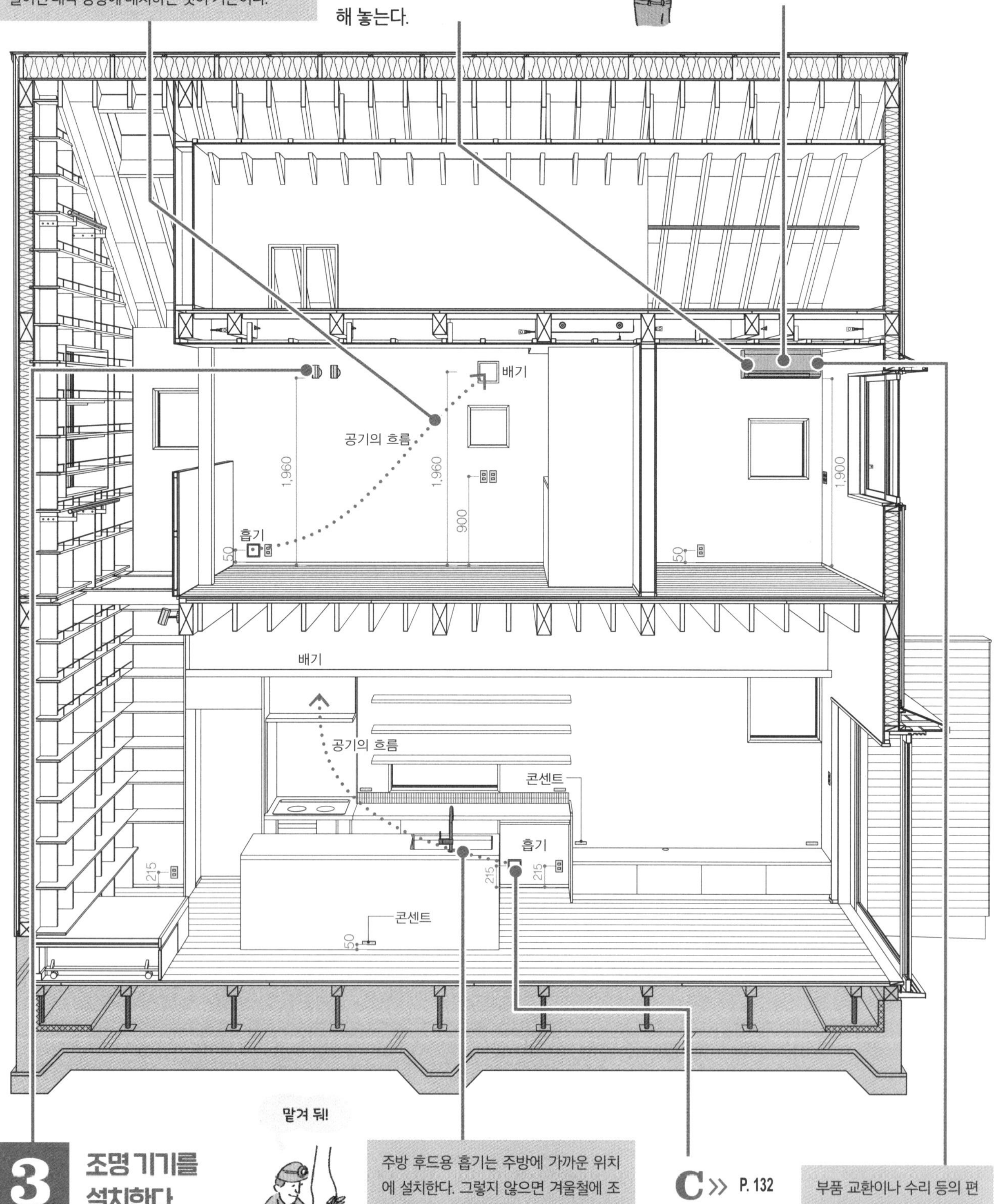
배기
공기의 흐름
1,960
1,960
900
흡기
50
50
1,900
배기
공기의 흐름
콘센트
흡기
215
215
215
콘센트
50

3 조명기기를 설치한다

도면에 지시된 위치에 조명기기를 설치한다.

맡겨 둬!

주방 후드용 흡기는 주방에 가까운 위치에 설치한다. 그렇지 않으면 겨울철에 조리 중 실내로 대량의 냉기를 끌어들이게 되기 때문이다. 되도록 짧은 경로로 흡배기를 완결하는 것이 좋다.

C >> P. 132
환기팬은 니치에 넣는다

부품 교환이나 수리 등의 편의를 고려해서 에어컨을 벽이나 천장에서 50mm 이상 떨어뜨린다.

5th month 6th month 7th month

14	15	16	17	18	19	20	21	22	23	24	25	26
		내부 배관, 배선 (주방 후드 등)		인덕션 히터, 식기세척기 반입		외부 기구 설치		내외부 기구 설치, 분전반 설치				

2 에어컨 실외기를 설치한다

앞뒤, 좌우, 위쪽에 제조사가 지정한 일정거리를 확보해서 실외기를 배치한다.

A C

이웃집 창문 앞을 피해서 클레임을 받지 않을 만한 장소에 배치하자.

전등, 전화 인입은 발판을 제거하기 전에 완료한다(86쪽 참조).

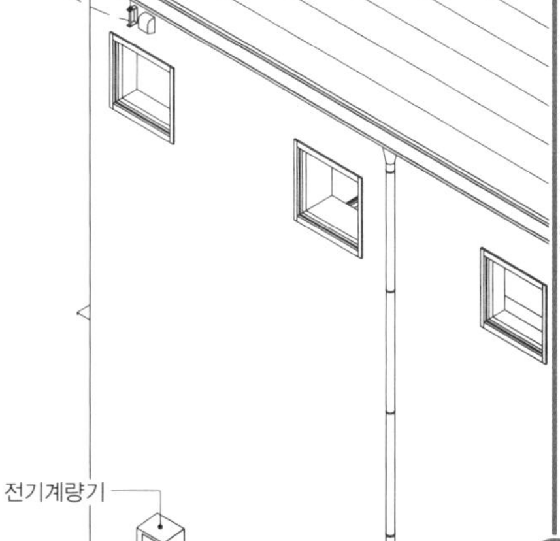

전등, 전화 인입
전기계량기
가스 계량기
급탕기
노출 배관
거실의 에어컨으로
50mm 이상
100mm 이상
서비스 스페이스 300mm 이상
200mm 이상
에어컨 실외기
수전 기둥
외부 콘센트

A » P. 132
거실에 스위치용 니치를 만든다

외벽 쪽 배관 관통부에는 실링 처리를 해서 외부에서 물이 들어오는 것을 막는다.

실외기 오른쪽에 배관류가 지나는 경우가 있다. 유지 관리를 위해 왼쪽보다 공간이 많이 필요하다.

4 가스계량기, 급탕기를 설치한다

가스회사의 검사 후에 가스계량기, 급탕기를 설치한다.

공사를 마친 후에 점검, 점화 시험을 진행해.

5 전기계량기를 설치한다

전력회사의 검사 후에 전기계량기를 설치한다.

입면도에 전기계량기를 그려 놓으면 망설이지 않아도 돼!

기구 설치 체크리스트

거실에 스위치용 니치를 만든다

여기에서는 스위치 둘레에 25mm(기기가 답답해 보이지 않는 치수)의 여백을 두고 배치해서 가지런한 인상을 준다. 니치의 안길이는 기기가 다 들어가는 깊이인 경우 그림자가 생겨서 오히려 눈에 띈다. 기기가 조금 튀어나오는 정도(여기에서는 20mm)가 적당하다.

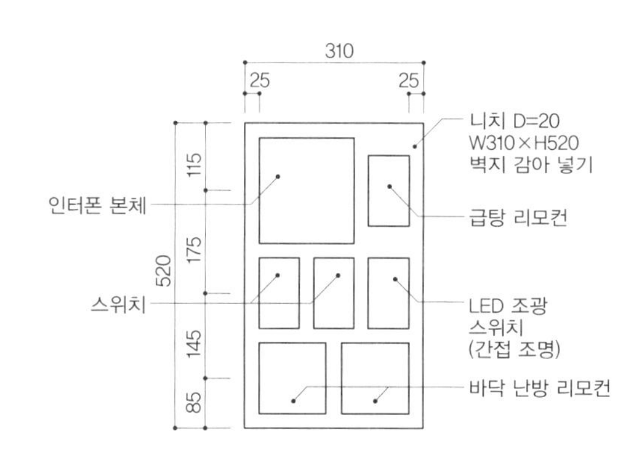
310
25
25
니치 D=20
W310×H520
벽지 감아 넣기
인터폰 본체
115
급탕 리모컨
520
175
스위치
LED 조광
스위치
(간접 조명)
145
85
바닥 난방 리모컨

니치 입면도 [S=1 : 15]

에어컨 배관 경로를 구조 부재와 간섭시키지 않는다

에어컨 배관은 들보 등의 구조 부재와 간섭하지 않는 경로로 계획한다. 또한 전원이 눈에 띄지 않게 가구용 콘센트를 에어컨 위에 설치한다.

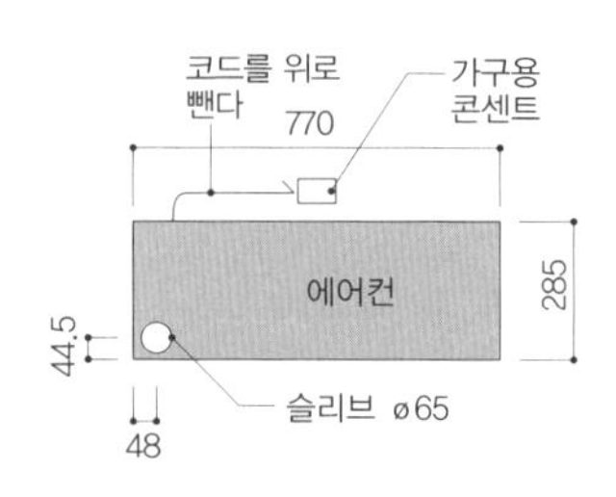
코드를 위로
뺀다
770
가구용
콘센트
에어컨
285
44.5
슬리브 ø65
48

에어컨 입면도 [S=1 : 30]

환기팬은 니치에 넣는다

작은 기기는 벽과 평평하게 넣는다. 현장에서 실수가 없도록(중심이 한쪽으로 치우친 기기도 있다) 도면에서는 니치 중심 치수가 아니라 배관 중심 치수로 지시해 놓는다.

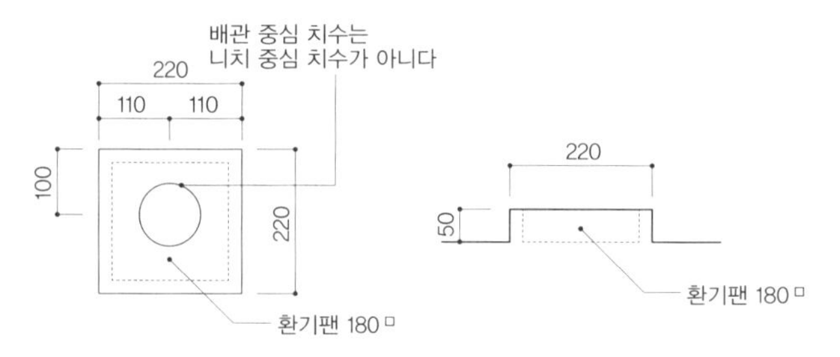
배관 중심 치수는
니치 중심 치수가 아니다
220
110
110
100
220
환기팬 180□
220
50
환기팬 180□

환기팬 입면도, 단면도 [S=1 : 15]

스위치는 건축주의 취향에 맞춘다

위 : 식당에서 계단을 본 모습. 계단으로 이어지는 개구부 옆에 니치를 만들었다. 바닥에서 1,200mm 정도 높이로 설정하면 조작하기 쉽다. [사진 : 신자와 잇페이]

아래 : 건축주의 취향에 맞춰서 일부에 토글 스위치를 설치하면 벽에 강조 효과를 줄 수 있다. 왼쪽은 화장실 조명 스위치, 오른쪽은 복도, 계단, 현관의 조명 스위치.

완성

Completed

외장, 식재

외부 장식을 설치하면 완성! 나무 담장과 우드덱을 만들고 꽃나무를 심어서 남쪽 전면 도로와 일체적으로 보여준다. 조경사와 협업하면 건물을 더욱 매력적으로 보여줄 수 있다. 공사 기간은 약 2주.

인계하기 전까지 모든 작업을 완료한다

이 사례에서는 남쪽 전면 도로를 향해서 1층에 우드덱을 설치했다. 소제창 앞은 걸터앉을 수 있는 툇마루다. 깊이는 700mm로 조금 널찍하게 만들어 앉은 사람의 뒤로 다른 사람이 지나다닐 수 있게 했다. 서쪽 나무 담장 뒤는 1,883mm만큼 넓혀 테이블을 꺼내서 가족이 쉴 수 있는 장소로 만들었다(136쪽 A 참조).

외장 공사를 끝내고 나면 해당 기관의 검사(※)를 거친 후 설계사무소의 완료 검사를 진행한다. 보완할 점을 찾아서 시공자와 공유한다. 인계한 후 결점이 드러날 때마다 건축주에게 불려가는 일이 없도록 완료 검사 때 확실하게 확인해야 한다. 보완할 점을 전부 수정하고 청소해서 만반의 상태로 건축주에게 인계하자(136쪽 B 참조).

[세키모토]

현장에 참여하는 사람들

현장 감독

목수

창호공

조경사

※ 특정 행정청이 검사하는 경우도 있다.

Completed

외장, 식재

1 거푸집을 만들고 콘크리트를 흙손으로 누른다

거푸집을 만들어서 삽을 사용해 콘크리트를 거푸집에 넣는다. 그 다음 손으로 눌러서 마무리한다.

거푸집은 기초를
기준으로 배치해.

2 우드덱을 만든다

동바릿돌 위에 동자기둥을 세우고 그 위에 틀부재를 두른 다음 바닥을 깔아 우드덱을 만든다.

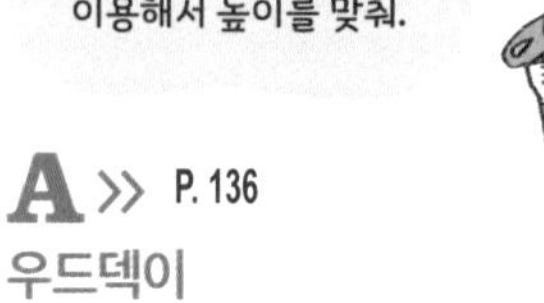
담장에 친 수평실을
이용해서 높이를 맞춰.

A >> P. 136
우드덱이
완성되기까지

남쪽 전면 도로로 개방하는 계획에 맞춰서 우드덱의 높이는 400mm로 낮게 설정했다. 이에 맞춰서 1층 바닥 높이도 결정했다.

400

자갈

3 문설주를 세우고 담장을 만든다

인지 경계선을 확인하고 문설주 위치를 정한다. 대문에서 조금 떨어진 곳에 콘크리트 블록을 놓고 블록 구멍에 알루미늄 각재를 넣어서 심재로 삼는다. 그곳에 나무판을 깔고 담장을 만든다. 문설주에 맞춰서 대문을 설치한다.

대문은 창호공이
시공해!

			5th month				6th month				7th month	
14	15	16	17	18	19	20	21	22	23	24	25	26
							우드덱 설치		외장, 식재	청소, 완성 검사, 수정 공사 → 인계		

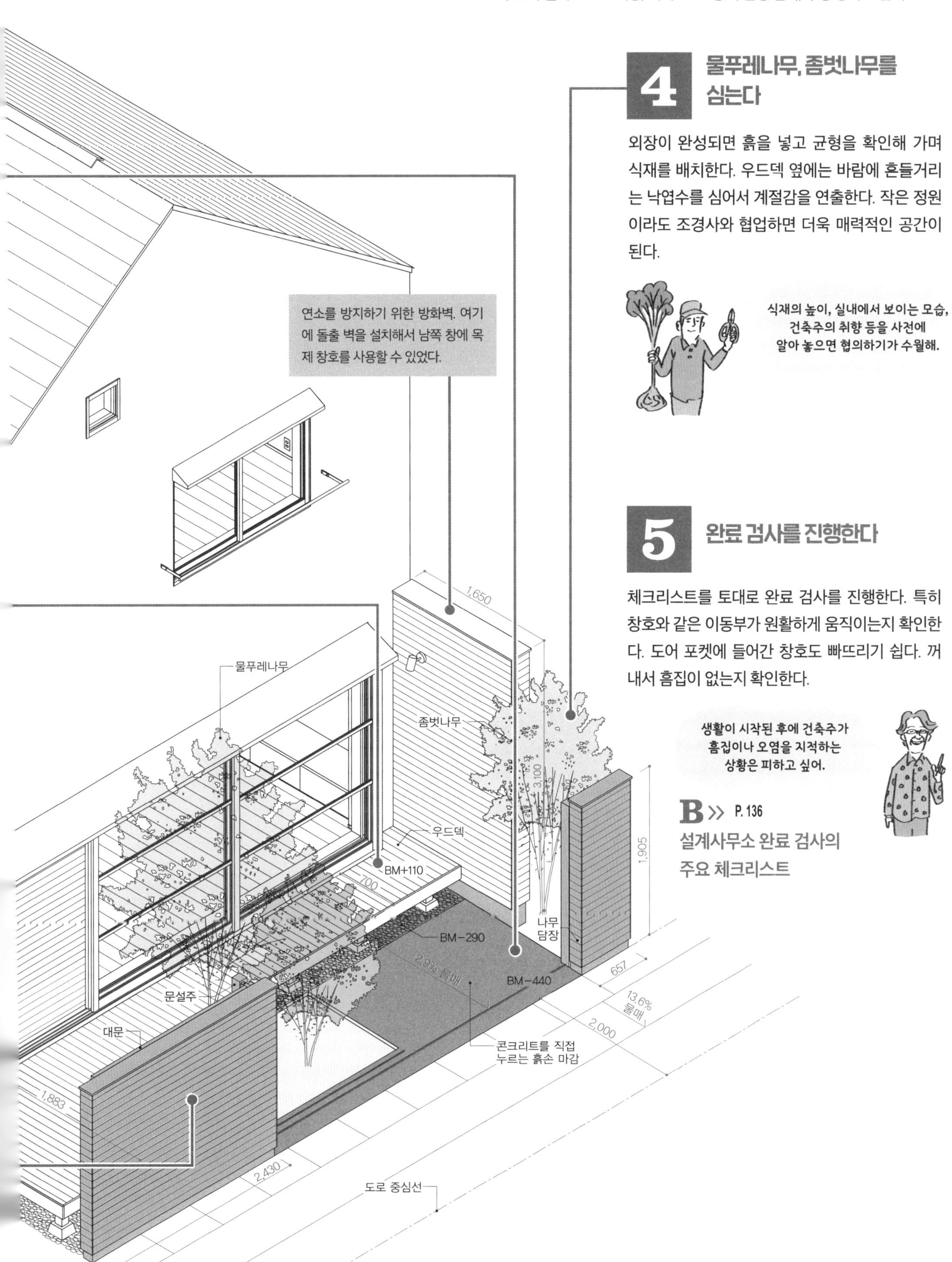

연소를 방지하기 위한 방화벽. 여기에 돌출 벽을 설치해서 남쪽 창에 목제 창호를 사용할 수 있었다.
1,650
물푸레나무
좀벗나무
3,100
우드덱
BM+110
700
1,905
나무 담장
BM−290
BM−440
2.9% 물매
657
13.6% 물매
2,000
문설주
대문
콘크리트를 직접 누르는 흙손 마감
1,883
2,430
도로 중심선
도로 경계선

4 물푸레나무, 좀벗나무를 심는다

외장이 완성되면 흙을 넣고 균형을 확인해 가며 식재를 배치한다. 우드덱 옆에는 바람에 흔들거리는 낙엽수를 심어서 계절감을 연출한다. 작은 정원이라도 조경사와 협업하면 더욱 매력적인 공간이 된다.

식재의 높이, 실내에서 보이는 모습, 건축주의 취향 등을 사전에 알아 놓으면 협의하기가 수월해.

5 완료 검사를 진행한다

체크리스트를 토대로 완료 검사를 진행한다. 특히 창호와 같은 이동부가 원활하게 움직이는지 확인한다. 도어 포켓에 들어간 창호도 빠뜨리기 쉽다. 꺼내서 흠집이 없는지 확인한다.

생활이 시작된 후에 건축주가 흠집이나 오염을 지적하는 상황은 피하고 싶어.

B >> P. 136
설계사무소 완료 검사의 주요 체크리스트

Completed

외장, 식재 체크리스트

우드덱이 완성되기까지

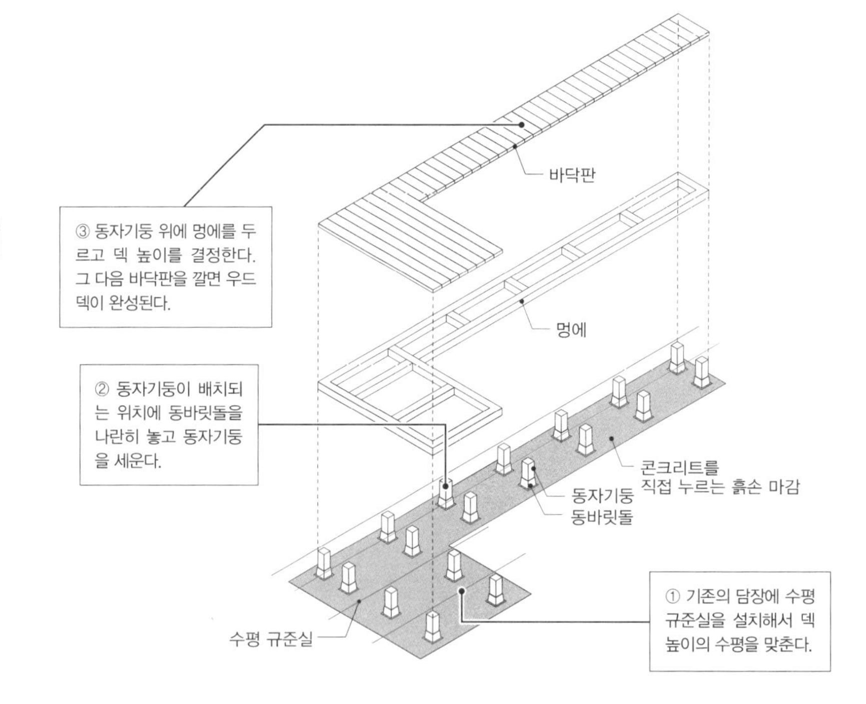
③ 동자기둥 위에 멍에를 두르고 덱 높이를 결정한다. 그 다음 바닥판을 깔면 우드덱이 완성된다.
바닥판
멍에
② 동자기둥이 배치되는 위치에 동바릿돌을 나란히 놓고 동자기둥을 세운다.
콘크리트를 직접 누르는 흙손 마감
동자기둥
동바릿돌
① 기존의 담장에 수평 규준실을 설치해서 덱 높이의 수평을 맞춘다.
수평 규준실

설계사무소 완료 검사의 주요 체크리스트

설계자는 경계 말뚝 위치를 확인하고 도로 경계선 및 부지 경계선에서 건물 네 귀퉁이까지의 수평 거리를 측정하여 배치를 확인한다.

외부 둘레

□ 콘크리트 토방에 균열은 없는가 □ 외벽에 오염은 없는가 □ 세로 홈통에 움푹 팬 부분은 없는가

새시

□ 개폐에 이상은 없는가 □ 방충문에 흠집은 없는가

현관 둘레

□ 현관문의 개폐, 잠금 장치는 원활한가 □ 도어 클로저의 속도는 적절한가

내부 바닥, 벽, 천장

□ 점검구의 개폐는 원활한가 □ 바닥 울림은 없는가 □ 마감재에 흠집이나 오염은 없는가
□ 걸레받이가 들뜨거나 떨어지지 않았는가 □ 벽지를 바른 부분에 빈틈은 없는가

계단

□ 계단 고정에 문제는 없는가 □ 디딤판의 바닥 울림은 없는가 □ 난간은 적절하게 설치되었는가

설비 기기

□ 설비 기기가 똑바로 배치되었는가 □ 화재경보기의 배치, 작동에 이상은 없는가
□ 스위치와 조명의 배치는 적절한가

목제 창호

□ 창호의 개폐, 잠금 장치는 원활한가 □ 도어 스토퍼; 문 버팀쇠가 설치되었는가
□ 창호의 유리는 실링으로 고정되었는가

수납 선반, 붙박이 가구

□ 선반의 레일 설치는 적절한가 □ 가구 문의 개폐는 원활한가
□ 손잡이, 손걸이, 이동 선반은 지시대로인가 □ 행거 레일이나 철물은 고정되었는가

식재가 들어오면 외관 분위기도 좋아진다

남쪽 도로에서 테라스를 본 모습. 식재와 우드덱이 눈길을 사로잡는다. 거실 안쪽의 책장까지 시선이 이어지면서 공간이 실제보다 넓게 느껴진다. [사진 : 신자와 잇페이]

설계자와 시공자의 협업으로 기분 좋은 거실이 완성됐다!

약 7개월간의 시공을 거쳐 설계자가 머릿속으로 그린 거실이 완성되었다. 구조, 설비, 성능, 디자인까지 모든 것이 조화를 이룬 거실을 보면 기분이 좋다. [사진 : 신자와 잇페이]

현장에서 선호하는 도면을 그린다

도면 체크리스트

- ☑ **도면 간에 일관성이 있는가**
  거듭되는 변경에 따라 도면 간에 일치하지 않는 정보는 없는지 확인한다.

- ☑ **정보나 사양이 빠짐없이 적절하게 포함되었는가**
  설계자에게는 일반적인 사양이라도 처음에 함께 일하는 시공업자는 모르는 점이 많다.

- ☑ **직감적으로 알기 쉬운 레이아웃으로 구성되었는가**
  여기저기에 정보가 흩어진 도면은 이해하기 어렵다. 똑같은 부위의 정보는 최대한 같은 좌우 페이지에 정리한다.

- ☑ **선의 굵기나 글자 크기는 적절한가**
  너무 가는 선이나 작은 글자는 누락의 원인이 되므로 주의한다.

중요 체크!

1 결정적인 문제를 만들지 않는다

실수가 있으면 안 되는 현장에서 시공자가 실수할 법한 표기는 하지 말아야 한다. 예를 들면 마감이 다른 부위와 상이한 부분 등 설계자가 도면을 그리면 현장에서 실수할 것 같은 지점이 눈에 들어온다. 또한 현장에서 지시하려고 했는데 잊어버릴 때도 있다. 반드시 내용을 기록해 현장의 실수를 방지해야 한다.

2 정보를 다음 페이지로 넘기지 않는다

도면마다 축척에 따른 정보량이 있어서 상세한 마감에서는 별도 상세도를 그리는 것이 일반적이다. 그러나 정보가 여러 페이지의 도면에 걸쳐 있으면 번잡해져서 수정할 때 실수나 모순이 생기기 쉽다. 관련 정보는 최대한 같은 좌우 페이지 안에서 망라해야 한다. 그 부분이 어떻게 되어 있는가에 대한 힌트를 단적으로 표시하는 것만으로도 현장에서 수월하게 작업할 수 있다. 쓸데없이 페이지를 늘리는 것이 아니라 한 페이지의 밀도를 높여 상세하면서 보기 쉬운 도면을 그리도록 유의한다.

3 정보는 빠짐없이!

전개도에서 표현할 수 없는 부위도 있는데 도면 표현을 연구해서 정보를 망라해야 한다. 제작 설비 등으로 단면 구성이 달라질 경우에는 여러 단면을 그려서 설계 의도를 명확히 해 놓는다. 예를 들면 신발장의 선반 널을 표시하고 싶은 경우 전개도의 일부에 단면을 그려 넣는 등 도면에 정보를 확실하게 기재해 놓으면 시공 실수가 있을 때 수정 지시를 내리기 쉽고 도움을 받을 때도 종종 있다.

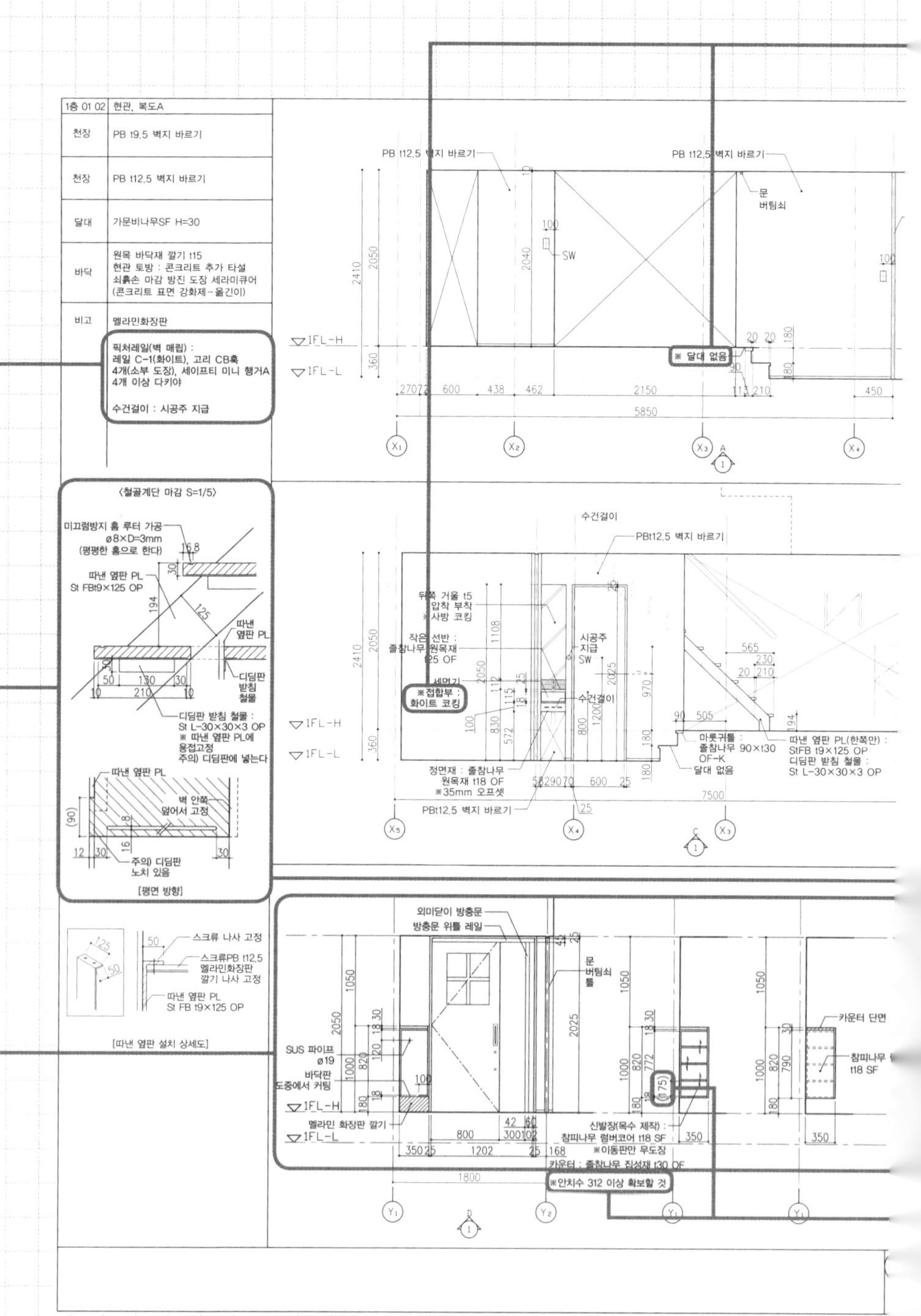

1층 01 02 현관, 복도A
천장 PB t9.5 벽지 바르기
천장 PB t12.5 벽지 바르기
달대 가문비나무SF H=30
바닥 원목 바닥재 깔기 t15
현관 토방 : 콘크리트 추가 타설
쇠흙손 마감 방진 도장 세라미큐어
(콘크리트 표면 강화제-올긴이)
비고 멜라민화장판
픽처레일(벽 매립) :
레일 C-1(화이트), 고리 CB흑
4개(소부 도장), 세이프티 미니 행거A
4개 이상 다키아
수건걸이 : 시공주 지급
PB t12.5 벽지 바르기
문 버팀쇠
※ 달대 없음
〈철골계단 마감 S=1/5〉
미끄럼방지 홈 루터 가공
ø8×D=3mm
(평평한 홈으로 한다)
따낸 옆판 PL
St FBt9×125 OP
디딤판 받침 철물 :
St L-30×30×3 OP
※ 따낸 옆판 PL에 용접고정
주의) 디딤판에 넣는다
벽 안쪽 읽어서 고정
주의) 디딤판 노치 있음
[평면 방향]
스크류 나사 고정
스크류PB t12.5
멜라민화장판
깔기 나사 고정
따낸 옆판 PL
St FB t9×125 OP
[따낸 옆판 설치 상세도]
수건걸이
PBt12.5 벽지 바르기
※접합부 화이트 코킹
시공주 지급
정면재 : 졸참나무
원목재 t18 OF
※35mm 오프셋
마룻귀틀 :
졸참나무 90×130
OF-K
달대 없음
따낸 옆판 PL(한쪽만) :
StFB t9×125 OP
디딤판 받침 철물 :
St L-30×30×3 OP
외미닫이 방충문
방충문 위틀 레일
SUS 파이프 ø19
바닥판 도중에서 커팅
멜라민 화장판 깔기
신발장(목수 제작) :
참피나무 럼버코어 t18 SF
※이동판만 무도장
카운터 : 졸참나무 집성재 t30 OF
※안치수 312 이상 확보할 것
카운터 단면
참피나무 t18 SF

의도를 정확하게 현장에 전달하는 도면을 그린다

설계자는 '너무 많이 그려 넣으면 견적이 비싸진다'는 착각이나 '상세한 내용은 현장에 들어간 후에 결정한다'는 습관 때문에 도면을 건네기 전이나 현장 착공 전에 도면 정보를 저장하는 경향이 있다. 그러나 결정을 내리지 못한 탓에 즉흥적으로 설계 변경을 반복하면 추가 공사가 발생하거나 작업 순서가 뒤엉키는 원인이 되어 결과적으로 건축주와 현장을 곤란하게 만든다.

물론 설계자가 늘 현장에 있을 수 없고 시공업자나 감독이 언제나 꼼꼼하게 확인해 줄 수도 없다. 따라서 설계자의 의도를 정확하게 현장에 전하려면 도면을 실속 있게 그리는 것이 중요하다. 시공업자가 작업 시에 필요로 하는 치수나 마무리, 맞춤 등의 정보를 실속 있게 채워서 세세한 부분까지 생각한 도면을 완성하면 시공 정밀도가 향상되고 확인하는 수고가 줄어들며 수정할 위험도 줄어든다.

[세키모토]

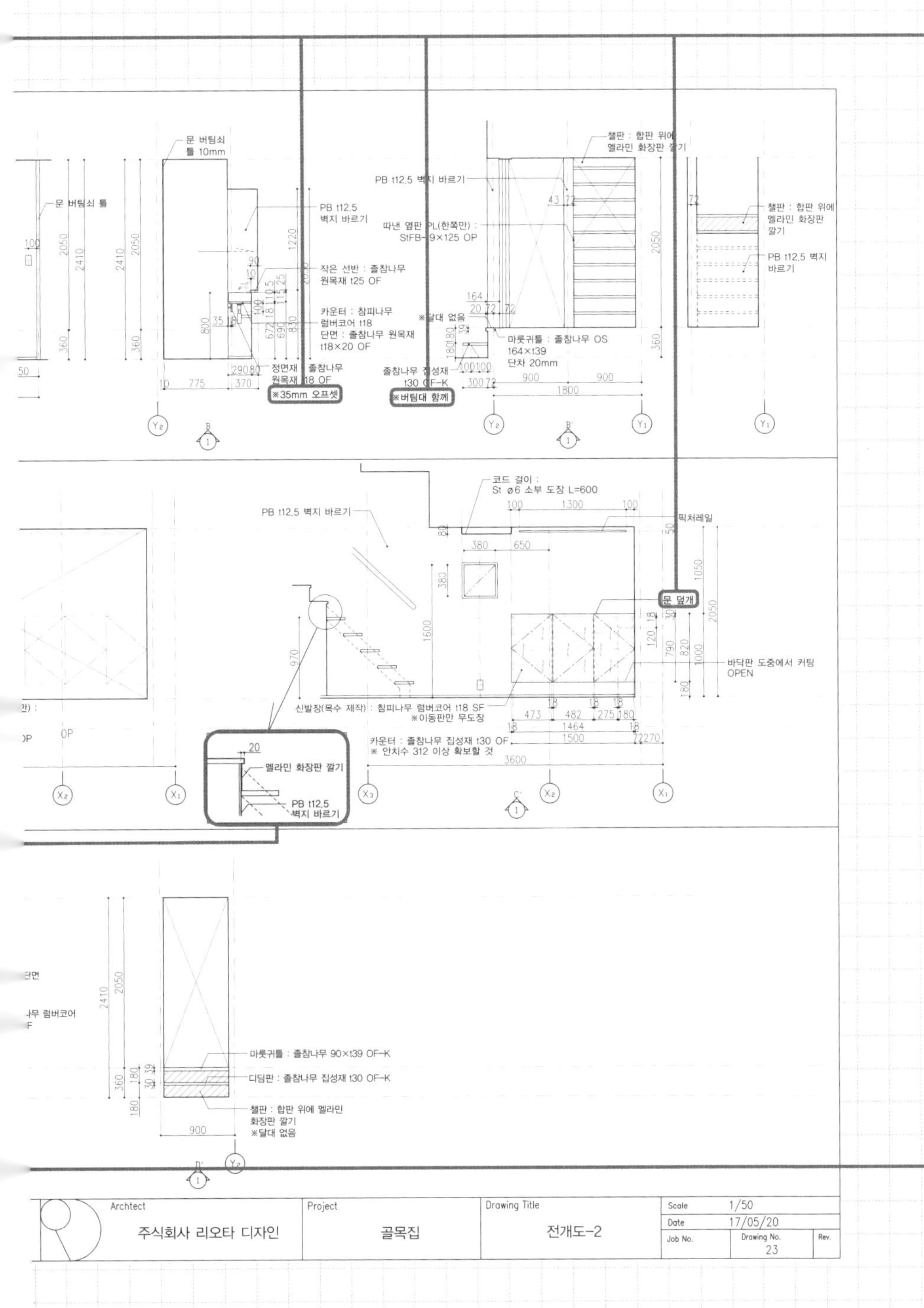

문 버팀쇠 틀 10mm
문 버팀쇠 틀
PB t12.5 벽지 바르기
작은 선반 : 졸참나무 원목재 t25 OF
카운터 : 참피나무 럼버코어 t18 단면 : 졸참나무 원목재 t18×20 OF
정면재 : 졸참나무 원목재 t18 OF
※35mm 오프셋
따낸 옆판 PL(한쪽만) : StFB-9×125 OP
※달대 없음
출참나무 집성재 t30 OF-K
※버팀대 함께
챌판 : 합판 위에 멜라민 화장판 깔기
마룻귀틀 : 졸참나무 OS 164×t39 단차 20mm
코드 걸이 : St ø6 소부 도장 L=600
픽처레일
문 덮개
바닥판 도중에서 커팅 OPEN
신발장(목수 제작) : 참피나무 럼버코어 t18 SF ※이동판만 무도장
카운터 : 졸참나무 집성재 t30 OF ※ 안치수 312 이상 확보할 것
멜라민 화장판 깔기
PB t12.5 벽지 바르기
마룻귀틀 : 졸참나무 90×t39 OF-K
디딤판 : 졸참나무 집성재 t30 OF-K
챌판 : 합판 위에 멜라민 화장판 깔기 ※달대 없음
Archtect
주식회사 리오타 디자인
Project
골목집
Drawing Title
전개도-2
Scale 1/50
Date 17/05/20
Job No.
Drawing No. 23
Rev.

4 지정품을 명시한다

설치하는 철물이나 기구 등의 제품을 지정해 놓은 경우에는 칸 밖에 기재한다. 확정하지 않았어도 설계 시에 가정한 물건이 있으면 '임시' 등의 표시를 덧붙여서 기재해 놓으면 현장에서도 가정할 수 있고 설계자 본인도 설계 당시 의도를 생각해낼 수 있다. 반대로 비슷한 제품이라도 상관없는 경우에는 '~정도' 등으로 표기한다. 또한 납품까지 시간이 걸리는 제품은 그 취지를 기재해서 현장에 주의를 촉구한다.

5 계획 기간 안에 완성한다

내용에 따라서는 현장에 들어온 후에 검토하면 좋은 것도 있지만 대부분은 집중력이 높아지는 설계 기간 중에 다 그려야 일치성이 높은 도면이 완성된다. 정보 한 가지에는 여러 요소가 복잡하게 얽혀 있으므로 나중에 즉흥적으로 변경하면 치명적인 실수가 될 수도 있으니 주의해야 한다.

6 지켜야 할 치수를 명확히 한다

캐드상의 작도와 달리 현장에서는 설계 치수대로 시공하지 못할 때가 종종 있다. 그럴 경우 반드시 지켜야 하는 치수인지 현장에서 결정해도 되는 치수인지 지시해 놓으면 현장에서 시공하기 편하다. 작업 상황에 따라 결정해도 되는 치수는 괄호로 묶으면 좋다.

건축주를 현장에 데리고 간다

1 지진제

1st month | 1week

확인사항
- ☑ 유리창 종류의 결정

지진제를 할 때 유리창의 종류를 확인한다(※). 이웃집에서의 시선이 신경 쓰인다면 형판 유리를 선택할 것인지, 시선이 신경 쓰이지 않는다면 일반적인 플로트 유리를 선택할 것인지 등 건축주의 느낌에 따라서도 판단이 나뉘므로 선택에 주의해야 한다.

※ 현장에 따라서는 상량식 후에 새시를 발주하는 편이 좋을 수도 있다. 이 경우 각 층의 해당 지점에 올라가 옆집에서 보이는지 등을 확인하여 정하는 것이 좋다.

여기부터
창문입니다
図面

줄치기한 대지에서 각각의 창문과 그곳에서 보이는 전망을 공유한다.

2 상량식

2nd month | 7week

확인사항
- ☑ 지붕 판금색 결정
- ☑ 외벽색 확인

상량한 지 며칠 이후, 길게는 30일 후에 지붕 잇기 공사가 시작된다. 상량할 때 지붕 판금색 등을 결정한다. 외벽 시공은 아직 멀었지만 지붕과 외벽의 색을 한꺼번에 결정해 놓으면 좋다.

이즈음에서 건축주에게도 주택의 전체 모습이 보이기 시작한다.

건축주의 현장 확인 일정

설계자가 현장에서 하는 일은 감리뿐만이 아니다. 건축주와 현장 상황을 공유하는 것도 중요한 일이다. 건축주에게 현장을 보여주는 의미는 크게 나눠서 세 가지가 있다.

먼저 가장 중요한 것은 ① 일정 공유다. 계획대로 진행되고 있는지, 지연되고 있는지를 알면 인계가 늦어질 경우에도 건축주의 이해를 얻기 쉽다. 다음으로는 ② 완성 이미지의 공유다. 건축주의 이미지와 다르거나 건축주가 변경을 희망할 경우 일찌감치 의견을 받지 않으면 때를 놓치는 경우도 있다. 궁금한 내용은 '이 부분은 괜찮습니까?'라고 거듭 확인하며 물어 놓는다.

마지막으로 ③ 과정 공유다. 현장에서 땀 흘리며 작업하는 기사들의 모습을 식접 보면 집에 대한 애착이 저절로 깊어진다. 건축주와 신뢰 관계가 생기면 인계를 하고 난 이후에 발생하는 클레임도 줄어든다. 여기에서는 어느 시기에 건축주를 현장에 데려가야 하는지 적절한 일정을 확인하자.

[세키모토]

'견학하면 현장에 방해되지 않을까?'라고
건축주가 신경 쓰는 경우도 많아.
그런 걱정이나 긴장을 하지 않도록 안심시켜 줘.
물론 안전 확보는 가장 중요해.

3 목재면 바탕 공사

4th month | 13week

확인사항
- ☑ 실내 도장색과 벽지 결정
- ☑ 타일 결정
- ☑ 난간이나 선반 높이 등 각 부위의 치수 확인

마감재는 설계 단계에서 임시로 결정해도 현장에서 보면 인상이 꽤 다를 때가 있으니 현장에서 다시 한번 샘플을 확인하면 좋다. 위화감이 느껴지면 변경안을 제시한다.

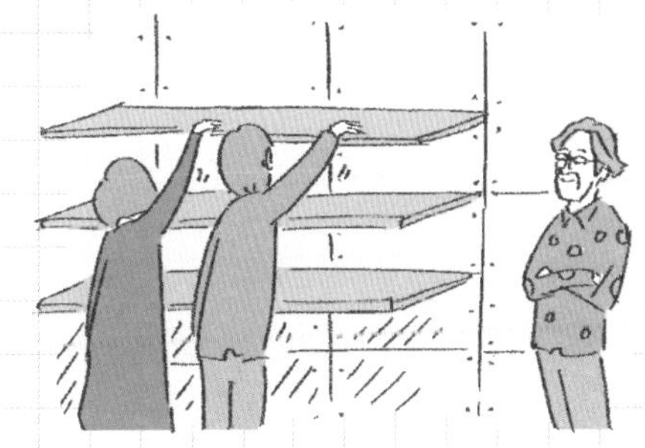

난간이나 선반 높이는 실제로 현장에서 시뮬레이션해서 결정한다. 현장에서 함께 결정했다는 사실이 건축주의 만족도를 높인다.

4 준공 1개월 전

6th month | 21week

확인사항
- ☑ 외장, 식재 확인
- ☑ 커튼이나 롤 스크린 확인
- ☑ 준공 검사와 인계일 확인
- ☑ 내감회 실시 여부 확인
- ☑ 표시 등기 수속(건축주 또는 시공업체 수배)

발판을 떼어내면 인계까지의 카운트다운이 시작된다. 인계일로부터 역산해서 현장의 실정을 고려해 검사 일정을 건축주와 공유한다. 공사가 늦어질 경우에는 이때 연장을 부탁한다. 또 입주일에 맞추도록 커튼이나 롤 스크린 원단과 설치 위치도 확인한다.

준공 1개월 전을 기준으로 외장 이미지와 식재 종류에 관해서 건축주와 확인한다.

5 설계사무소 완료 검사

6th month | 24week

확인사항
- ☑ 각 부분의 흠집이나 오염 확인
- ☑ 마감 품질 확인(벽지 이음매, 도장 얼룩 외)
- ☑ 창호 등 이동부의 동작 확인
- ☑ 실링 색이나 처리 방법 확인
- ☑ 외장 확인

설계자에게는 대수롭지 않게 생각되는 부분이라도 나중에 큰 문제가 되는 경우도 꽤 많다. 준공 후에 결함이 생기지 않게 건축주에 가까운 시점으로 확인한다. 진행 확인도 철저히 해야 한다. 전날까지 청소를 완료하고 만전의 상태에서 준공 검사를 받을 수 있게 한다.

완료 검사에서는 설계도대로 되었는지 확인하는 것보다 건축주에게 위화감이 없는 상태로 만드는 것이 중요하다. 흠집이나 오염이 있는 부분에는 포스트잇을 붙여서 잊지 말고 수정한다.

6 인계

검사 후 수정 기간에는 2주 정도를 확보해야 한다. 준공 직전에 조명 기기나 타일 등에 흠이 생기거나 검사 후에 추가로 지적 사항이 오르는 일도 많기 때문이다. 또한 2주의 여유가 있으면 인계하기 전에 내감회를 마치고 식재까지 정비해서 넘길 수도 있다. 완성의 90퍼센트까지는 비교적 순조롭게 진행할 수 있지만 나머지 10퍼센트의 정밀도를 높이려면 상당한 시간이 든다는 점을 명심해야 한다. 이 점을 쉽게 생각하면 모처럼 여기까지 쌓아 온 신뢰가 마지막에 클레임 폭풍으로 무너진다. 좋은 관계로 마무리할 수 있도록 배려한다.

완
성

제안 능력이 건축주의 만족도를 높인다

B5판 이하면 모든 선반에 수납할 수 있다

선반 한 단의 높이는 300~370mm이며 안길이는 220mm, 230mm, 270mm다. B5판(182×257) 이하 크기라면 모든 선반에 수납할 수 있다. 파선부에는 탈착식 선반널을 늘릴 수도 있다.

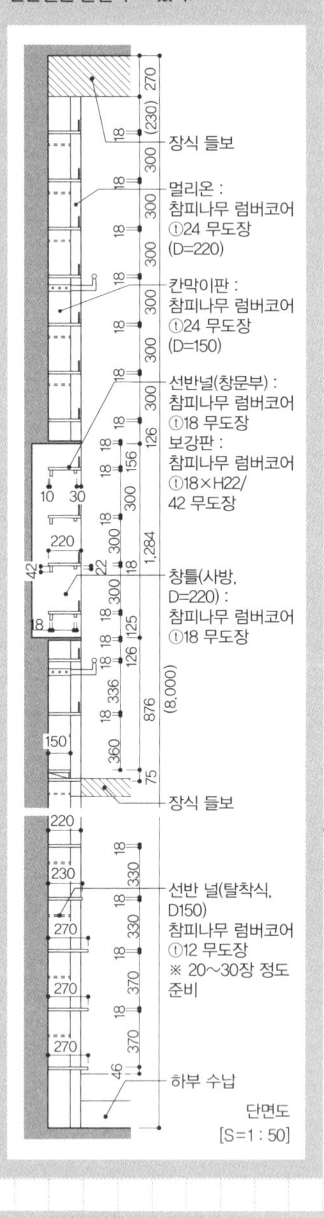

장식 들보
멀리온 : 참피나무 럼버코어 ①24 무도장 (D=220)
칸막이판 : 참피나무 럼버코어 ①24 무도장 (D=150)
선반널(창문부) : 참피나무 럼버코어 ①18 무도장
보강판 : 참피나무 럼버코어 ①18×H22/42 무도장
창틀(사방, D=220) : 참피나무 럼버코어 ①18 무도장
장식 들보
선반 널(탈착식, D150) 참피나무 럼버코어 ①12 무도장 ※ 20~30장 정도 준비
하부 수납
단면도 [S=1 : 50]

책의 낙하 방지 받침대

오픈 천장에 책장을 설치했을 때는 지진이 일어날 경우 아래층으로 책이 떨어지는 것이 우려된다. 여기에서는 낙하 방지 받침대를 만들어서 이를 방지했다. T자형으로 용접 가공한 금속 크로스바를 먼저 좌우의 칸막이판 구멍에 삽입했다. 그 다음 지름 6mm의 금속봉을 휘어서 수직바를 하부 구멍에 끼워 넣고 받침대로 만들었다. 금속봉은 필요 강도를 유지하며 휘어진다.

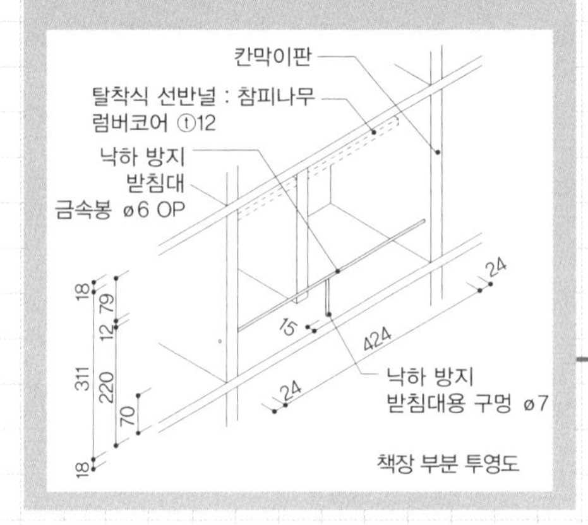

칸막이판
탈착식 선반널 : 참피나무 럼버코어 ①12
낙하 방지 받침대 금속봉 ø6 OP
낙하 방지 받침대용 구멍 ø7
책장 부분 투영도

오픈 천장은 중심선에서 1,380mm

오픈 천장의 간격은 일반적인 910mm가 아니라 조금 널찍한 1,380mm다. 이는 아래층에서 책장을 올려다봤을 때도 책이 보이게 고려한 것이다.

1,380

바퀴 달린 바닥 수납

책장 다리 쪽에는 바퀴 달린 수납고를 설치했다. 안길이 1,303mm로 수납력을 확보했다. 책장의 '보여주는 수납'과 쌍을 이루는 귀중한 '숨기는 수납'이다(106쪽 참조).

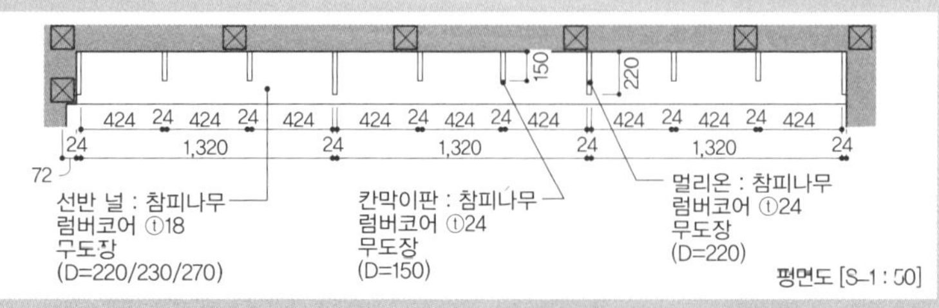

선반 널 : 참피나무 럼버코어 ①18 무도장 (D=220/230/270)
칸막이판 : 참피나무 럼버코어 ①24 무도장 (D=150)
멀리온 : 참피나무 럼버코어 ①24 무도장 (D=220)
평면도 [S-1 : 50]

멀리온으로 강도를 확보한다

책장 중간의 두 부분에 천장에서 바닥까지 통한 안길이 220mm의 멀리온(패널을 나누는 수직 방향의 틀. 수평 방향으로 넣을 수 있는 부재 – 욺긴이)을 만들어서 책장의 강도를 높였다.

유일무이한 주택을
제안해야 매매
주택과의 차별화로
이어져.

요청의 80퍼센트를 제외한 나머지 20퍼센트에 개성이 깃든다

여기까지 설계자의 시점에서 현장 감리 포인트를 소개했다. 그럼 여기서 다시 한번 확인하고 싶다. 우리는 무엇을 목적으로 일하는가?

설계자의 일은 유일무이한 주택을 짓는 것이다. 그러나 실제로는 건축주의 요청 대부분이 매우 일반적이다. 이를테면 쾌적한 온열 환경, 충분한 수납 등이 있다. 극단적으로 말하자면 요청 중 약 80퍼센트는 모두가 바라는 똑같은 것이다. 따라서 설계자에게 중요한 역할은 나머지 20퍼센트에 있다고 해도 과언이 아니다.

이 사례에서는 커다란 책장이 그 '20퍼센트' 중 하나였다. 건축주는 북 디자이너로, 수천 권이 넘는 장서를 보관할 '책장을 벽면에 가득히 만들어 달라'고 의뢰했다. 처음에는 1층 한쪽 벽면을 차지하는 책장이었지만 시각적인 효과를 추구해서 최종적으로는 3층 오픈 천장까지 이어지는 책장을 만들었다.

건축주가 깨닫지 못한 또는 건축주의 개성이 잠재된 나머지 20퍼센트의 요청을 끌어내서 건축주의 상상을 초월하는 제안을 한다면 만족도는 반드시 높아질 것이다. [세키모토]

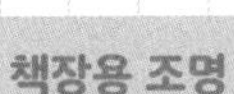

책장용 조명
장식 들보에 책장을 비추는 조명을 설치했다. 배선은 2층 바닥재 밑에 합판을 바탕으로 깔고 합판 사이의 틈새로 통과시켰다(102쪽 참조). 장식 들보에는 전선용 구멍을 뚫었다.

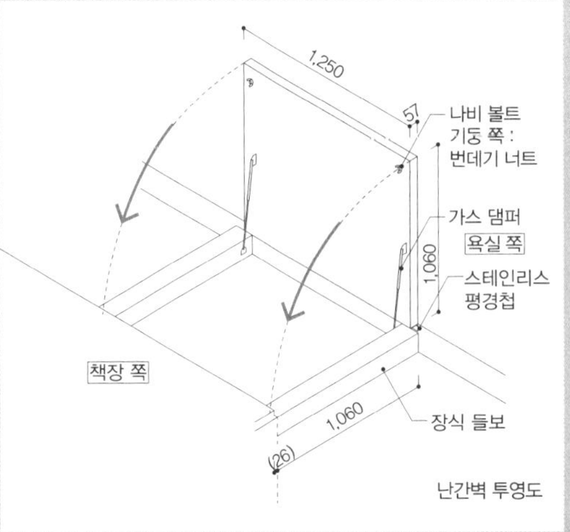
1,250
57
나비 볼트
기둥 쪽 :
번데기 너트
가스 댐퍼
욕실 쪽
1,060
스테인리스
평경첩
책장 쪽
1,060
(26)
장식 들보
난간벽 투영도

이동식 난간벽으로 2층에서도 책을 꺼낼 수 있다
2층 오픈 천장면의 난간벽을 쓰러뜨리면 바닥이 된다. 이것으로 책장 상단에 있는 책을 꺼낼 수 있게 했다. 단, 난간벽은 한 장당 30~40kg으로 무거워서 개폐를 돕는 가스 댐퍼를 이용했다. 제조사와 상세하게 협의해서 조작할 때 가장 무게를 느끼지 않는 지점을 찾아 조작 무게를 최대 6~10kg으로 조정했다. 그보다 위에 있는 책은 이동식 사다리를 사용해서 꺼낸다.

[사진 : 신자와 잇페이]